国家示范性高职院校优质核心课程系列教材

畜禽普通病诊疗

崔春兰　主编

中国农业大学出版社
·北京·

内容提要

《畜禽普通病诊疗》全书共分为十个大项目，前二章主要论述了外科操作技术和外科感染与损伤，第三章开始根据动物发病部位症状的不同，分别论述了头颈部疾病、胸部疾病、腹部疾病、营养代谢病、中毒病和新生仔畜疾病，概述了对畜牧业生产危害严重的多发病、常见病和新发病的相关内容，并就疾病的发生规律、发病的原因、临床症状、诊断方法和防治措施加入了一些新知识和内容。

《畜禽普通病诊疗》在编写过程中对相关企业、行业进行了调查，从中选取了目前养殖生产中的常见病编入其中。因此，本书内容全面、取材新颖，理论知识密切联系生产实践，内容实用，可操作性强，是一本理实一体化相结合的教材。本书除供高等职业院校兽医、畜牧兽医等专业学生使用，还可供从事相关教学、科研、畜牧兽医技术人员参考。

图书在版编目(CIP)数据

畜禽普通病诊疗/崔春兰主编. —北京：中国农业大学出版社，2011.1
ISBN 978-7-5655-0172-2

Ⅰ.①畜…　Ⅱ.①崔…　Ⅲ.①畜禽-动物疾病-诊疗　Ⅳ.①S858

中国版本图书馆 CIP 数据核字(2010)第 244789 号

书　　名　畜禽普通病诊疗
作　　者　崔春兰　主编

策划编辑　陈　阳　伍　斌　　**责任编辑**　陈　阳
封面设计　郑　川　　**责任校对**　王晓凤　陈　莹
出版发行　中国农业大学出版社
社　　址　北京市海淀区圆明园西路 2 号　　**邮政编码**　100193
电　　话　发行部 010-62818525，8625　　读者服务部 010-62732336
编辑部 010-62732617，2618　　出　版　部 010-62733440
网　　址　http://www.cau.edu.cn/caup　　**E-mail**　cbsszs@cau.edu.cn
经　　销　新华书店
印　　刷　北京时代华都印刷有限公司
版　　次　2011 年 3 月第 1 版　**2016 年 1 月第 3 次印刷**
规　　格　787×980　16 开本　19.25 印张　352 千字
定　　价　27.00 元

国家示范性高职院校优质核心课程系列教材
建设委员会成员名单

编写人员

主　编　崔春兰（辽宁农业职业技术学院）

副主编　张　利（辽宁农业职业技术学院）

于家良（营口动物卫生管理监督局）

贾富勃（辽宁农业职业技术学院）

贺永明（辽宁农业职业技术学院）

路卫星（辽宁农业职业技术学院）

编写人员　（按姓氏笔画为序）

刘正伟（辽宁农业职业技术学院）

刘衍芬（辽宁农业职业技术学院）

庄　岩（辽宁农业职业技术学院）

纪守学（辽宁农业职业技术学院）

何丽平（辽宁铁岭肉禽有限公司）

张林媛（黑龙江畜牧兽医职业学院）

房国伟（北京源益农科技有限责任公司）

苗中秋（辽宁农业职业技术学院）

范俊娟（辽宁农业职业技术学院）

姚卫东（辽宁农业职业技术学院）

姜凤丽（辽宁农业职业技术学院）

柳东省（河北安然动物药业有限公司）

曹　晶（辽宁农业职业技术学院）

谢淑玲（辽宁农业职业技术学院）

序

我国高等职业教育在经济社会发展需求推动下，不断地从传统教育教学模式中蜕变出新，特别是近十几年来在国家教育部的重视下，高等职业教育从示范专业建设到校企合作培养模式改革，从精品课程遴选到“双师型”教师队伍构建，从质量工程的开展到示范院校建设项目的推出，经历了局部改革到全面建设的历程。教育部《关于全面提高高等职业教育教学质量的若干意见》(教高[2006]16 号)和《教育部、财政部关于实施国家示范性高等职业院校建设计划，加快高等职业教育改革与发展的意见》(教高[2006]14 号)文件的正式出台，标志着我国高等职业教育进入了全面提高质量阶段。切实提高教学质量已成为当前我国高等职业教育的一项核心任务。而以课程为核心的改革与建设成为高等职业院校当务之急。目前，教材作为课程建设的载体、教师教学的资料和学生的学习依据，存在着与当前人才培养需要的诸多不适应。一是传统课程体系与职业岗位能力培养之间的矛盾；二是教材内容的更新速度与现代岗位技能的变化之间的矛盾；三是传统教材的学科体系与职业能力成长过程之间的矛盾。因此，加强课程改革、加快教材建设已成为目前教学改革的重中之重。

辽宁农业职业技术学院经过 10 年的改革探索和 3 年的示范性建设，在课程改革和教材建设上取得了一些成就，特别是示范院建设中的 32 门优质核心课程作为物化成果之一，教材现均已结稿付梓，即将与同行和同学们见面交流。

本系列教材力求以职业能力培养为主线，以工作过程为导向，以典型工作任务和生产项目为载体，立足行业岗位要求，参照相关的职业资格标准和行业企业技术标准，遵循高职学生成长规律、高职教育规律和行业生产规律进行开发建设。教材建设过程中广泛吸纳了行业企业专家的智慧，按照任务驱动、项目导向教学模式的需求，构建情境化学习任务单元，在内容选取上注重了学生可持续发展能力和创新能力培养，教材具有典型工学结合特征。

本套以工学结合为主要特征的系列化教材的正式出版，是学院不断深化教学改革，持续开展工作过程系统化课程开发的结果，更是国家示范院建设的一项重要成果。本套教材是我校多年来开展按农时季节工艺流程工作程序开展教学活动的一次理性升华，也是借鉴国外职业教育经验的一次探索尝试，这里面凝聚了各位编委的大量心血与智慧。希望该系列教材的出版能为推动基于工作过程系统化课程体系建设和促进人才培养质量提高提供更多的方法及路径，能为全国农业高职院校的教材建设起到积极的引领和示范作用。当然，系列教材涉及的专业较多，编者对现代教育理念的理解不一，难免存在各种各样的问题，希望得到专家的斧正和同行的指点，以便我们改进。

该系列教材的正式出版得到了姜大源、徐涵等职业教育专家的悉心指导，同时，也得到了化学工业出版社、中国农业大学出版社及相关行业企业专家和有关兄弟院校的大力支持，在此一并表示感谢！

蒋锦标

2010 年 12 月

前　言

畜牧业是我国农业经济的重要组成部分，是关乎人民生活水平和生活质量的重要产业，随着我国畜牧业生产的规模化发展和养殖人员养殖理念、水平的提升，以及畜禽传染病预防技术的不断提高，群发性的传染病逐渐减少，而随着集约化生产水平的提高，大大增加了畜产品产量、缩短了出栏时间，从而使畜禽普通病如酮病、脂肪肝综合征、维生素缺乏等营养代谢病和损伤、跛行等外科病及疝、肠管秘结等内科病、产科病、中毒病及过敏性疾病逐渐增多。

《畜禽普通病诊疗》是现代畜牧兽医科学中的专业学科之一，是畜牧兽医专业的重要技能课程之一，是为畜牧业保驾护航的集理论性与应用性为一体的学科，通过学习《畜禽普通病诊疗》可以让学生学会诊断动物常见的普通病，掌握动物普通病常见病、多发病的基本理论以及防治方法。

本教材的编写，以职业能力培养为核心，注重可持续发展能力和创新能力的培养，以临床实践的操作程序为主线，突出以学生为主体，把具体的疾病以案例的形式项目化，通过案例分析得出诊断的结果及治疗方案，从而实现了理实一体化教学，并将相关的知识以知识拓展的形式展现出来，方便读者的自学。力求达到培养更多的懂理论、掌握一定的实践技能，能更好地适应现代畜牧业生产、具有敬业精神的一线高等级技能型人才。

全书共分为十个大项目，分别从外科操作技术、外科感染与损伤、头颈部疾病、胸部疾病、腹部疾病、营养代谢病、中毒病、新生仔畜疾病等对畜牧业生产危害严重的多发病、常见病、新发病进行了详细的整合编写，并就疾病的发生规律、发病的原因、临床症状、诊断方法和防治措施加入了一些新知识和内容。

本书在编写过程中对相关企业、行业进行了调查，从中选取了目前养殖生产中的常见病编入其中，同时在编写过程中，有关行业企业专家、兽医同仁提出了许多宝贵的意见和建议，在此谨致以诚挚的谢意。由于我们水平有限，时间仓促，书中难免有不足之处，恳请各位教师及广大读者提出宝贵意见。

编　者

2010 年 11 月

目　录

项目一　一般外科技术的操作

子项目一　外科器械和用品的消毒与灭菌

◆知识目标：

1. 识别各种外科器械，了解外科器械、物品、敷料的性能及使用范围。
2. 掌握无菌术概念，并通过操作训练树立正确的无菌观念。
3. 掌握器械物品的消毒和灭菌的方法及器械正确的保养方法。

◆能力目标：

1. 能够识别各种外科器械和手术用品，并能够正确使用。
2. 能够独立对手术器械物品进行合理的消毒和灭菌，达到无菌操作规范。
3. 掌握术前准备工作内容和操作程序。

外科手术器械和用品是实施手术所必需的，其种类、式样和名称很多，其中有一些是各类手术都必须使用的常用器械和物品，熟练地掌握这些器械和物品的使用方法以及消毒和灭菌，是施行外科手术能否成功的基本保障。

无菌术是在外科范围内防止伤口发生感染的综合性预防技术。它包括的具体内容主要有灭菌和抗菌，二者又称为消毒，目的是消除细菌、防止感染。习惯上所说的灭菌术是指用物理方法彻底杀灭一切微生物，如高压蒸气灭菌。而使用各种化学消毒剂达到抗感染的目的称为抗菌术。在手术过程中通常把灭菌术和抗菌术配合起来应用，以达到抗感染的目的。无菌术是施行外科手术的基础，也是手术成功的重要条件。因此，在外科手术中每一个参加者都必须具有严格的无菌观念，一丝不苟的执行无菌操作原则。

任务一　外科常用器械识别与正确使用

外科常用的基本手术器械有止血钳、手术剪、手术镊、持针钳、缝合针、手术刀、创巾钳、肠钳、有沟探针、组织牵开器等，现介绍如下。

一、手术刀

（一）手术刀的种类

手术刀主要用于切开和分离组织，有固定刀柄和活动刀柄两种，现在主要使用的为活动刀柄，是由刀柄和刀片两部分构成。刀片有不同大小和外形，刀柄也有不同的规格，常用的刀柄规格为4、6、8号，这三种型号刀柄只安装19、20、21、22、23、24号大刀片；3、5、7号刀柄安装10、11、12、15号小刀片，如图1-1-1所示。

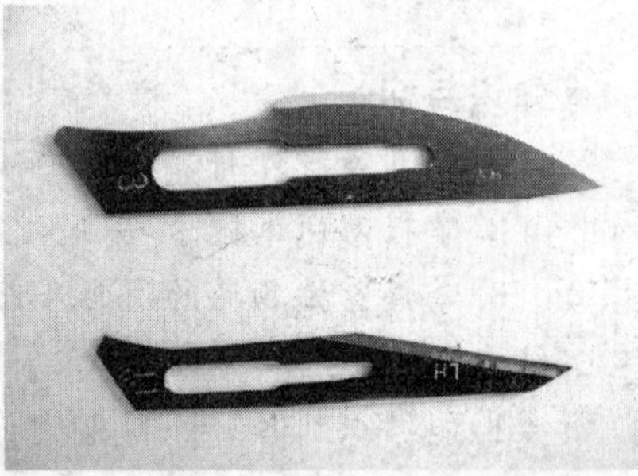

图1-1-1　刀片的种类

（二）手术刀的使用

手术刀的执刀方法有多种，根据不同手术对执刀姿势和力量的需要，执刀的姿势和动作有下列几种，正确的执法如图1-1-2所示，正确的器械拆卸方法如图1-1-3所示，正确的器械安装方法如图1-1-4所示。

1. **指压式**　为常用的一种执刀法。以手指按刀背后1/3处，用腕与手指力量切割。适用于切开皮肤、腹膜及切断钳夹组织。

2. **执笔式**　如同执钢笔。动作涉及腕部，力量主要在手指，需用小力量短距离精细操作，用于切割短小切口，分离血管、神经等。

3. **全握式**　力量在手腕。用于切割范围广，用力较大组织的切开，如切开较长的皮肤切口、筋膜、慢性增生组织等。

4. **反挑式**　即刀刃由组织内向外面挑开，以免损伤深部组织，如腹膜切开。

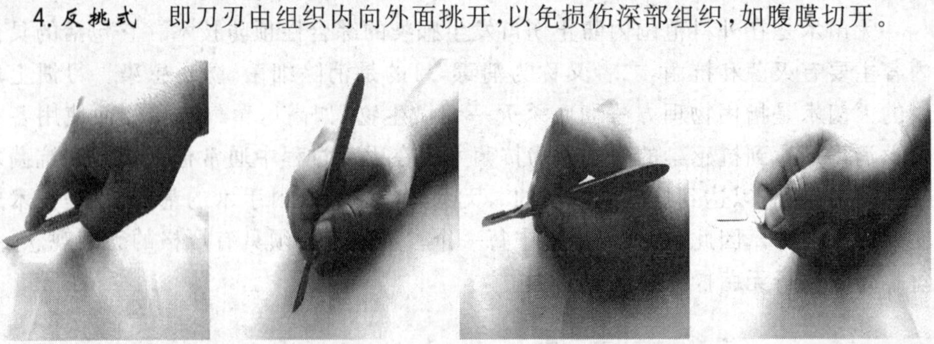

指压式　执笔式　反挑式　全握式

图1-1-2　正确的执法

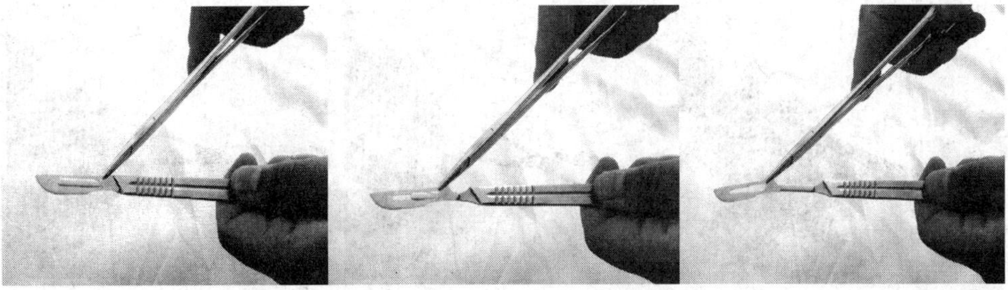

图 1-1-3　正确的器械拆卸方法

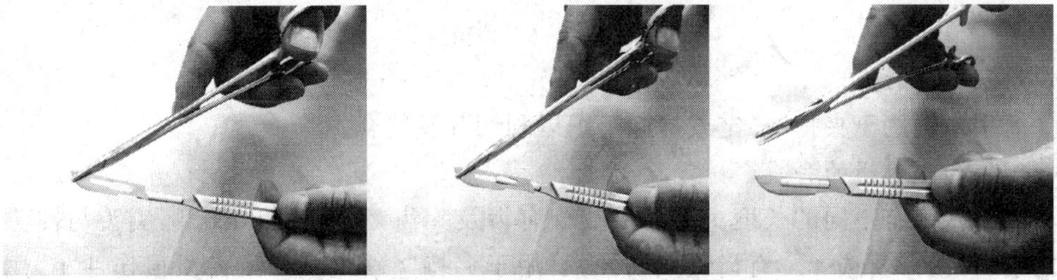

图 1-1-4　正确的器械安装方法

二、手术剪

(一)手术剪的种类

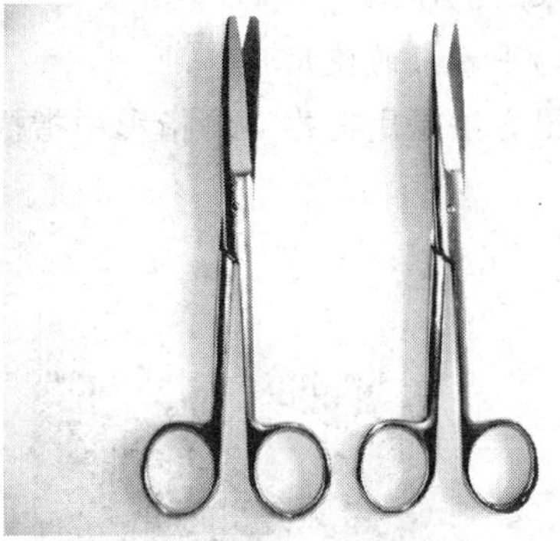

图 1-1-5　直剪

依据用途不同,手术剪可分为两种:一种是沿组织间隙分离和剪断组织的,叫组织剪,如图 1-1-5 所示,为了适应不同性质和部位的手术,组织剪分大小、长短和弯、直几种,直剪用于浅部手术操作,弯剪用于深部组织分离,使手和剪柄不妨碍视线,从而达到安全操作的目的,组织剪的尖端较薄,剪刃要求锐利而精细;另一种是用于剪断缝线,叫剪线剪。剪线剪头钝而直,刃较厚,在质量和形式上的要求不如组织剪严格,但也应足够锋利,这种剪有时也用于剪断较硬或较厚的组织。

(二)手术剪的使用

正确的执剪法是以拇指和第四指插入剪柄的两环内,但不宜插入过深;食指轻压在剪柄和剪刀交界的关节处,中指放在第四指环的前外方柄上,准确地控制剪的方向和剪开的长度,正确与错误的执法如图 1-1-6 所示。

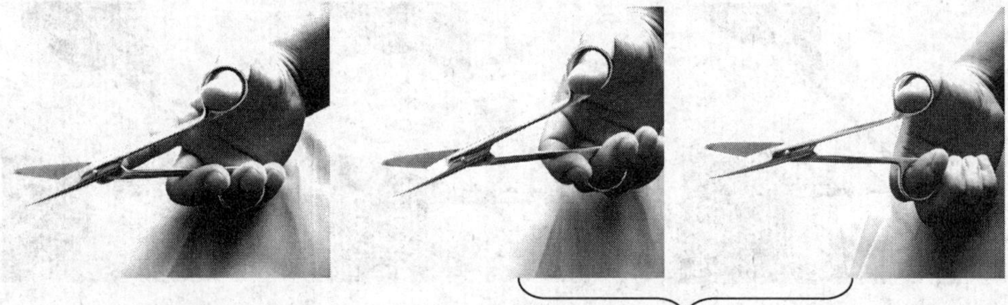

正确的执法　　　　错误的执法

图 1-1-6　执剪法

三、手术镊

手术镊用于夹持、稳定或提起组织以利切开及缝合。

(一)手术镊的种类

手术镊有不同的长度。镊的尖端分有齿及无齿,又有短型、长型、尖头与钝头之别,可按需要选择。有齿镊损伤性大,用于夹持坚硬组织。无齿镊损伤性小,用于夹持脆弱的组织及脏器。精细的尖头平镊对组织损伤较轻,用于血管、神经、黏膜等手术时的使用。

(二)手术镊的使用

执镊方法是用拇指对食指和中指执拿,如图 1-1-7 所示,执夹力量应适中。

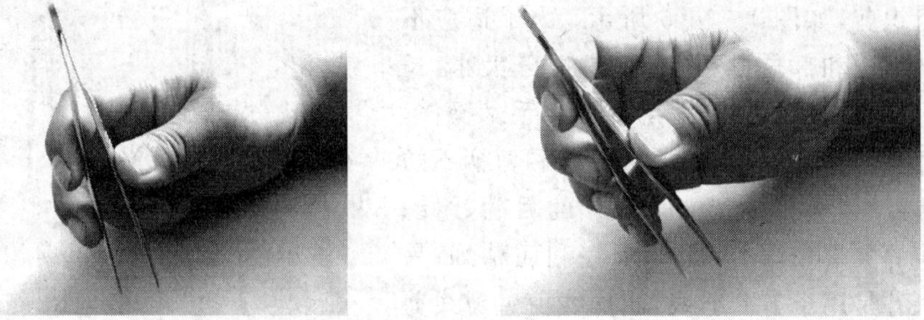

图 1-1-7　执镊方法

四、止血钳

主要用于夹住出血部位的血管或出血点,又叫血管钳,以达到直接钳夹止血的目的,有时也用于分离组织、牵引缝线。

(一)止血钳的种类

一般有弯、直两种,并分大、中、小等型号如图 1-1-8 所示。直钳用于浅表组织和皮下止血，弯钳用于深部组织止血，最小的一种蚊式止血钳，用于眼科及精细组织的止血。用于血管手术的止血钳，齿槽的齿较细、较浅，弹力较好，对组织压榨作用和对血管壁及其内膜的损伤程度较轻。尖端带齿的止血钳叫有齿止血钳，多用于夹持较厚的坚韧组织，骨组织手术的钳夹止血也多用有齿止血钳。

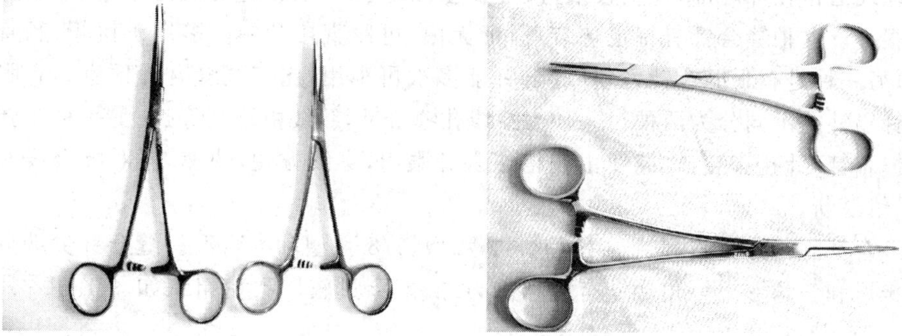

图 1-1-8　止血钳的种类

（二）止血钳的使用

1. 执钳方法　执拿止血钳的方式与手术剪相同。

2. 松钳方法　用右手时，将拇指及第四指插入柄环内捏紧使扣分开，再将拇指内旋即可；用左手时，拇指及食指持一柄环，第三、四指顶住另一柄环，二者相对用力，即可松开。

五、持针钳

持针钳也叫持针器，用于夹持缝针缝合组织，普通有两种形式，即握式持针钳和钳式持针钳，使用持针钳夹持缝针时，缝针应夹在靠近持针钳的尖端 1/3，若夹在齿槽床中间，则易将针折断。一般应夹在缝针的针尾 1/3 处，缝线应重叠 1/3，以便操作。持针钳及传递法如图 1-1-9 所示。

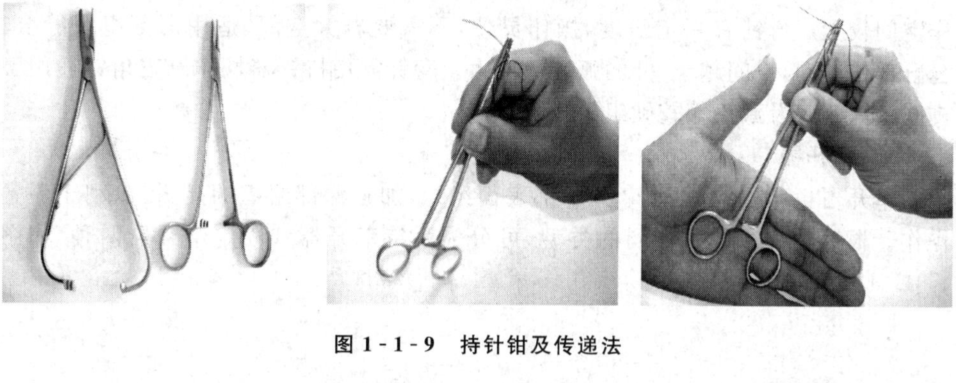

图 1-1-9　持针钳及传递法

六、缝合针

主要用于闭合组织或贯穿结扎组织。

(一)缝合针的种类

缝合针分为两种类型,一是带线缝合针或称无眼缝合针,又称为"无损伤缝针",缝线已包在针尾部,针尾较细,仅单股缝线穿过组织,使缝合孔道最小,对组织损伤很小。这种缝合针有特定包装,保证无菌,可以直接利用。多用于血管、肠管缝合;另一种是有眼缝合针,这种缝合针能多次再利用,比带线缝合针便宜。有眼缝合针以针孔不同分为两种。一种为穿线孔缝合针,缝线由针孔穿进;另一种为弹系孔缝合针,针孔有裂槽,缝线由裂槽压入针眼内,穿线方便,快速,但对缝合线有损伤,线易断。

缝合针规格分为直型、1/4 弧型、1/2 弧型、3/8 弧型和半弯型。缝合针尖端分为圆锥形和三角形。三角形针有锐利的刃缘,能穿过较厚致密组织如图 1-1-10 所示。

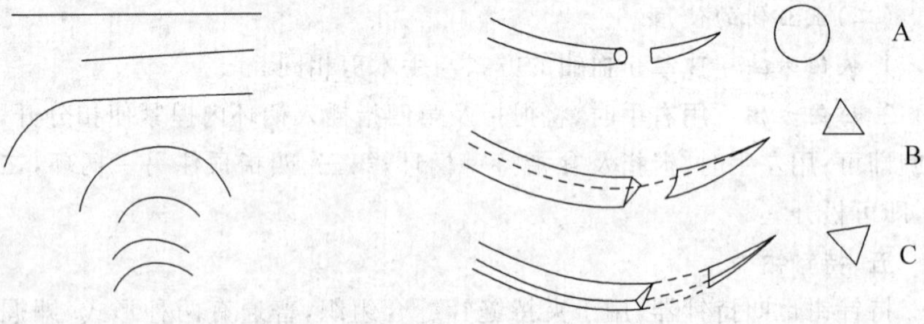

图 1-1-10　缝合针的种类

(二)缝合针的使用

直型圆针用于胃肠、子宫、膀胱等缝合,用手指直接持针操作,此法动作快,操作空间较大。弯针有一定弧度,操作灵便,不需要较大空间,适用深部组织缝合。缝合部位越深,空间越小,针的弧度应愈大。弯针需用持针器操作。三角针适用于皮肤、腱、筋膜及瘢痕等较硬组织缝合。

七、牵开器

牵开器也叫拉钩,用于牵开术部表面组织,加强深部组织的显露,以利于手术操作。根据需要有各种不同的类型,可分为手持牵开器和固定牵开器两种,如图 1-1-11 所示。

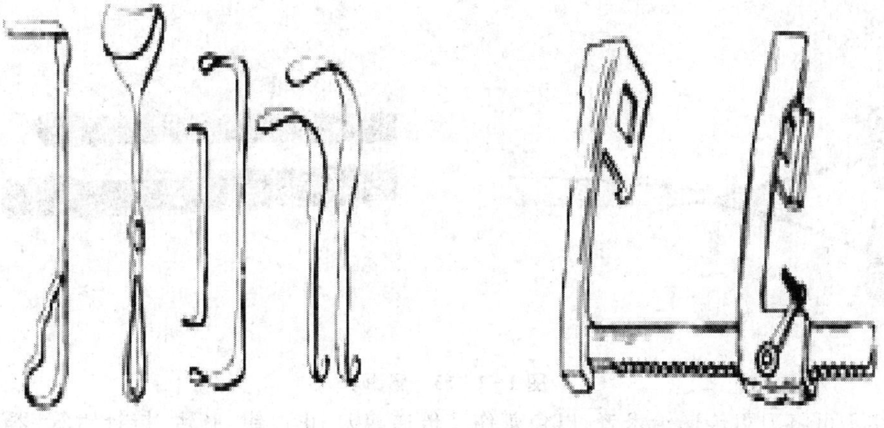

图 1-1-11　牵开器

八、创巾钳

用以固定手术巾，有数种样式，使用方法是连同手术巾一起夹住皮肤，防止手术巾移动，以及避免手或器械与术部周围接触，保护术部避免污染如图 1-1-12 所示。

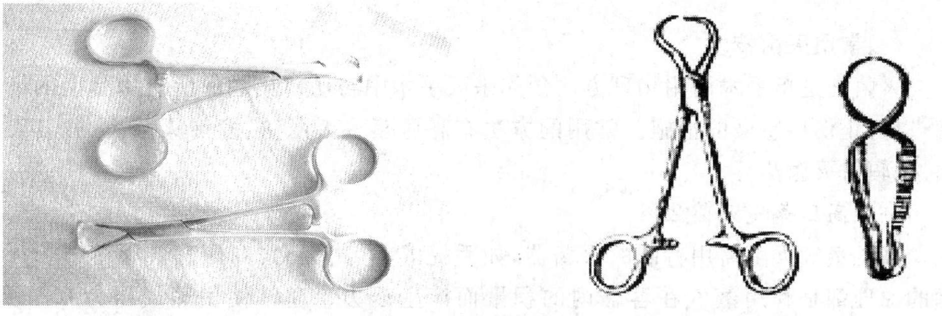

图 1-1-12　创巾钳

九、肠钳

用于肠管手术，以阻断肠内容物的移动、溢出或肠壁出血。肠钳结构上的特点是齿槽薄，弹性好，对组织损伤小，使用时须外套乳胶管，以减少对组织的损伤，如图 1-1-13 所示。

在实施手术时，手术器械须按照一定的方法传递。器械的整理和传递是由器械助手负责，器械助手在手术前应将所用的器械分门别类依次放在器械台的一定位置上，传递时器械助手须将器械的握持部递交给术者或第一助手的手掌中，例如传递手术刀时，器械助手应握住刀柄与刀片衔接处的背部，将刀柄端送至术者手

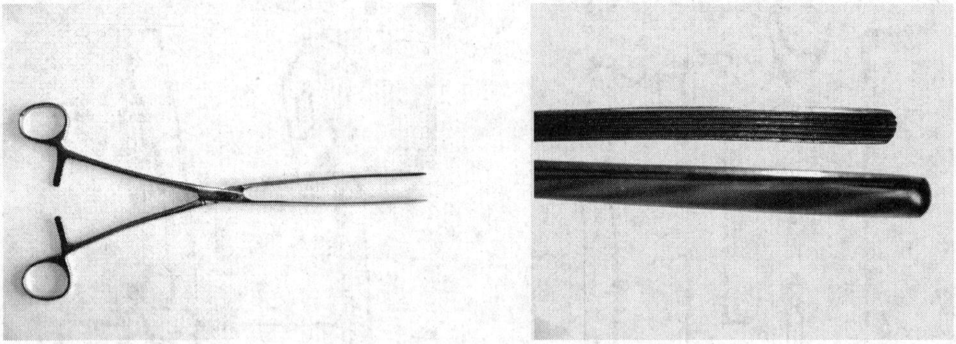

图 1-1-13　肠钳

中，切不可将刀刃传递给术者，以免刺伤。传递剪刀、止血钳、肠钳、持针钳等，器械助手应握住钳、剪的中部，将柄端递给术者。在传递直针时，应先穿好缝线，拿住缝针前部递给术者，术者取针时应握住针尾部，切不可将针尖传递给操作人员。

任务二　外科常用消毒与灭菌技术

一、常用灭菌技术

灭菌法是指手术前用物理方法预先杀灭手术中与伤口接触的所有用具上的细菌，以防止伤口感染的措施。常用的方法有高压蒸汽灭菌法、煮沸灭菌法、微波灭菌法、辐射灭菌法等。

(一)高压蒸气灭菌法

高压蒸气灭菌需用特制的灭菌器，如手提式、立式、卧式高压蒸气灭菌器。灭菌的原理都是利用蒸气在容器内的积聚而产生压力。通常使用蒸气压为 0.1～0.137 Mpa，温度可达 121.6～126.6℃，维持 30 min 左右，能杀灭所有的细菌，包括具有顽强抵抗力的细菌芽孢，是比较可靠的灭菌方法。使用高压蒸气灭菌时注意事项：压力表必须准确，要定期进行检验；灭菌器内加水不宜过多，以免沸腾后水向内桶溢流，使消毒物品被水浸泡；放气阀门下连接的金属软管不得折损，否则放气不充分，冷空气滞留在桶内会影响温度上升，影响灭菌效果。

(二)煮沸灭菌法

煮沸灭菌法是最简便、最普遍使用的灭菌方法。使用一般铝锅或煮沸灭菌器均可。本法适用于金属器械、玻璃、橡胶、丝线等类物品。须全部侵入水中煮沸至 100℃后，持续 20 min，一般细菌均可杀灭，但芽孢菌需煮沸 1 h 以上，才能杀死。

用2%碳酸氢钠液煮沸时，沸点可提高到105℃，灭菌时间能缩短10 min，且有防止金属物品生锈的作用。

（三）微波灭菌法

微波灭菌是采用微波照射产生的热能杀灭微生物和芽孢的方法。该法适合液体和固体物品的灭菌，且对固体物品具有干燥作用。其特点是：微波能穿透到物品的深部，可使物品表里一致地加热，具有低温、常压、高效、快速、低耗能、易操作、易维护等优点。

（四）辐射灭菌法

辐射灭菌是应用γ射线杀灭细菌的方法。将灭菌物品置于适宜放射源辐射的γ射线或适宜的电子加速器发生的电子束中进行电离辐射而达到杀灭微生物的方法。本法适用于手术器械、容器、手术辅助用品等的灭菌。

（五）人工紫外线辐射灭菌法

紫外灯产生紫外线可使微生物核酸蛋白变性死亡，同时空气受紫外线辐射后产生微量臭氧也起灭菌作用。由于紫外线穿透能力很差，所以紫外线灭菌法仅适于表面和空气的灭菌。

二、常用消毒方法及消毒剂

消毒法又称抗菌法。一般是指用化学方法杀灭或抑制细菌繁殖的措施。最常用的是药液浸泡消毒法。该法主要用于锐性手术器械等不宜用热力灭菌的器械。常用的化学消毒剂有下列几种：浸泡消毒器械可以用0.1%新洁尔灭，手术者及手术区的皮肤消毒可以用70%～75%酒精、0.1%洗必泰、3%碘酊等。

1. **醛类消毒剂**　以甲醛为最常用，此外还有戊二醛，应用较少。

2. **酚类消毒剂**　包括苯酚、煤酚和复合酚等。

3. **酸类与碱类消毒剂**　常用的有乳酸、醋酸、硼酸以及氢氧化钠、生石灰和碳酸。

4. **含氯消毒剂**　以漂白粉、次氯酸钠、氯胺等应用较多。此外，市售的某些消毒新药，不少是含氯制剂，如强力消毒灵。

5. **醇类消毒剂**　如乙醇、异丙醇、甲醇、苯甲醇、苯乙醇、乙二醇、苯氯乙醇等。

6. **过氧化物消毒剂**　如过氧乙酸、过氧化氢以及臭氧等。

7. **烷基化类气体消毒剂**　常用的有环氧乙烷、乙型丙内酯、环氧丙烷以及溴化甲烷等。

8. **碘与含碘消毒剂**　碘酊是最常用的外科消毒剂，其他的含碘消毒剂市售者也不少。如碘伏（强力碘）、碘仿、聚乙烯酮碘、三氯化碘以及碘甘油等。

9. **季铵盐类消毒剂**　如新洁尔灭、度米芬、洗必泰、消毒净等。实际上这些药物大多属于阳离子表面活性剂。市售的某些新型消毒药有不少是季铵盐类的药物，其商品名颇为繁多。

三、手术者的无菌准备

(一)一般准备

进入手术室须换手术室的消毒衣裤、清洁鞋、帽、口罩。帽子应以完全掩盖头发为度，口罩必须遮住鼻孔。指甲要修短并去除指甲内积留的污垢。手臂皮肤有破损或化脓性感染时，不得参加手术。

(二)手与手臂的清洁与消毒

1.肥皂洗手法

(1)先用肥皂洗手 3 次，范围包括手、前臂、肘和上臂的下 1/2，时间约需 5 min。

(2)再用无菌刷蘸消毒肥皂液刷洗双手手臂，至肘上 10 cm，先刷手指，由拇指桡侧起，到背侧、指间、掌侧、尺侧、依次刷完五指、再刷手掌、手背、腕部、前臂、肘部、肘上等处。两手交替，用力均匀，不能遗漏。

(3)每刷完一次，取手部向上，肘部屈曲向下位置，用清水冲洗干净，如此反复 3 次，共约 5 min。注意冲洗彻底，肘部的水不可倒流至手部。

(4)用无菌毛巾或纱布从手至肘部依次擦干手臂，擦过肘部后毛巾不可再接触手臂。

(5)将手臂浸泡于 0.1%新洁尔灭(75%酒精、0.1%洗必泰液)内 5 min。

(6)洗手消毒完毕，两上肢呈拱手姿势，双臂肘部下垂，不能接触任何未经消毒的物品，否则须重新刷手消毒。

2.氨水消毒法

(1)洗手前在两只无菌盆内配制 0.05%氨水 2 000～4 000 mL 备用。

(2)用肥皂洗手 3 遍后，在氨水中浸泡擦洗，从指尖到肘上，在两盆内各擦洗 3 min。

(3)用无菌毛巾，依次将手、前臂和肘部擦干。

(4)将手臂在酒精或新洁尔灭溶液内浸泡 5 min 即可。

3.穿无菌手术衣和戴无菌手套

(1)穿无菌手术衣。提起衣领两角，将手术衣轻轻抖开，注意不要触碰衣服的外面，两臂向前伸入衣袖内，由别人协助穿好、系带。再将双臂在前面交叉提起腰带，递向后侧，由别人在身后把腰带系紧。

(2)戴无菌手套。穿好手术衣后，左手提起手套口的反折部，右手伸入手套内，戴时不能碰手套外面，右手戴好后，将右手手指伸入另一只手套套口反折部内，提起，左手伸入手套内，对准五指，戴好手套。手术衣袖口应塞入手套内。消毒程序及穿手术衣、戴手套程序如图 1-1-14 所示。

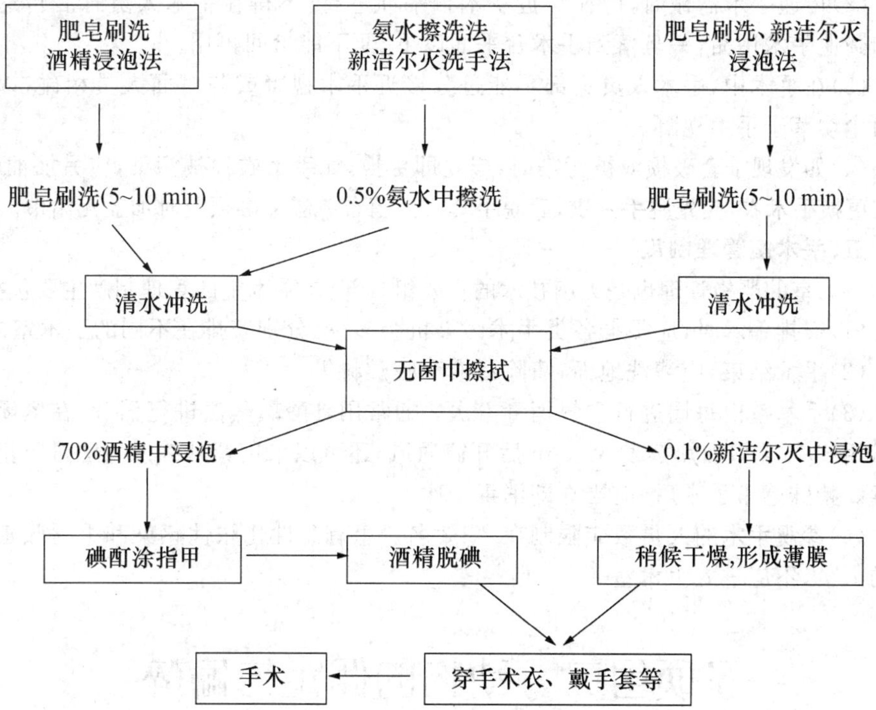

图 1-1-14　术者消毒程序

(三)动物手术区的无菌准备

1. 剃毛和皮肤清洁　一般在手术前一天进行,也可在当日术前进行。先用剪刀或电动剪毛剪将手术区域的长毛尽量剪短,然后再用手术刀或剃刀备毛,擦干皮肤污垢。

2. 手术区消毒　消毒者戴手套,不穿手术衣。用海绵钳夹纱布球蘸药,先以 3% 碘酊由中心向外涂擦皮肤,待干后,再用 75%酒精脱碘。也可以直接用 0.1%新洁尔灭或 0.1%洗必泰液涂擦两遍。消毒范围一般在切口周围 15～20 cm。在用狗做实验动物时,腹部手术消毒范围应上至剑突上方三横指平面,下至耻骨联合平面。

四、手术中的无菌原则

手术进行中所有人员都必须注意避免一切污染的可能性,一旦污染,其后果可能是非常严重的。它可能造成伤口感染,也可以导致手术失败,甚至威胁患病动物生命。

(1)手术人员从洗手开始,手臂部不得接触任何未经消毒的物品,穿好手术衣、戴好手套以后，手臂只能在两肩以下，手术台以上的平面内活动。

(2)传递手术器械时，应在靠近手术台平面进行，不得在手术人员背后传递器械和其他手术用品，一旦落到手术台平面以下，便不能拾回再用。

(3)在手术中，手术人员头部不能过分接近手术视野或与对面人员相碰，以免带菌尘埃落于手术视野。

(4)如发现手套破损或被污染时，应立即更换，如手术衣袖被污染，应另加袖套，如需更换手术衣，应先脱手术衣，后脱手套。无菌布单湿透必须及时加盖无菌巾。

五、手术室管理制度

手术室的严格管理也是无菌技术的重要组成部分，手术室的管理制度主要包括：

(1)安排手术时，应根据各类手术污染机会多少，分别安排在不同的手术室内。

(2)手术结束，应清洗地面，清除污液和脏敷料等。

(3)手术室内每周进行空气消毒一次。通常用乳酸熏蒸法进行消毒，在紧闭门窗后用80％乳酸加热蒸发30 min后开窗通风；还可以采用紫外线照射法进行空气消毒。特殊感染手术后，应当立即消毒一次。

(4)参观手术的人员数应限制在2～3名。患有急性化脓性感染和上呼吸道感染的人员，不应进入手术室。

子项目二　动物的保定与麻醉

◆**知识目标：**

1.掌握正确接近方动物的方法，掌握家畜保定的方法、常用的绳结法和临床意义。

2.了解麻醉的基本概念，临床麻醉的任务及分类。熟悉麻醉前准备事项，掌握常用的麻醉前用药。并能处理全身麻醉产生的并发症。

3.了解各种麻醉药的特性。

4.了解局部浸润麻醉的方法，常用药物及注意事项。

◆**能力目标：**

1.能够完成各种患病动物的保定。

2.掌握家畜保定常用绳结的结法。

3.能对麻醉药产生的并发症做出合理的解释。

4.能够准确掌握各种麻醉药的剂量。

任务一　动物的保定

临床上对动物的麻醉与保定基本任务是手术中消除病畜的疼痛，确保病畜安全，为手术进行创造良好条件，也用于某些疾病检查，同时保证手术人员的安全。

一、常用保定绳结的打法

1. **单活结**　一手持绳在另一手上绕一周，然后用被绳缠绕的手握住绳的另一端并经绳环处拉出即成，如图1-2-1所示。

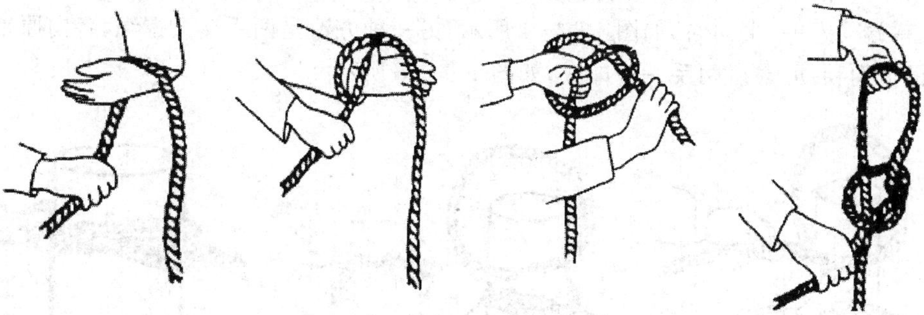

图1-2-1　单活结法

2. **双活结两手握绳**　左手掌向上，右手掌向下，两手同时右转至两手相对为止，此时绳子形成两个圈。再使两绳圈并拢，左手圈通过右手圈，然后两手分别向相反方向拉绳，于是形成两个圈套即可，如图1-2-2所示。

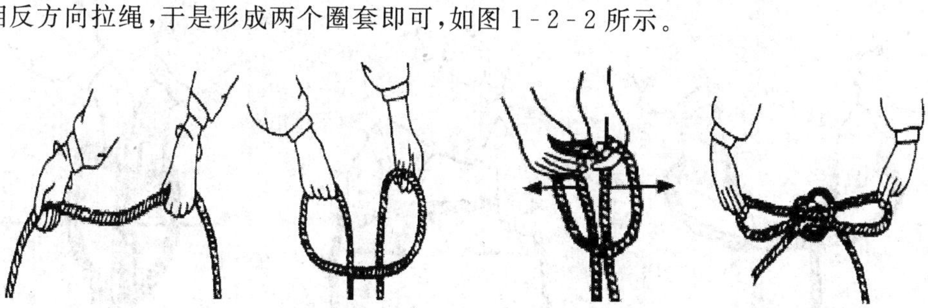

图1-2-2　双活结法

3. **拴马结**　左手握持缰绳的游离端，右手握持缰绳绕过木桩，再在左手上绕成一个圈套。将左手的小圈套从大圈套内向上向后拉出，同时换右手拉缰绳的游离端，把游离端做成小套穿入左手所拉的小圈内，然后抽出左手，拉紧缰绳的近端即成，如图1-2-3所示。

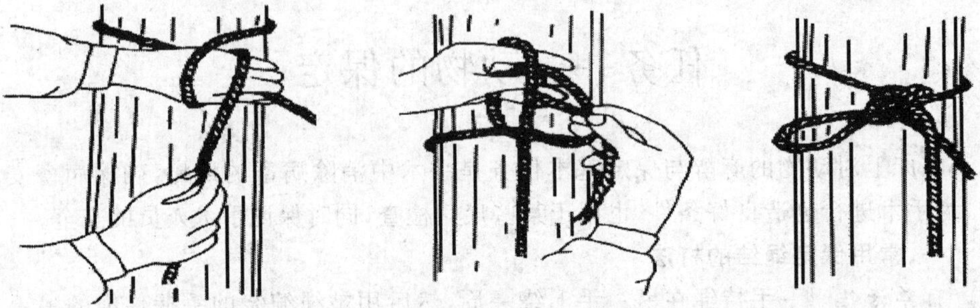

图 1-2-3　拴马结

4. **猪蹄结**　一种方法是将绳端套于柱上后，再套 1 圈，使两绳端压于圈的里边，一端向左，一端向右，如图 1-2-4 所示；另一种方法是两手交叉握绳，各向原来手的方向移动，最后两手一转即成，如图 1-2-5 所示。

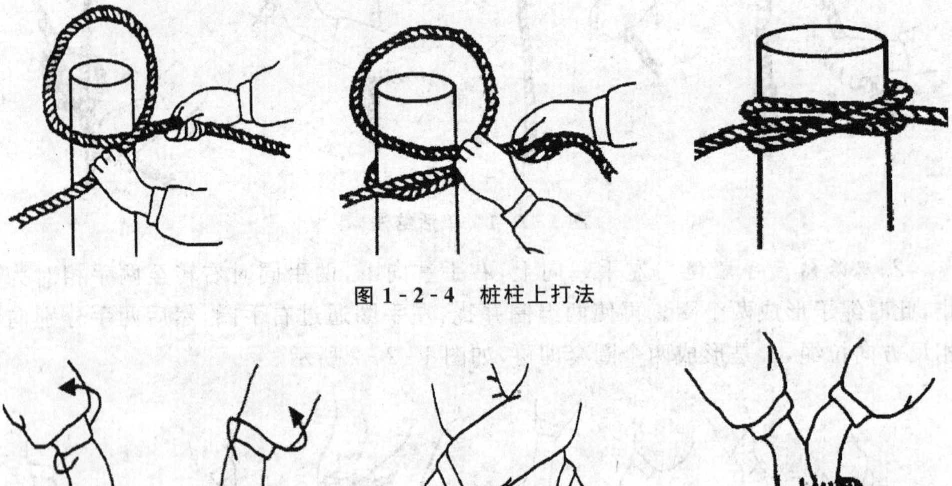

图 1-2-4　桩柱上打法

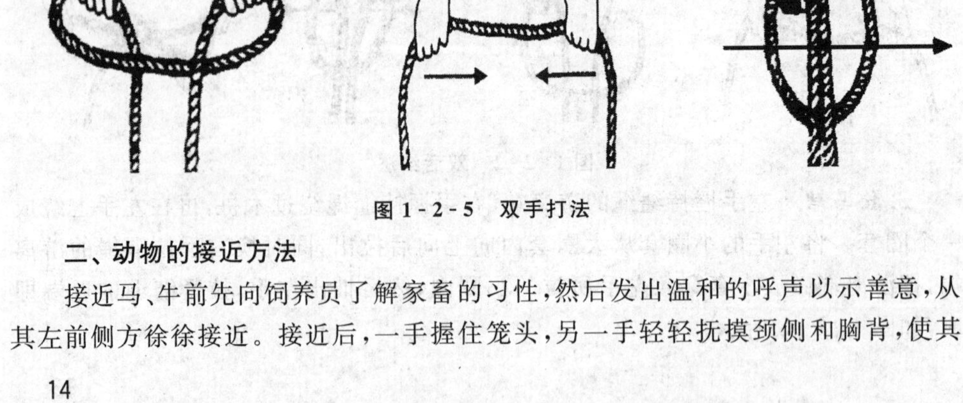

图 1-2-5　双手打法

二、动物的接近方法

接近马、牛前先向饲养员了解家畜的习性，然后发出温和的呼声以示善意，从其左前侧方徐徐接近。接近后，一手握住笼头，另一手轻轻抚摸颈侧和胸背，使其保持安静和温顺状态，以便进行检查，检查时时刻注意其动态，以防不测；猪、羊接近时可发出“啧、啧”的声音从正面抓住猪的两只耳朵或羊的两只角或在跑动中抓住后肢跖部，可在腹下轻轻搔痒，使其安静卧下，然后进行检查；犬、猫的接近先向主人了解习性后，一边伸手接近，一边观察其反应，温柔的触摸其额头，轻轻地抚摸其颈部、胸腰两侧及背部，使其安静，再进行检查。如怒目圆睁，龇牙咧嘴的发出声音，应特别小心其攻击。

三、动物的保定方法

（一）犬的保定

1. **犬的绷带扎口法**　用一段绷带做成套，围绕犬的上、下颌一周，迅速扎紧，两游离端顺下颌骨向后引至两耳后绕到耳后颈部打结，如图 1-2-6 所示。

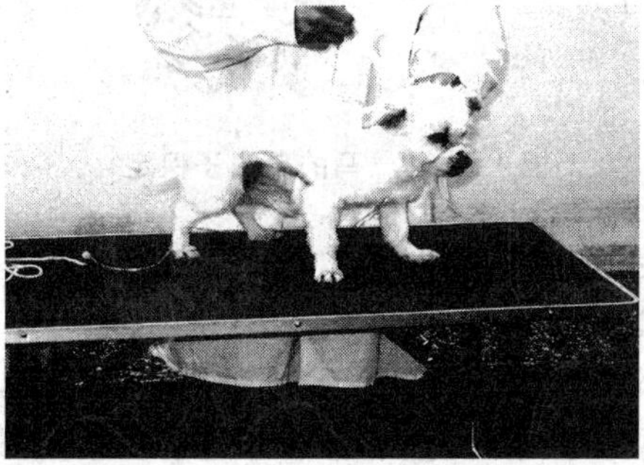

图 1-2-6　犬的绷带扎口法

2. **犬的项圈保定**　如图 1-2-7 所示。

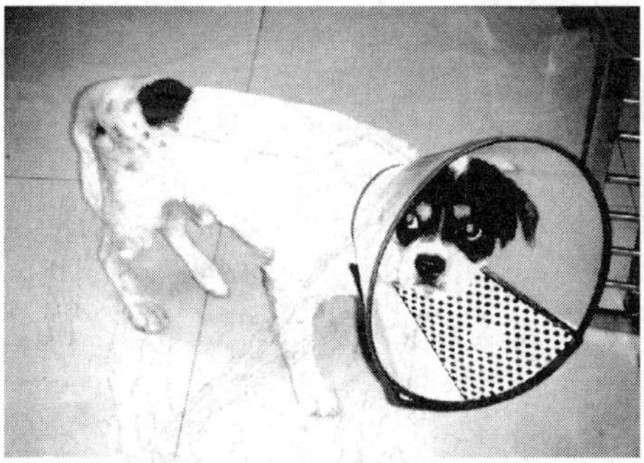

图 1-2-7　犬的项圈保定

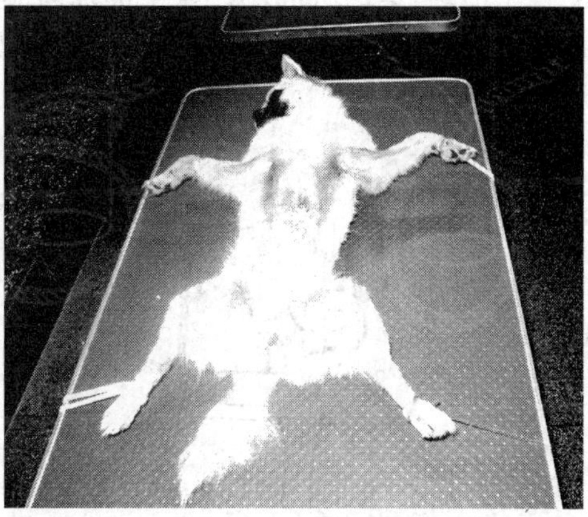

图 1-2-8　犬的仰卧保定

3. **颈钳保定法**　该法适用于抓捕凶猛咬人的犬，颈钳柄长 90～100 cm。钳端为2个半圆形钳嘴,使之恰能套入犬的颈部。保定时,保定人员抓持钳柄,张开钳嘴及钳嘴套入犬的颈部,立即合拢钳嘴,以限制犬头的活动。

4.犬的仰卧保定 先将犬放倒于手术台上,用绳分别系于四肢球节下方,拉紧绳,使犬呈仰卧保定姿势,犬头部用细绳保定于手术台上,以防犬头活动,如图1-2-8所示。

(二)马的保定

1.鼻捻子保定法 检查者把鼻捻子绳套套在手上,并夹于指间,另一手握住笼头。持绳套的手,自鼻梁向下轻轻抚摸至上唇后迅速握住上唇,另一手持鼻捻子把柄,速将绳圈套在上唇,快速单向捻转,直至绳圈勒紧上唇为止。如图1-2-9所示。

图1-2-9 马的鼻钳子保定

2.耳夹子保定法 检查者站在马头一侧,一手抚摸至马的耳后并迅速抓住马耳,另一手用耳夹子夹住耳根即可。夹紧后应尽力压住马头,以防家畜猛抬头把耳夹甩脱伤人。

3.徒手前肢保定法 检查者站于鬐甲部侧方,面向马后部,一手置于鬐甲部,另一手由颈、臂部向下抚摸至掌部后迅速握紧。提举时,置于鬐甲部的手在稍向对侧推动的同时,乘势提举,然后用另一手握住系部,便可进行检查。

4.绳索提举保定法 检查者站在提取肢的一侧,将绳扣于前肢的系部,在肢外侧打一活结,绳的游离端经鬐甲部绕向对侧。提举时,助手站在对侧拉住绳头把肢提起,然后将绳头在胸部绕一圈后拉紧,如图1-2-10所示。

图1-2-10 绳索提举保定法

图1-2-11 两后肢绳索保定法

5. 两后肢绳索保定法　用一根长 8～10 m 的绳子对折，作颈套，套于马颈基部，两端通过两前肢和两后肢之间，分别向两侧返交叉，使绳套落于两后肢系部，把前引绳在颈套上打结固定。此法可防止后踢，常用于直肠及阴道等部位的检查，如图 1-2-11 所示。

6. 柱栏内保定法

(1)马二柱栏保定法。保定时将马拴于柱上，并令其靠近柱栏，用绳在马肩关节下方的平位上将马围在两柱之间，最后再以两根绳分别在胸腹部竖向固定。此法常用于装蹄、蹄部检查和一般诊疗之用，如图 1-2-12 所示。

图 1-2-12　二柱栏保定法

(2)马六柱栏保定法。保定时，先在两前柱系上胸革，将马从两后柱间牵入或从两前柱间退入，系上臀革即可。如遇秉性好跳的马，可再用腹革与肩革保定。

(三)牛的保定

1. 牛鼻钳保定法　徒手握住牛鼻中隔后，以张开鼻钳钳嘴伸入牛两鼻孔，迅速夹紧鼻中隔后紧握钳柄固定。在无牛鼻钳的情况下，也可徒手紧握鼻中隔即可。这是控制牛头部很有效的方法，如图 1-2-13 所示。

2. 两后肢保定法　先在一后肢跗关节上方系一绳，然后把游离端与另一肢作“8”字形缠绕数道，在中间打结保定。此法可用于牛直肠、乳房检查或治疗乳房疾病时及后躯的检查。此法在挤奶时和临床上广泛应用，如图 1-2-14 所示。

图 1-2-13　牛鼻钳保定法

3. 徒手握鼻保定法　术者站立于牛颈部右侧，主手握牛右角。右手拍打牛的左眼，在牛不断闭眼或眨眼时，右手拇指和食指、中指乘机分别插入其左、右鼻孔并捏住鼻中隔，并用力提起拉向右侧。在提拉牛鼻的同时，捉牛角的左手用力前推。牛头受到压、提、拉 3 种力量的作用，向左后方弯曲而被固定。此法适用于一般临床检查、灌药、肌肉静脉注射。

4. 四柱栏保定　改良式四柱栏基本结构为 4 个柱子，用直径 8～10 cm 的无缝钢管焊接制成如右图形状，固定在地面上，有的也可以移动，如图 1-2-15 所示。

图 1-2-14　两后肢保定法

图 1-2-15　两后肢保定法

(四)猪的保定

(1)提举保定法。检查者站在猪的后方,抓住两耳把猪提起,使腹部朝前,用两膝夹住颈、胸部。也可握住两后肢关节,使后躯悬空提起,腹部向前,两腿夹住猪的背部。

(2)绳套保定。用一根长约 1.5 m 的绳,在一端打一活结后,一人握住猪的二耳并上拎,在猪嚎叫时,把绳的活结立即套入猪的上颌并抽紧,再把绳的另一端拉住或缚在栏木柱上,此时猪常后退,当退至被绳拉紧时,便保持安静不动。解脱时,只需把活结的绳头一抽便可。此法安全确实,可作一般检查和静脉注射,如图 1-2-16 所示。

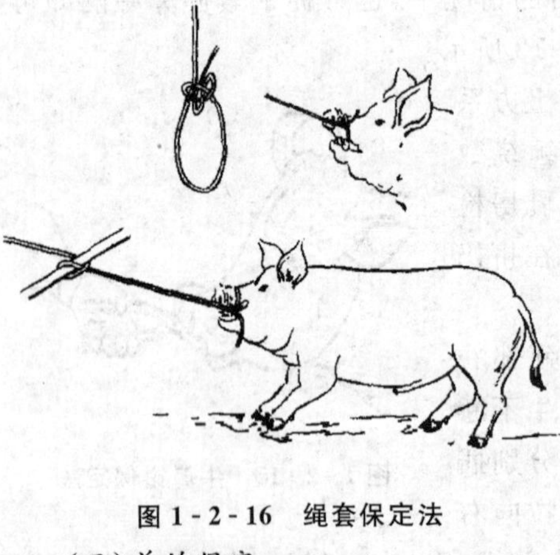

图 1-2-16　绳套保定法

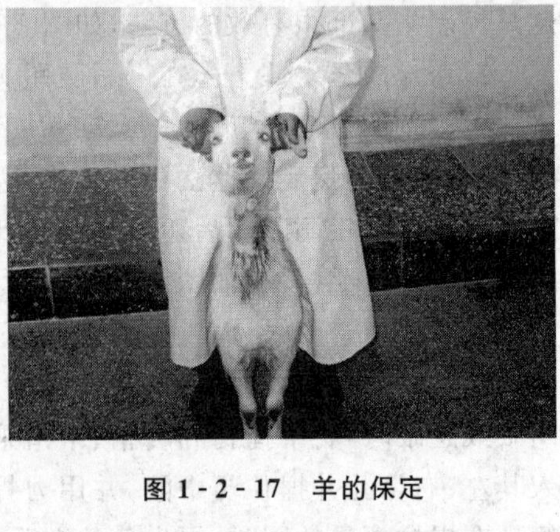

图 1-2-17　羊的保定

(五)羊的保定

体格较小的羊可以骑在羊背上,双手抓住羊的两只耳朵,双腿夹紧,如图 1-2-17 所示。

四、注意事项

(1)接近动物不可贸然,动作不可粗鲁,必须先站于动物前侧方,以引起动物注意，然后徐徐接近。

(2)保定过程所用绳索，都应打活结，以便解脱，防发生意外事故。

(3)保定时，除注意动物的安全外，还应特别注意人的安全，防止被动物踢、顶、咬伤。

任务二　动物的麻醉

一、全身麻醉

利用药物对中枢神经系统产生广泛的抑制作用，从而暂时地使机体意识丧失的一种麻醉方法，称为全身麻醉。可将全身麻醉分为：浅麻醉：给予较少量的麻醉剂使家畜入睡、反射活动降低或部分消失，肌肉轻微松弛；深麻醉：使家畜出现反射消失和肌肉松弛的深睡状态。

(一)犬的全身麻醉

1. 舒泰、隆朋、犬眠宝、速眠新麻醉　在全身麻醉前10～15 min，肌肉注射阿托品0.03～1 mg/kg体重。肌肉注射，一般可在5 min左右进入麻醉。

2. 氯胺酮　用药前常规给予注射阿托品，防止流涎。注射阿托品后15 min，可静注安定，防止可能出现全身性强直痉挛。肌肉注射氯胺酮，一般5 min后产生药效。一般可有半小时的麻醉持续时间，适当地增加用量也可相应延长麻醉持续时间。

(二)猫的全身麻醉

1. 舒泰、静松灵、速眠新　静松灵1.8～2.1 mg/kg体重，麻醉前肌注阿托品。速眠新纯种猫0.1 mL/kg体重，杂种猫0.1～0.15 mL/kg体重，个别猫剂量增加到0.2～0.3 mL/kg体重。

2. 氯胺酮　给猫肌肉注射10～30 mg/kg，可使猫产生麻醉，持续半小时左右。为减少流涎，可在麻醉前皮下注射阿托品，剂量为0.03～0.05 mg/kg。给药后，猫表现瞳孔扩大，肌松不全，流涎，运动失调而后倒卧，意识丧失，无痛，有的猫可能出现痉挛症状。猫处于麻醉状态时，要防止舌根下沉而阻塞呼吸道，麻醉时可将舌拉到口外。

(三)牛、羊的全身麻醉

牛常采用站立保定和局部麻醉的情况下进行手术，全身麻醉，一般也在中、浅麻醉情况下，配合局部麻醉进行。牛全身麻醉应该禁食24 h，常采用小剂量的阿托品作为麻醉前用药。

1. 静松灵、隆朋、速眠新麻醉 静松灵或隆朋，速眠新按体重剂量注射时，一般可于 7～15 min 内进入麻醉状态。牛精神沉郁，唇下垂，头颈下垂，眼半闭，嗜睡，大量流涎，绝大多数牛只站立不稳，俯卧，头部多扭向躯体一侧，全身肌肉明显松弛，少数牛可见舌肌松弛并伸出口腔外。此时针刺躯干及四肢上部时无痛感，可在侧卧保定下进行各种手术。手术时仍应加以保定绳适当保定。如注射过量时，可观察到呼吸困难，心音减弱，腹部鼓胀等不良反应。

2. 硫喷妥钠麻醉 牛的静脉注射，临床应用时，按体重计算剂量，麻醉时间与给药剂量有关系。

(四)猪的全身麻醉

1. 戊巴比妥钠 静脉内注射一次量可维持麻醉 30～60 min。

2. 硫喷妥钠 静脉内注射一次量麻醉时间 10～25 min。

3. 噻胺酮(复方氯胺酮) 对猪有较好的效果，在颈部耳根后方处做肌肉注射给药很方便。

(五)吸入麻醉

目前在宠物临床上，吸入麻醉已经被广泛应用，但需要具有特殊的设备。常用的吸入麻醉药有：麻醉乙醚、氟烷、甲氧氟烷、异氟醚、安氟醚(易使宁)。

(六)麻醉动物的苏醒

手术完成后，为尽快使动物苏醒，可用同等剂量的苏醒灵静脉注射，在 1～2 min 苏醒。

二、局部麻醉

利用药物有选择性地暂时阻断神经传导，从而使其分布的相应局部组织暂时丧失痛觉的一种麻醉方法，称为局部麻醉。

(一)表面麻醉

利用麻醉药的渗透作用，使其透过黏膜而阻滞浅在的神经末梢，称为表面麻醉。一般将局部麻醉药滴入，涂抹、填塞或喷雾等方法使药液作用于局部组织黏膜而达到麻醉效果。如眼结膜和角膜用 0.5%丁卡因或 2%利多卡因；鼻、口腔、直肠黏膜用 1%～2%丁卡因或 2%～4%利多卡因；每隔 5 min 用药一次。

(二)局部浸润麻醉

沿手术切口线皮下注射或深部分层注射，阻滞神经末梢，称局部浸润麻醉。

常用浓度为 0.5%～1%盐酸普鲁卡因。麻醉方法是将针头插至皮下，边注药边推进针头至所需的深度及长度。分为直线浸润、菱形浸润、扇形浸润、基部浸润、分层浸润，如图 1-2-18 所示。

1. 盐酸普鲁卡因 注入组织后 1～3 min 出现麻醉，一次量可维持 0.5～1 h。

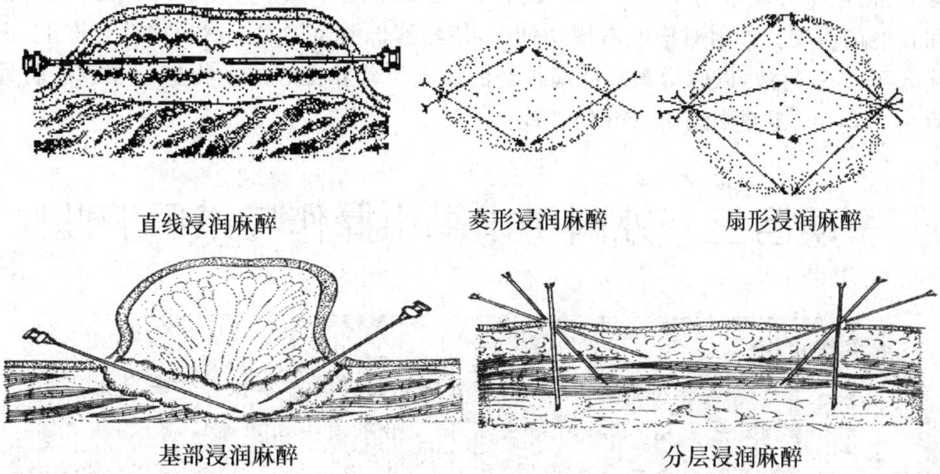

图 1-2-18　局部麻醉

本品穿透黏膜力量弱，不宜做表面麻醉。临床上应用 0.5%～1%进行局部浸润麻醉，2%～5%的做传导麻醉；2%～3%作脊髓麻醉；4%～5%进行关节内麻醉。

2. 盐酸利多卡因　本品局部麻醉强度和毒性在 1%浓度以下时，与普鲁卡因相似，在 2%浓度以上时，其麻醉强度增强至 2 倍，并有较强的穿透力和扩散性，作用出现的时间快。能持久，一次给药量可维持 1 h 以上。所用浓度：局部浸润麻醉 0.25%～0.5%；神经传导麻醉 2%；表面麻醉 2%～5%，硬膜外麻醉为 2%。

3. 盐酸丁卡因　本品麻醉作用强、作用迅速，并具有较强的穿透力，最常用于表面麻醉。毒性比普鲁卡因大 12～15 倍，麻醉强度大 10 倍，表面麻醉强度比利多卡因大 10 倍，点眼时不散大瞳孔，不妨碍角膜愈合，因此该药常用于表面麻醉，可用 1%～2%溶液。

（三）传导麻醉

在神经干周围注射局部麻醉药，使其所支配的区域失去痛觉，称为传导麻醉。

传导麻醉使用少量麻醉药产生较大区域的麻醉。使用浓度为 2%盐酸利多卡因或 2%～3%盐酸普鲁卡因，所用浓度及用量与所麻醉的神经大小成正比。传导麻醉种类很多，要求掌握被麻醉神经干的位置、外部投影等局部解剖知识并熟悉操作技术，才能正确做好传导麻醉。现以牛腰旁神经与椎旁神经传导麻醉为例介绍。

腰旁神经传导麻醉：是同时传导麻醉最后肋间神经、髂下腹神经与髂腹股沟神经，因而确定 3 个刺入点。最后肋间神经刺入点：马、牛刺入点相同。用手触摸第一腰椎横突，游离端前角，垂直皮肤进针，深达腰椎横突前角骨面，将针尖沿前角骨缘，再向前下方刺入 0.5～0.7 cm，注射 3%盐酸普鲁卡因液 10 mL，以麻醉最后肋间神经的腹支。注射时应左右摆动针头，使药液扩散面扩大。然后提针至皮下，再注入 10 mL 药液，以麻醉最后肋间神经的浅支。营养良好的动物也可在最后肋骨后缘 2.5 cm、距脊中线 12 cm 处进针。

子项目三　外科手术基本操作与术后护理

知识目标：

1. 了解组织切开的基本原则，掌握组织切开的基本操作方法。
2. 掌握双手打结、器械打结法，了解缝合的种类及用途。
3. 了解术前准备的具体内容。
4. 了解术后护理的操作内容和注意事项。

能力目标：

1. 能够熟练进行外科手术基本操作，并能够合理地对动物进行术后护理。
2. 掌握正确的单手打结和器械打结方法。正确合理的应用缝合方法。
3. 能够作出术前准备计划的能力。

任务一　组织的切开与分离

组织切开是显露手术野的重要步骤。浅表部位手术，切口可直接位于病变部位上或在病变部位附近。深部切口，根据局部解剖特点，既要有利于显露术野，又不能造成过多的组织损伤。组织切开适宜的切口应该符合下列要求。

一、组织切开原则与要求

(1)切口须接近病变部位，最好能直接到达手术区，并能根据手术需要，便于延长扩大。

(2)切口在体背、颈背和腹下沿体中正线或靠近正中线的矢状线的纵向切口比较合理。

(3)切口避免损伤大血管、神经和腺体的输出管，以免影响术部组织或器官的机能。

(4)切口应该有利于创液的排出,特别是脓汁的排出。

(5)二次手术时,应该避免在瘢痕上切开,因为瘢痕组织再生力弱,易发生弥漫性出血。

(6)切口大小必须适当。切口过小,不能充分显露;作不必要的大切口,会损伤过多组织。

(7)切开时,须按解剖层次分层进行,并注意保持切口从外到内的外大内小。

(8)切开组织必须整齐,力求一次切开。手术刀与皮肤、肌肉垂直,防止斜切或多次在同一平面上切割,造成不必要的组织损伤。

(9)切开深部筋膜时,为了预防深层血管和神经的损伤,可先切一小口,用止血钳分离张开,然后再剪开。

(10)切开肌肉时,要沿肌纤维方向用刀柄或手指分离,少作切断,以减少损伤,影响愈合。

(11)切开腹膜、胸膜时,要防止内脏损伤。

(12)切割骨组织时,先要切割分离骨膜,尽可能地保存其健康部分,以利于骨组织愈合。

二、组织分离的方法

分离是显露深部组织和游离病变组织的重要步骤,分离的范围,应根据手术的需要进行,按照正常组织间隙的解剖平面进行分离。掌握血管、神经和较重要器官的走向和解剖结构关系,就能较少引起意外损伤。但是在有炎症性粘连、瘢痕组织以及大的肿物时,正常解剖关系已改变,或正常组织间隙已不清楚,分离比较困难,要提高警惕,谨慎进行,防止损伤邻近的重要组织器官。分离的操作方法,分为两种。

(一)锐性分离

用刀或剪刀进行。用刀分离时,以刀刃沿组织间隙作垂直的、轻巧的、短距离的切开。用剪刀时以剪刀尖端伸入组织间隙内,不宜过深,然后张开剪柄,分离组织,在确定没有重要的血管、神经后,再予以剪断。锐性分离对组织损伤较小,术后反应也少,愈合较快。

(二)钝性分离

用刀柄、止血钳、剥离器或手指等进行。方法是将这些器械或手指插入组织间隙内,用适当的力量,分离周围组织。这种方法最适用于正常肌肉、筋膜和良性肿瘤等的分离。钝性分离时,组织损伤较重,往往残留许多失去活性的组织细胞,因此,术后组织反应较重,愈合较慢。在瘢痕较大、粘连过多或血管、神经丰富的部位,不宜采用。

三、组织切开

根据组织性质不同，组织切开分为软组织（皮肤、筋膜、肌肉、腱）和硬组织（软骨、骨、角质）切开。分别叙述不同组织的切开和分离方法。

（一）皮肤切开法

1. 紧张切开　由于皮肤的活动性比较大，切开皮肤时易造成皮肤和皮下组织切口不一致，为了防止上述现象的发生，较大的皮肤切口应由术者与助手用手在切口两旁或上、下将皮肤展开固定，或由术者用拇指及食指在切口两旁将皮肤撑紧并固定，刀刃与皮肤垂直，用力均匀地一刀切开所需长度和深度皮肤及皮下组织切口，必要时也可补充运刀，但要避免多次切割，重复刀痕，以免切口边缘参差不齐，出现锯齿状的切口，影响创缘对合和愈合，如图 1-3-1 所示。

2. 皱襞切开法　在切口的下面有大血管、大神经、分泌管和重要器官，而皮下组织甚为疏松，为了使皮肤切口位置正确且不误伤其下部组织，术者和助手应在预定切线的两侧，用手指或镊子提拉皮肤呈垂直皱襞，并进行垂直切开，如图 1-3-2 所示。

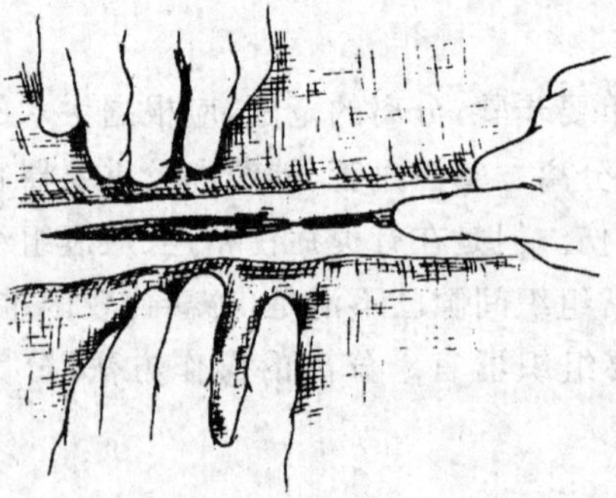

图 1-3-1　紧张切开

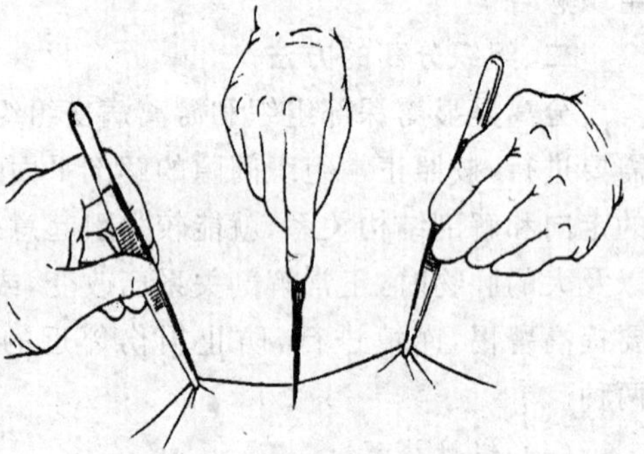

图 1-3-2　皱襞切开

在施行手术时，皮肤切开最常用的是直线切口，既方便操作，又利于愈合，但根据手术的具体需要，也可作下列几种形状的切口。

(1)梭形切开。主要用于切除病理组织（如肿瘤、瘘管、放线菌病灶）和过多的皮肤。

(2)“U”形切开。多用于脑部（羊脑包虫）与副鼻窦手术中的圆锯术。

(3)“T”形及“十”字形切开。多用于需要将深部组织充分显露和摘除时应用。

（二）皮下组织及其他组织的分离

皮下组织的分割宜用逐层切开的方法，以便识别组织，避免或减少对大血管、大神经的损伤，只有当切开浅层脓肿时，才采用一次切开的方法。

1. 皮下疏松结缔组织的分离　皮下结缔组织内分布有许多小血管，故多用钝性分离。方法是先将组织刺破，再用手术刀柄、止血钳或手指进行剥离。

2. 筋膜和腱膜的分离　用刀在其中央作一小切口，然后用弯止血钳在此切口上、下将筋膜下组织与筋膜分开，沿分开线剪开筋膜。若筋膜下有神经血管，则用手术镊将筋膜提起，用反挑式执刀法作一小孔，经小切口伸入镊子，在其引导下切开。

3. 肌肉的分离　一般是沿肌纤维方向作钝性分离。方法是顺肌纤维方向用刀柄、止血钳或手指剥离，扩大到所需要的长度，但在紧急情况下，或肌肉较厚并含有大量腱质时，为了使手术通路广阔和排液方便也可横断切开，如图 1-3-3 所示。

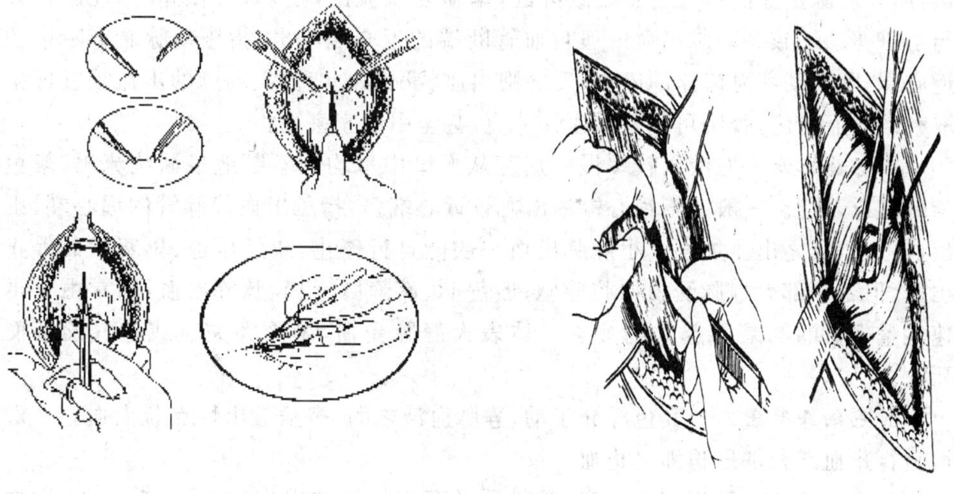

图 1-3-3　组织分离

4. 腹膜的分离　腹膜切开时，为了避免伤及内脏，可用组织钳或止血钳提起腹膜作一小切口，利用食指和中指或有沟探针引导，再用手术刀或剪分割。

5. 肠管的切开　肠管侧壁切开时，一般于肠管对肠系膜侧上纵行切开，并应避免损伤对侧肠管。

（三）骨组织的分割

首先应分离骨膜，然后再分离骨组织。分离骨膜时，应尽可能完善地保存健康部分，以利骨组织愈合。分离骨膜时，先用手术刀切开骨膜，可切成“十”字形或“工”字形，然后用骨膜分离器分离骨膜。骨组织的分离一般是用骨剪剪断或骨锯锯断，当锯断骨组织时，不应损伤骨膜。为了防止骨的断端损伤软部组织，应使用骨锉锉平断端锐缘，并清除骨片，以免遗留在手术创内引起不良反应和障碍愈合。

二、止血

止血是手术过程中自始至终经常遇到而又必须立即处理的基本操作技术。手术中完善的止血，可以预防失血的危险和保证术部良好的显露，直接关系到施术动物的健康。因此要求手术中的止血必须迅速而可靠，并在手术前采取积极有效的预防性止血措施，以减少手术中出血。

（一）出血的种类

血液从血管中溢出或流出的现象，称为出血。在手术过程中或意外损伤血管时，即伴随着出血的发生，按照受伤血管的不同，出血的种类有以下四种。

1. 动脉出血 由于动脉管壁含有大量的弹力纤维，动脉压力大，血液含氧量丰富，所以动脉出血的特征为：血液鲜红，呈喷射状流出，喷射线出现规律性起伏并与心脏搏动一致。动脉出血一般自血管断端的近心端流出，指压动脉血管断端的近心端，则搏动性血流立即停止，反之则出血状况无改变。大动脉的出血须立即采取有效止血措施，否则可导致出血性休克，甚至引起家畜死亡。

2. 静脉出血 血液以较缓慢的速度从血管中呈均匀不断地泉涌状流出，颜色为暗红或紫红。一般血管远心端的出血较近心端多，指压出血静脉管的远心端，则出血停止，反之出血加剧。小静脉出血一般能自行停止，或经压迫、填塞后而停止出血，但若深部大静脉受损如腔静脉、股静脉、髂静脉、门静脉等出血，则常由于迅速大量失血的结果引起动物死亡。体表大静脉受损，可因大失血或空气栓塞而死亡。

3. 毛细血管出血 其色泽介于动、静脉血液之间，多呈渗出性点状出血。一般可自行止血或稍加压迫即可止血。

4. 实质出血 见于实质器官、骨松质及海绵组织的损伤，为混合性出血，即血液自动脉与小静脉内流出，血液颜色和静脉血相似。由于实质器官中含有丰富的血窦，而血管的断端又不能自行缩入组织内，因此不易形成断端的血栓，而易产生大失血威胁家畜的生命，故应予以高度重视。

（二）常用的止血方法

1. 全身预防性止血法 是在手术前给家畜注射增高血液凝固性的药物和同类型血液，借以提高机体抗出血的能力，减少手术过程中的出血。常用下列几种方法。

（1）输血。目的在于增高施术家畜血液的凝固性，刺激血管运动中枢反射性地引起血管的痉挛性收缩，以减少手术中的出血。

（2）注射增高血液凝固性以及血管收缩的药物。肌肉注射止血敏注射液，以增强血小板机能及黏合力，减少毛细血管渗透性；肌肉注射维生素 K 注射液，以促进血液凝固,增加凝血酶原;肌肉注射安络血注射液,以增强毛细血管的收缩力,降低毛细血管渗透性;肌肉注射0.3%凝血质注射液,以促进血液凝固。

2.手术过程中止血法

(1)机械止血法。

①钳夹止血:利用止血钳最前端夹住血管的断端,钳夹方向应尽量与血管垂直,钳住的组织要少,切不可作大面积钳夹。

②钳夹扭转止血:用止血钳夹住血管断端,扭转止血钳1～2周,轻轻去钳,则断端闭合止血。如经钳夹扭转不能止血时,则应予以结扎,此法适用于小血管出血。

③钳夹结扎止血:是常用而可靠的基本止血法,多用于明显而较大血管出血的止血。

a.单纯结扎止血:用丝线绕过止血钳所夹住的血管及少量组织而结扎,如图1-3-4所示。结扎时所用的力量应大小适中,结扎止血法,适用于一般部位的止血。

b.贯穿结扎止血:将结扎线用缝针穿过所钳夹组织后进行结扎。贯穿结扎止血的优点是结扎线不易脱落,适用于大血管或重要部位的止血。在不易用止血钳夹住的出血点,不可用单纯结扎止血,而宜采用贯穿结扎止血的方法。

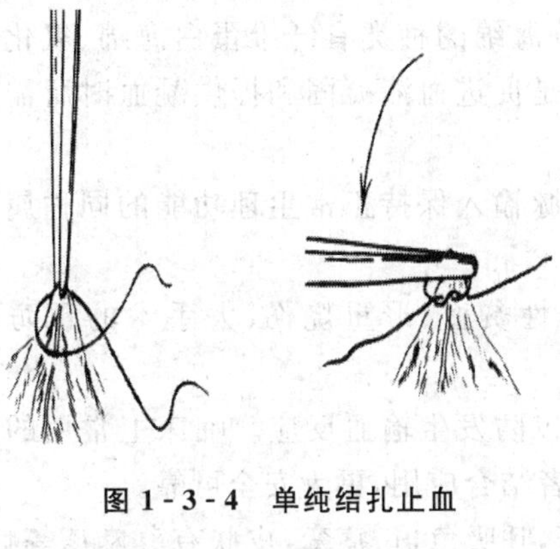

图1-3-4　单纯结扎止血

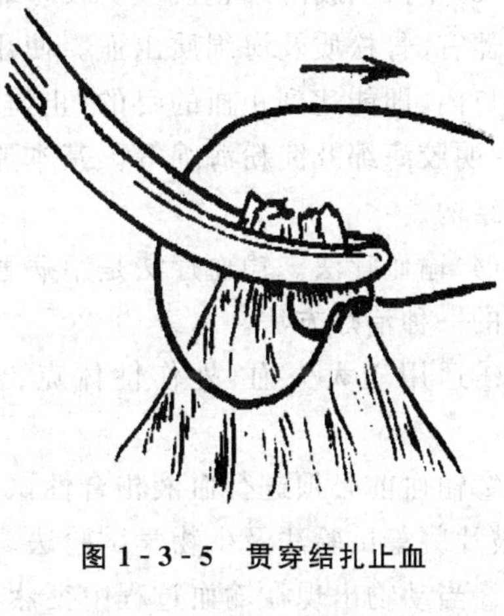

图1-3-5　贯穿结扎止血

c.创内留钳止血:用止血钳夹住创伤深部血管断端,并将止血钳留在创伤内24～48 h。为了防止止血钳移动,可把用绷带固定止血钳的柄环部拴在家畜的躯体上。创内留钳止血法,多用于大家畜去势后继发精索内动脉大出血。

④填塞止血:本法是在深部大血管出血,一时找不到血管断端,钳夹或结扎止

血困难时，而用灭菌纱布紧塞于出血的创腔或解剖腔内，压迫血管断端以达到止血之目的。在填入纱布时，必须将创腔填满，以便有足够的压力压迫血管断端。活组织填塞止血是用自体组织如网膜，填塞于出血部位。通常用于实质器官的止血。

⑤压迫止血：是用纱布或泡沫塑料压迫出血的部位，以清除术部的血液，辨清组织和出血径路及出血点，以便进行止血措施。为了提高压迫止血的效果，可选用温生理盐水、1%～2%麻黄素、0.1%肾上腺素、2%氯化钙溶液浸湿后扭干的纱布块作压迫止血。在止血时，必须是按压，不可以擦拭，以免损伤组织或使血栓脱落。

(2)电凝及烧烙止血法。

①电凝止血：利用高频电流凝固组织的作用达到止血目的。使用方法是用止血钳夹住血管断端，向上轻轻提起，擦干血液，将电凝器与止血钳接触，待局部发烟即可。在空腔脏器、大血管附近及皮肤等处不可用电凝止血，以免组织坏死，发生并发症。电凝止血的优点是止血迅速，不留线结于组织内，但止血效果不完全可靠，凝固的组织易于脱落而再次出血，所以对较大的血管仍应以结扎止血为宜，以免发生继发性出血。

②烧烙止血法：用电烧烙器或烙铁烧烙作用使血管断端收缩封闭而止血。其缺点是损伤组织较多，兽医临诊上多用于弥漫性出血，羔羊断尾术和某些摘除手术后的止血。

(3)止血明胶海绵止血。明胶海绵止血多用于一般方法难以止血的创面出血，实质器官、骨松质及海绵质出血。使用时将止血海绵铺在出血面上或填塞在出血的伤口内，即能达到止血的目的，止血明胶海绵的种类有纤维蛋白海绵、氧化纤维素、白明胶海绵及淀粉海绵等。基本原理是促进血液凝固和提供凝血时所需要的支架结构。

(4)输血疗法。输血疗法是给病畜静脉输入保持正常生理功能的同种属动物血液的一种治疗方法。

①适用于大失血、外伤性休克、营养性贫血、严重烧伤、大手术的预防性止血等。

②输血前必须进行血液相合性试验，以防发生输血反应。临床上常用的方法有：玻片凝集试验法及生物学试验法。两者结合应用，更为安全可靠。

③当动物出现在输血过程中突然不安，呼吸急迫、痉挛，皮肤有荨麻疹等症状，脉搏增数，肌肉震颤，排尿频繁，高热、可视黏膜发绀等，应停止输血，肌肉注射苯海拉明或0.1%肾上腺素溶液，同时配合强心、补液治疗。

任务二　打结与缝合

打结是外科手术最基本的操作之一，正确而牢固地打结是结扎止血和缝合的重要环节，熟练地打结，不仅可以防止结扎线的松脱而造成的创伤裂开和继发性出血，而且可以缩短手术时间。

一、打结

（一）结的种类

常用的结有方结、三叠结和外科结，如图 1-3-6 所示。

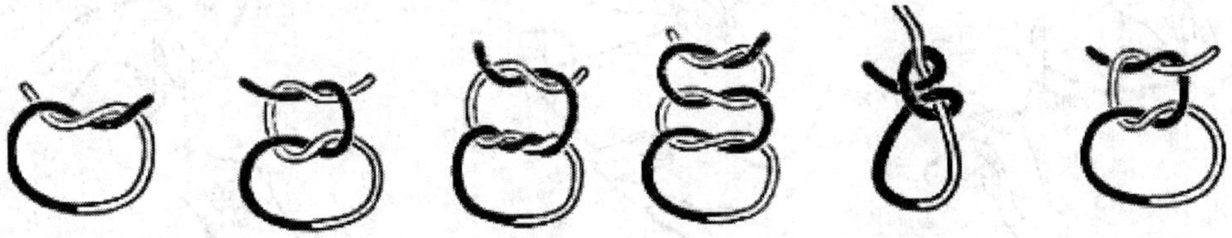

图 1-3-6　结的种类

1. **单结**　是外科结扣的基本组成部分，易松脱、解开，仅用于暂时阻断，如胆囊逆行切除暂时阻断胆囊管，而永久结扎时不能单独使用单结。

2. **方结**　又称平结。是手术中最常用的一种，用于结扎较小的血管和各种缝合时的打结，不易滑脱。

3. **三叠结**　又称加强结。是在方结的基础上再加一个结，共 3 个结。较牢固，结扎后即使松脱一道，也无妨；但遗留于组织中的结扎线较多。三叠结常用于有张力部位的缝合，大血管和肠线的结扎。

4. **外科结**　打第一个结时绕两次，使摩擦面增大，故打第二个结时不易滑脱和松动。此结牢固可靠，多用于大血管、张力较大的组织和皮肤缝合。在打结过程中常产生的错误结，有假结和滑结两种。

5. **假结（斜结）**　此结易松脱，为打结手法错误造成。

6. **滑结**　打方结时，两手用力不均，只拉紧一根线，虽则两手交叉打结，结果仍形成滑结，而非方结，亦易滑脱，应尽量避免发生。

（二）打结方法

常用的有三种，即单手打结、双手打结和器械打结。

1. **单手打结** 为常用的一种方法，简便迅速。左右手均可打结。虽各人打结的习惯常有不同，但基本动作相似，如图 1-3-7 所示。

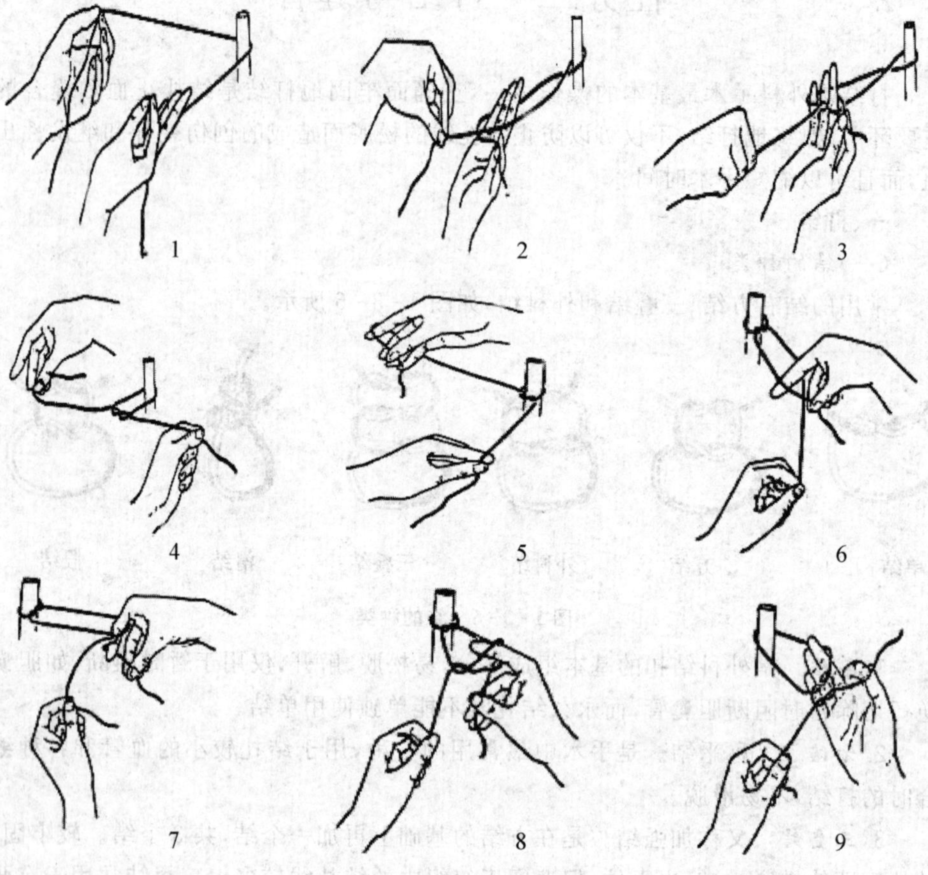

图 1-3-7 单手打结

2. **双手打结** 除了用于一般结扎外，对深部或张力大的组织缝合，结扎较为方便可靠，如图 1-3-8 所示。

3. **器械打结** 用持针钳或止血钳打结。适用于结扎线过短、狭窄的术部、创伤深处和某些精细手术的打结。方法是把持针钳或止血钳放在缝线的较长端与结扎之间，用长线头端缝线环绕血管钳一圈后，再打结即可完成第一结，打第二结时用相反方向环绕持针钳一圈后拉紧，成为方结，如图 1-3-9 所示。

（三）打结注意事项

(1)打结收紧时要求三点成一线，即左、右手的用力点与结扎点成一直线，不可成角向上提起，否则使结扎点容易撕脱或结松动。

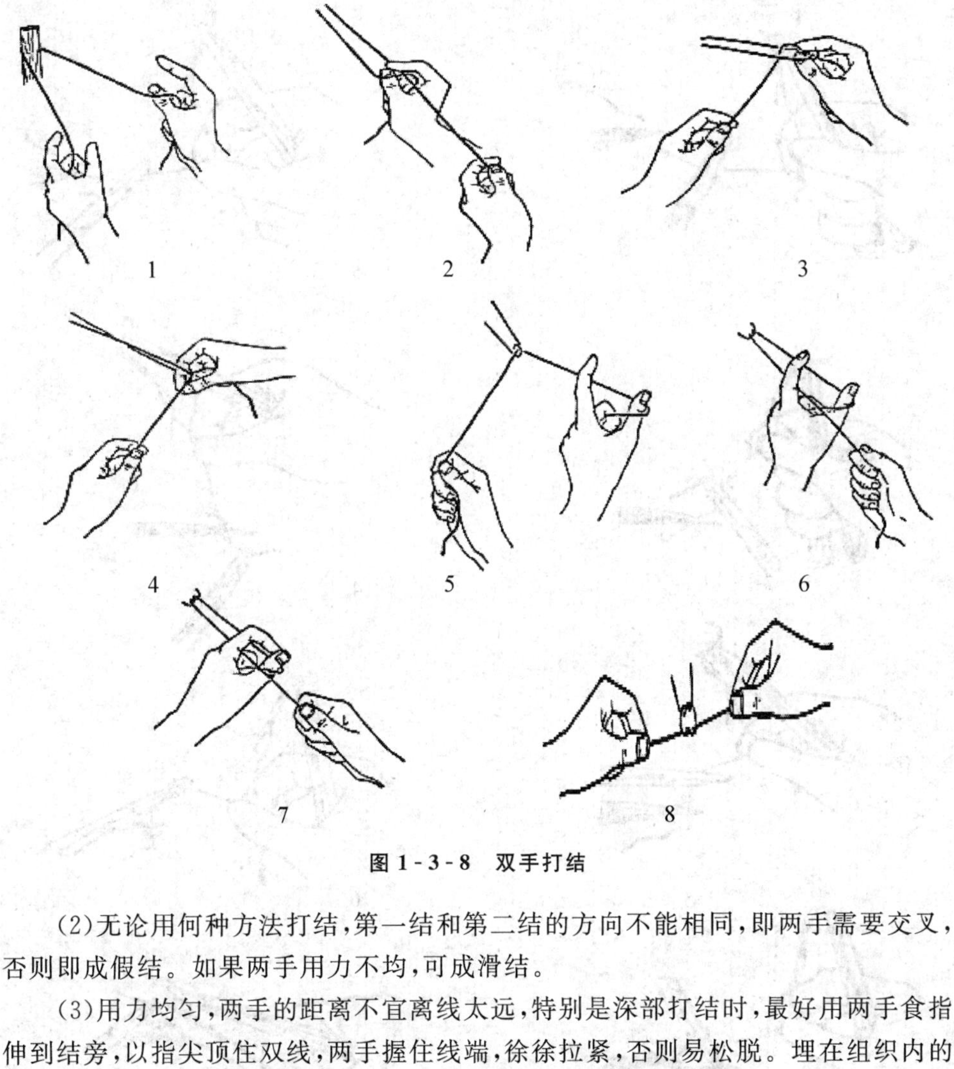

图 1-3-8 双手打结

(2)无论用何种方法打结，第一结和第二结的方向不能相同，即两手需要交叉，否则即成假结。如果两手用力不均，可成滑结。

(3)用力均匀，两手的距离不宜离线太远，特别是深部打结时，最好用两手食指伸到结旁，以指尖顶住双线，两手握住线端，徐徐拉紧，否则易松脱。埋在组织内的结扎线头，在不引起结扎松脱的原则下，剪短以减少组织内的异物。

(4)正确的剪线方法是术者结扎完毕后，将双线尾提起略偏术者的左侧，助手用稍张开的剪刀尖沿着拉紧的结扎线滑至结扣处，再将剪刀稍向上倾斜，然后剪断，倾斜的角度取决于要留线头的长短。

二、缝合

缝合是将已切开、切断或因外伤而分离的组织、器官进行对合或重建其通道，保证良好愈合的基本操作技术。在愈合能力正常的情况下，愈合是否完善与缝合

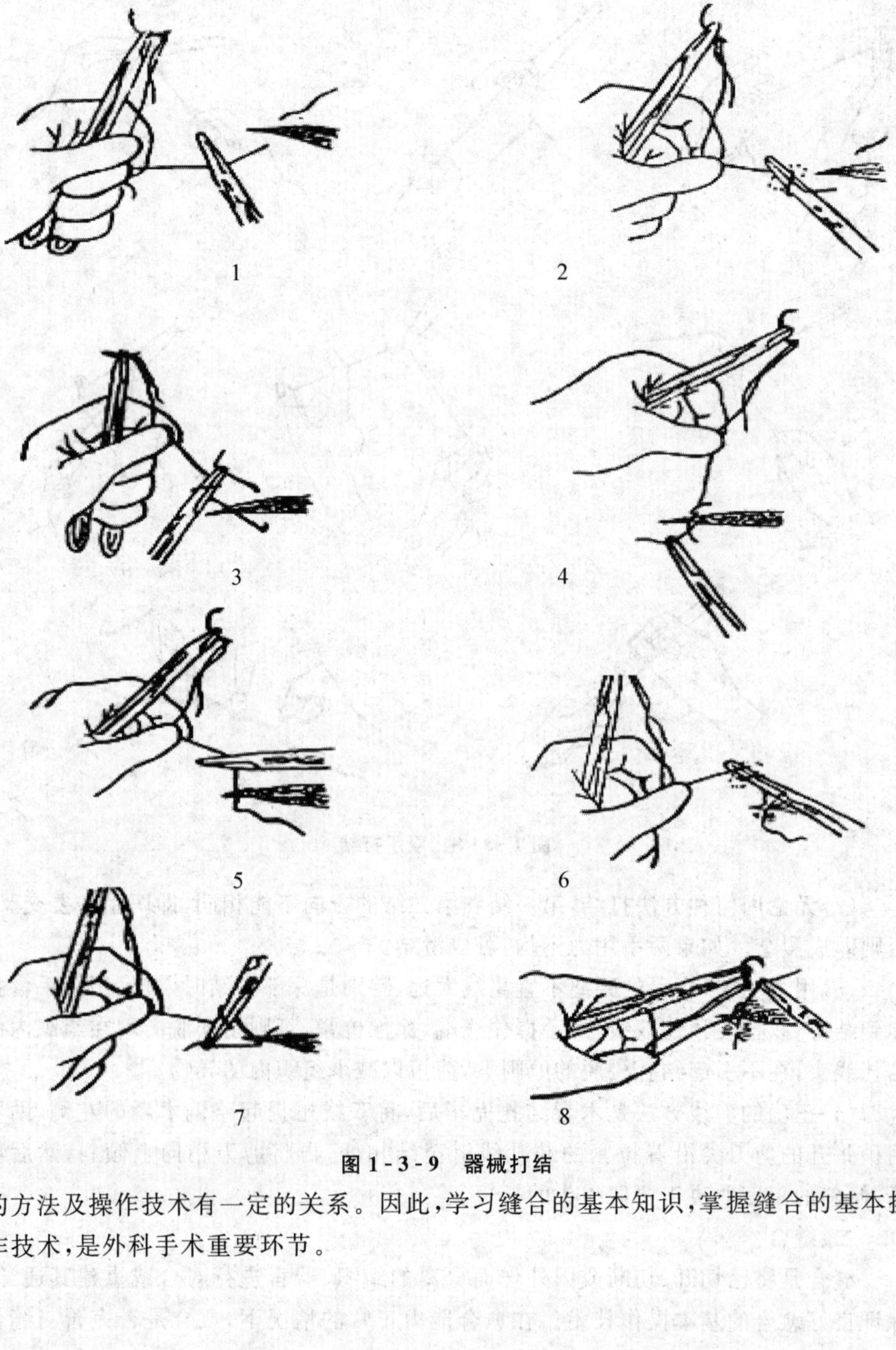

图 1-3-9　器械打结

的方法及操作技术有一定的关系。因此，学习缝合的基本知识，掌握缝合的基本操作技术，是外科手术重要环节。

（一）缝合要遵守的原则

(1)严格遵守无菌操作。

(2)缝合前必须彻底止血，清除凝血块、异物及无生机的组织。

(3)为了使创缘均匀接近，在两针孔之间要有相当距离，以防拉穿组织。

(4)缝针刺入和穿出部位应彼此相对，针距相等，否则易使创伤形成皱襞和裂隙。

(5)凡无菌手术创或非污染的新鲜创经外科常规处理后，可作对合密闭缝合。具有化脓腐败过程以及具有深创囊的创伤可不缝合，必要时作部分缝合。

(6)在组织缝合时，一般是同层组织相缝合，除非特殊需要，不允许把不同类的组织缝合在一起。缝合、打结应有利于创伤愈合，如打结时既要适当收紧，又要防止拉穿组织，缝合时不宜过紧，否则将造成组织缺血。

(7)创缘、创壁应互相均匀对合，皮肤创缘不得内翻，创伤深部不应留有死腔、积血和积液。在条件允许时，可作多层缝合，正确与不正确的缝合，如图 1-3-10 所示。

(8)缝合的创伤，若在手术后出现感染症状，应迅速拆除部分缝线，以便排出创液。

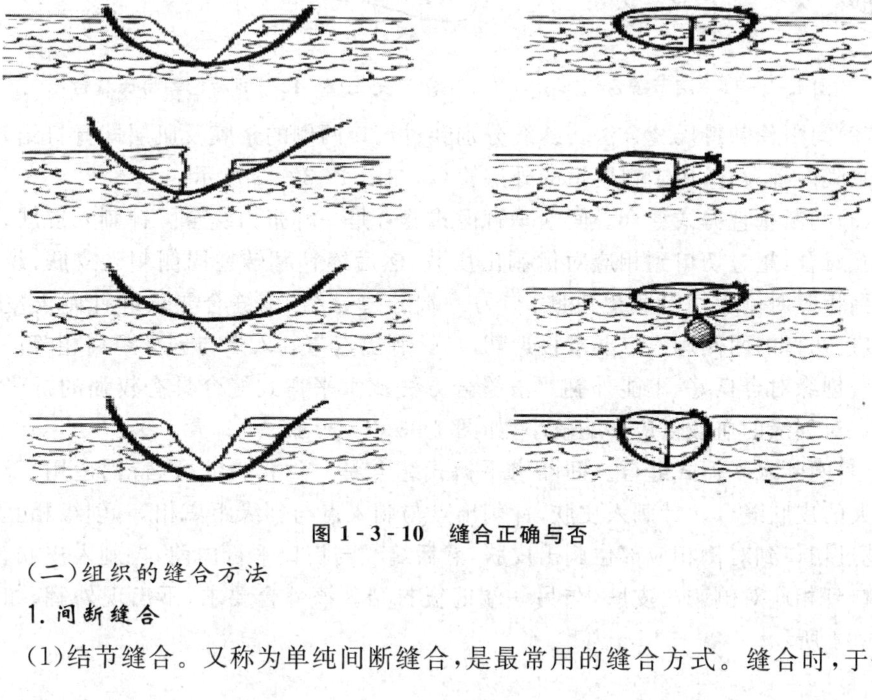

图 1-3-10　缝合正确与否

（二）组织的缝合方法

1. 间断缝合

(1)结节缝合。又称为单纯间断缝合，是最常用的缝合方式。缝合时，于创缘一侧垂直刺入，于对侧相应的部位穿出打结。每缝一针，打一次结，如图 1-3-11 所示。缝合要求创缘密切对合。缝线距创缘的距离，根据缝合的皮肤厚度来决定，小动物 0.3～0.5 cm，大动物 0.8～1.2 cm。缝线间距要根据创缘张力来决定，使创缘彼此对合，一般间距 0.5～1.5 cm。打结在切口一侧，防止压迫切口。用于皮肤、皮下织、筋膜、黏膜、血管、神经、胃肠道缝合。

此方法操作容易，迅速。在愈合过程中，即使个别缝线断裂，其他邻近缝线不受影响，不致整个创面裂开。能够根据各种创缘的伸延张力正确调整每个缝线张力。如果创口有感染可能，可将少数缝线拆除排液。对切口创缘血液循环影响较小，有利于创伤的愈合。但缝合时需要较多时间，使用缝线较多。

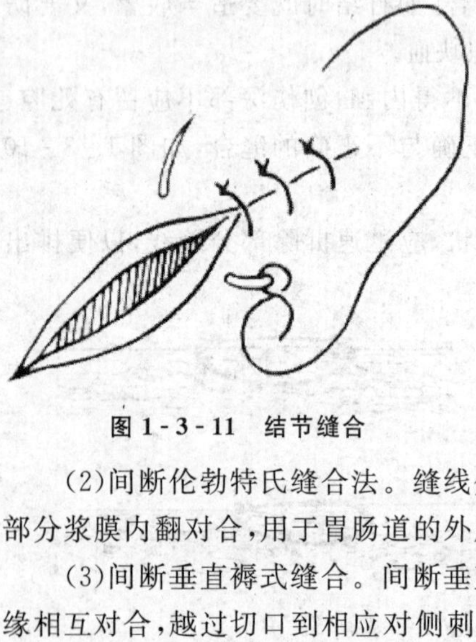

图 1-3-11　结节缝合

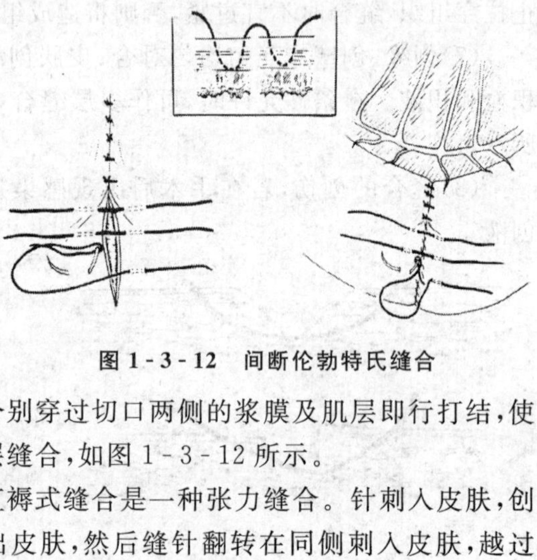

图 1-3-12　间断伦勃特氏缝合

(2)间断伦勃特氏缝合法。缝线分别穿过切口两侧的浆膜及肌层即行打结，使部分浆膜内翻对合，用于胃肠道的外层缝合，如图 1-3-12 所示。

(3)间断垂直褥式缝合。间断垂直褥式缝合是一种张力缝合。针刺入皮肤，创缘相互对合，越过切口到相应对侧刺出皮肤，然后缝针翻转在同侧刺入皮肤，越过切口到相应对侧距切口刺出皮肤，与另一端缝线打结，该缝合要求缝针刺入皮肤时，接近切口的两侧刺入点要求接近切口，针刺出点与刺入点与创缘距离相等。这样皮肤创缘对合良好，不能外翻。该缝合方法比水平褥式缝合具有较强的抗张力强度。对创缘的血液供应影响较小，如图 1-3-13 所示。

(4)间断水平褥式缝合。间断水平褥式缝合是一种张力缝合，特别适用于马、牛和犬的皮肤缝合。针刺入皮肤，针刺出点与刺入点与创缘距离相等，创缘相互对合，越过切口到对侧相应部位刺出皮肤，然后缝线与切口平行向前，再刺入皮肤，越过切口到相应对侧刺出皮肤，与另一端缝线打结。该缝合要求，不出现外翻，如图 1-3-14 所示。

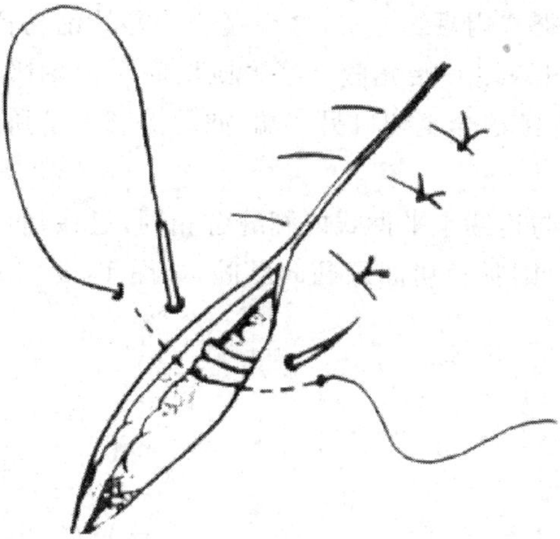

图 1-3-13 间断垂直褥氏缝合

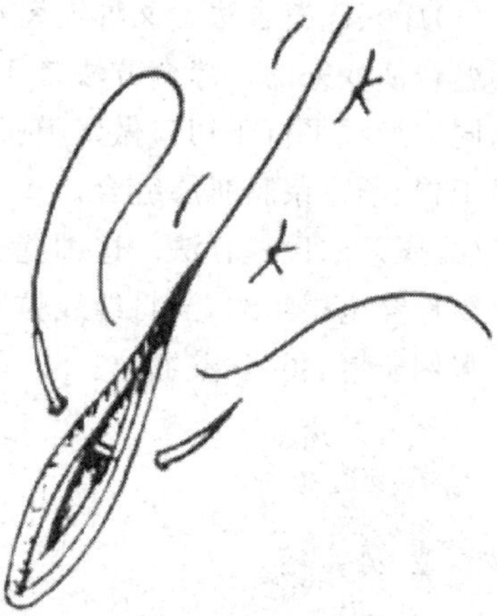

图 1-3-14 间断水平褥氏缝合

2. 连续缝合

(1)单纯连续螺旋缝合。单纯连续缝合是用一条长的缝线自始至终连续地缝合一个创口,最后打结。第一针和打结操作同结节缝合,以后每缝一针以前,对合创缘,避免创口形成皱褶,使用同一缝线以等距离缝合,拉紧缝线,最后留下线尾,在一侧打结,如图 1-3-15 所示。常用于具有弹性、无太大张力的较长创口。用于皮肤、皮下组织、筋膜、血管、胃肠道缝合。节省缝线和时间,密闭性好。但一处断裂,全部缝线拉脱,创口即可裂开。

(2)连续伦勃特氏缝合法。于切口一端开始,先作一浆膜肌层间断内翻缝合,再用同一缝线作浆膜肌层连续缝合至切口另一端,如图 1-3-16 所示。是胃肠手术的传统缝合方法,又称为垂直褥式内翻缝合法。在胃肠或肠吻合时,用以缝合浆膜肌层。

图 1-3-15 单纯连续螺旋缝合

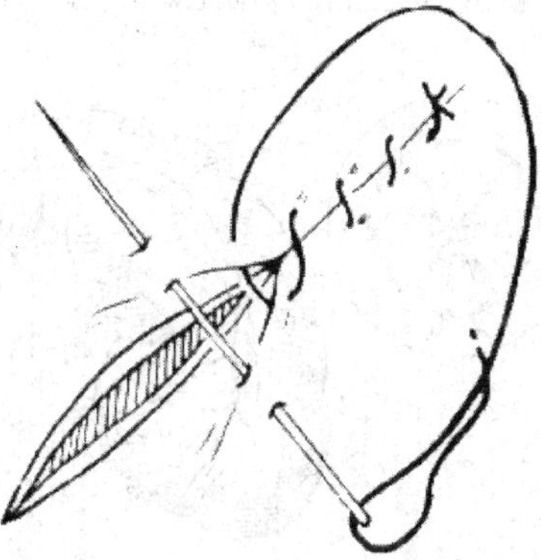

图 1-3-16 连续伦勃特氏缝合

(3)库兴氏缝合法。又称连续水平褥式内翻缝合法,这种缝合法是从伦勃特氏连续缝合演变来的。缝合方法是于切口一端开始先做一浆膜肌层间断内翻缝合,再用同一缝线平行于切口做浆膜肌层连续缝合至切口另一端,如图 1-3-17 所示。适用于胃、子宫浆膜肌层缝合。

(4)康乃尔氏缝合法。这种缝合法与连续水平褥式内翻缝合相同,仅在缝合时缝针要贯穿全层组织,当将缝线拉紧时,则肠管切面即翻向肠腔,如图 1-3-18 所示。多用于胃、肠、宫壁缝合。

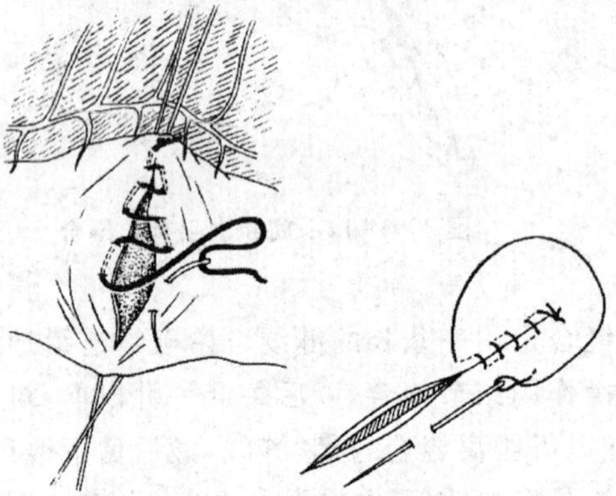

图 1-3-17　库兴氏缝合

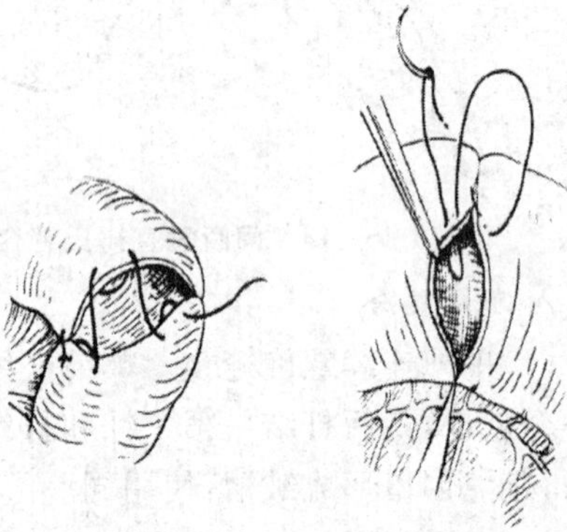

图 1-3-18　康乃尔氏缝合

(5)荷包缝合。即作环状的浆膜肌层连续缝合。主要用于胃肠壁上小范围的内翻缝合,如缝合小的胃肠穿孔。此外,还用于胃肠、膀胱造瘘等引流固定的缝合方法,如图 1-3-19 所示。

(6)连续锁边缝合法。这种缝合方法与单纯连续缝合基本相似。在缝合时每次将缝线交锁,如图 1-3-20 所示。此种缝合能使创缘对合良好,并使每一针缝线在进行下一次缝合前就得以固定。多用于皮肤直线形切口及薄而活动性较大的部位缝合。

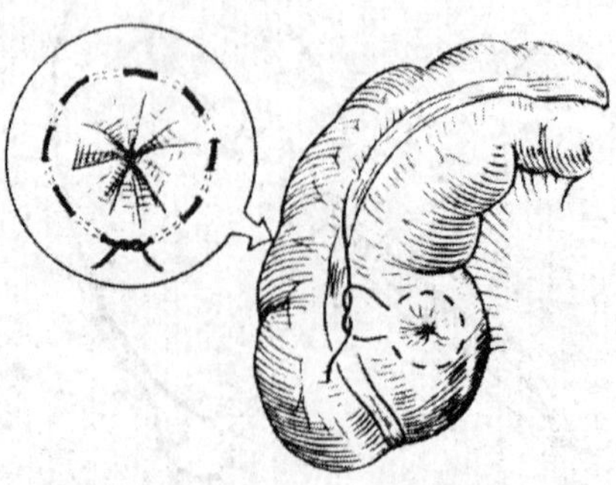

图 1-3-19　荷包缝合

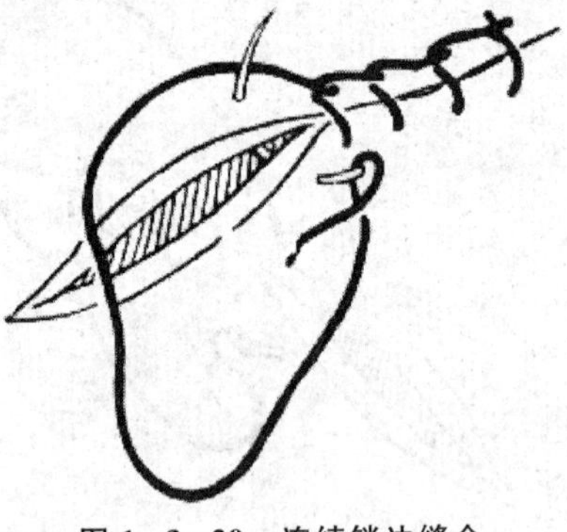

图 1-3-20　连续锁边缝合

任务三　术前准备及动物的术后护理

一、术前准备

术前准备常包括术者的准备、病畜的准备和手术器械和用品的准备。

（一）术者的准备

为了做到尽可能少出错，术者要在以往检查的基础上，再进行一次复查，核实病情，做到心中有数，当做大的或复杂的手术时，术者在术前休息好，精力充沛，精神集中，技术才能充分发挥，顺利达到预期效果。为了防止术中污染术部，除按常规无菌操作外，要求术者在大手术的前一天，不得作直肠检查、剥离胎衣和腐蹄的处理等项操作，以减少污染机会。

手术计划的拟订也是术前的必备工作，根据全身检查的结果，制订出手术实施方案。在手术进行中，有计划和有秩序的施行手术，可以减少手术中失误，或出现某些意外，也能设法应付，不致出现忙乱，造成贻误。手术计划可根据每个人的习惯，不强求一律，但一般应包括如下内容：手术人员的分工；保定方法和麻醉种类的选择（包括麻前给药）；手术通路及手术进程；术前应做的事项。如禁食、导尿、胃肠减压等；手术方法及术中应注意事项；可能发生的手术并发症、预防和急救措施；特殊药品和器械的准备；术后护理、治疗和饲养管理。如虚脱、休克、窒息、大出血等。

外科手术是一项集体活动，术前要有良好的分工，以便于在手术期间各尽其职，有条不紊地工作。术者和手术人员在手术时要了解每个人的职责，切实做好准备工作。一般可作如下分工。

术者：手术时执刀的人。术者是手术主要操作者，是手术班子的组织者。

助手：协助术者进行手术，视具体情况可设1～3人。第一助手负责局部麻醉、术部消毒、手术术部隔离及配合术者进行切开、止血、结扎、缝合、清理术部和显露术部等。助手必须经常留意，不断给术者创造操作条件并及时给予配合。当术者因故不能继续进行手术时，第一助手将顶替术者把手术完成。第一助手的位置一般设在术者的对面。第二、三助手的职责，主要是补充第一助手的不足，如牵拉创钩，显露深部组织、清理术部或协助器械助手准备缝线、传递器械等项工作。

麻醉助手：负责麻前给药和给麻醉药，在手术过程中要正确掌握麻醉的进程，与术者配合根据手术的需要调整麻醉深度，确保手术的顺利进行；同时在动物麻醉过程中，连续监视病畜的呼吸、循环、体温以及动物各种反射变化，发现异常要尽快找出原因并加以纠正。

器械助手:负责器械及敷料的供应和传递。因此,器械助手事先必须掌握手术操作及进程,能敏捷地配合手术的需要,传递默契。还要利用手术的空隙时间经常维持器械台的整齐和清洁,随时清除剩余线头、血迹、归类放置器械,使工作完全处于有条不紊状态,在闭合胸、腹之前,要清点敷料和器械的数目,术后负责器械的清洁和整理。

保定助手:负责手术过程中的动物保定。人数要根据手术的性质、麻醉的方法等确定。

上述的分工,对不同的手术不是相同的,要根据手术的大小和繁简、病畜的种类、疾病的程度等决定。原则是既不浪费人力,又要有利于手术的进行。

(二)病畜准备

病畜准备是外科手术的重要组成部分。病畜术前准备工作的任务,是尽可能使手术动物处于正常生理状态,各项生理指标接近于正常,从而提高动物对手术的耐受力。因此可以认为,术前准备的如何,直接或间接影响手术的效果和并发症的发生率。

1. 禁食 有许多手术术前要求禁食,如开腹术,充满腹腔的肠管形成机械障碍,会影响手术操作。多数病例以禁食 24 h 为宜,小动物禁食一般不要超过 12 h,禁水不超过 12 h 既可满足手术要求。因为小动物消化管比大动物短,容易将肠内容物排空,禁食使饥饿的肝脏降低糖原的贮备,过长的禁食是不适宜的。

2. 营养 动物在手术之前,由于慢性病或禁食时间过长、大创伤、大出血等造成营养低下或水电解质失衡,从而增加手术的危险性和术后并发症,为此术前应给紧急补充营养。

3. 保持安静 术前为减少动物的紧张与恐惧,麻醉前最好有畜主伴随,以消除紧张情绪。根据临床观察,尽量减少麻醉和手术给动物造成的应激。

(三)器械、敷料和其他用品的准备与消毒

手术时所使用的手术器械、敷料以及其他物品,都可能对手术创造成直接或间接的接触感染。而手术中所使用的器械和其他物品的种类繁多,应该根据消毒物品的特点加以选择应用合适的消毒灭菌方法。

1. 金属器械 所有手术用器械都应清洁,不得粘有污物或灰尘等。首先要检查所准备的器械应有足够的数量,以保证全手术过程的需求。更应注意每件器械的性能,以保障正常的使用。不常用的器械或是新启用的器械,要用温热的清洁剂溶液除去表面的保护性油类或其他保护剂,然后再用大量清水冲去残存的洗涤清洁剂后备用。结构比较复杂的器械,最好拆开或半拆开,以利充分灭菌。对有弹性锁扣的止血钳和持针器等,要将锁扣松开,以免影响弹性。注射针头或缝针等散碎小物品，最好放在一定的小容器内，防止散落而造成使用上的不便。每次所用的手术器械，可以包在一个较大的布质包单内，这样更便于灭菌和使用。手术器械最常用的灭菌方法，是高压蒸气灭菌法和化学药物浸泡消毒法，也可以采用煮沸法。

2. 玻璃、瓷和搪瓷类器皿 所有这些用品都应充分清洗干净，易损易碎者要用纱布适当包裹。这类器皿若体积较小时，可用高压蒸气灭菌法、煮沸法或是化学消毒药物浸泡法。

3. 橡胶、尼龙和塑料类用品 临床常用的各种插管和导管、手套、橡胶布、围裙及各种塑料制品。有些不耐高压，有些更不能耐受高热，这些用品都应在消毒前刷洗干净，并用净水充分漂洗后备用。橡胶制品可以选用高压灭菌或煮沸灭菌，也可以采用化学消毒药液浸泡法来消毒。

4. 敷料、手术创巾、手术衣帽和口罩等物品 现在一次性使用的止血纱布、手术创巾、手术衣帽及口罩等均已广泛使用。多次重复使用的这类用品都系用纯棉材料制成，临床使用之后可以回收再经灭菌后应用。

回收重复使用的物品均需经过洗涤处理，不得黏附有被毛或其他污物，然后按不同规格分类整理、折叠，用布单包好，消毒后贮槽在封闭的情况下，可以保证一周内的时间是无菌的。如果超过一周时间，则应考虑需要再次重新高压灭菌。施行灭菌的物品包裹不宜过大，包扎不宜过紧，排列不宜过密，以免影响高压蒸气的进入，从而影响灭菌的效果。

二、术后护理

术后管理是手术医疗的三个环节中很重要的一环。否则，一时的疏忽都可造成严重的后果和不应有的损失。术后管理常包括下列内容。

（一）麻醉苏醒

全身麻醉的动物，手术后宜尽快苏醒，在全身麻醉未苏醒之前，设专人看管，苏醒后辅助站立，避免撞碰和摔伤，过多拖长时间，能招致某些并发症，如由于体位的变化，影响呼吸和循环等，在吞咽功能未完全恢复之前，绝对禁止饮水、喂饲，以防止误咽。

（二）合理监护

术后 24 h 内严密观察动物的体温、呼吸和心血管的变化，若发现异常，要尽快找出原因。对较大的手术要注意病畜的水和电解质变化，若有失调，及时给予纠正。手术后注意早期休克、出血、窒息等严重并发症，有针对性地给予处理。全身麻醉后的动物体温降低，披上毯子，注意保温，防止感冒。

（三）防治感染

术后的护理不当是造成手术创的继发感染的重要原因，为此要保持病房干燥，勤换垫草，清除粪便，尽一切努力保持圈舍清洁，将能减少继发感染。防蚊蝇叮咬，对大面积或深创也要预防破伤风感染。可以外用抗生素和磺胺类药物，对预防和控制术后感染，提高手术的治愈率，有良好效果。

（四）消除影响创伤愈合的因素

影响创伤愈合的因素很多，在创伤治疗过程中，注意消除影响创伤愈合的因素，可使肉芽组织生长正常，促进创伤早期治愈。

三、绷带包扎技术

包扎法是利用敷料、卷轴绷带、复绷带、夹板绷带、支架绷带及石膏绷带等材料包扎止血，保护创面，防止自我损伤，吸收创液，限制活动，使创伤保持安静，促进受伤组织的愈合。

（一）包扎材料及其应用

1. **纱布** 纱布要求质软、吸水性强。多选用医用的脱脂纱布，根据需要剪叠成不同大小的纱布块。纱布块四边要光滑、没有脱落棉纱，并用双层纱布包好，高压蒸气灭菌后备用。用以覆盖创口、止血、填充创腔和吸液等。是临床上常用的绷带，纱布绷带质柔软，压力均匀，价格便宜，但在使用时易起皱、滑脱。

2. **海绵纱布** 是一种多孔皱褶的纺织品，质柔软，吸水性比纱布好，其用法同纱布。

3. **棉花** 棉花不能直接与创面接触，应先放纱布块，棉花则放在纱布上。常可预制棉垫，一般是在两层纱布间铺一层脱脂棉，再将纱布四周毛边向棉花折转，使其成方形或长方形棉垫，大小按需要制作，棉花也是四肢，骨折固定的重要敷料。使用前应高压灭菌。

4. **绷带** 多由纱布、棉布等制作成圆筒状，故称卷轴绷带，用途最广。

5. **棉布绷带** 用本色棉布制作。因其原料厚，坚固耐洗，施加压力不变形或断裂，常用以固定夹板、肢体等。

6. **弹力绷带** 是一种弹性网状织品，质地柔软，包扎后有伸缩力，故常用于烧伤、关节损伤等。此绷带不与皮肤、被毛粘连，故拆除时动物无不适感。

（二）基本包扎法

卷轴带多用于家畜四肢游离部、尾部、角头部、胸部和腹部等。包扎时，一般以左手持绷带的开端，右手持绷带卷，以绷带的背面紧贴肢体表面，由左向右缠绕。当第一圈缠好之后，将绷带的游离端反转盖在第一圈绷带上，再缠第二圈压住第一圈绷带。然后根据需要进行不同形式的包扎法缠绕。包扎结束后将绷带末端剪成两条打个半结，以防撕裂。最后打结于肢体外侧，或以胶布将末端加以固定。

1. 环形包扎法 用于其他形式包扎的起始和结尾，以及用于系部、掌部、跖部等较小创口的包扎。方法是在患部把卷轴带呈环形缠数周，每周盖住前一周，最后将绷带末端剪开打结或以胶布加以固定。

2. 螺旋形包扎法 以螺旋形由一端向上缠绕，每后一圈遮盖前一圈的1/3～1/2。用于掌部、跖部及尾部等的包扎。

3. 折转包扎法 又称螺旋回反包扎。用于上粗下细径圈不一致的部位，如前臂和小腿部。方法是由下向上作螺旋形包扎，每一圈均应向下回折，逐圈遮盖上圈的1/3～1/2。

（三）包扎注意事项

(1)按包扎部位的大小、形状选择宽度适宜的绷带。过宽使用不便，包扎不平；过窄难以固定，包扎不牢固。

(2)包扎要求迅速确实，用力均匀，松紧适宜，避免一圈松一圈紧。压力不可过大，以免发生循环障碍，但也不宜过松，以防脱落或固定不牢。在操作时绷带不得脱落污染。

(3)包扎至最后末端应妥善固定以免松脱，一般用胶布贴住比打结更为光滑、平整、舒适。如果采用末端撕开系结，则结扣不可置于隆突处或创面上。结的位置也应避免啃咬而松结。

(4)包扎应美观，绷带应平整无折皱，以免发生不均匀的压迫。交叉或折转应成一线，每圈遮盖多少要一致，并除去绷带边上活动的线头。

(5)解除绷带时，先将末端的固定结松开，再朝缠绕反方向以双手相互传递松解。解下的部分应握在手中，不要拉得很长或拖在地上。紧急时可以用剪刀剪开。

练 习 题

1. 手术器械消毒灭菌方法有哪些？
2. 药物麻醉方法有哪些？
3. 手术过程中的止血方法有哪些？
4. 缝合的方法有哪些？
5. 要成功完成一个手术，必须做好哪些工作？
6. 作为兽医工作者，在外科手术缝合过程中，应坚持什么样的原则？
7. 动物的保定方法有哪些？练习动物的保定。组织的切开原则是什么？

项目任务单

<table>
<tr><td colspan="8">项目一　一般外科技术的操作</td></tr>
<tr><td rowspan="3">任务一</td><td colspan="3" rowspan="3">外科器械和用品的消毒与灭菌</td><td>子任务一</td><td>识别各种外科器械</td><td rowspan="3">学时</td><td rowspan="3">4</td></tr>
<tr><td>子任务二</td><td>识别外科手术用品</td></tr>
<tr><td>子任务三</td><td>手术器械物品的消毒灭菌</td></tr>
<tr><td>实训场地</td><td></td><td>指导教师</td><td></td><td>实训班级</td><td></td><td>时间</td><td></td></tr>
<tr><td>组别</td><td></td><td>组长</td><td></td><td>组员</td><td></td><td></td><td></td></tr>
<tr><td>学习目标</td><td colspan="7">学生能够识别各种外科器械和用品，同时，也要掌握外科器械和用品的使用方法，正确操作使用方法和消毒灭菌的方法，在实际操作过程中发现问题、解决问题</td></tr>
<tr><td>相关知识准备</td><td colspan="7">1. 外科常用器械及其使用
2. 外科手术用品及其使用
3. 外科常用消毒方法和常用灭菌方法</td></tr>
<tr><td>相关技能准备</td><td colspan="7">1. 能准确说出外科常用器械和用品的名称及其使用方法
2. 能准确描述外科常用消毒方法和灭菌方法的操作过程</td></tr>
<tr><td>实施</td><td colspan="7">观看录像或幻灯片 → 学生识别外科器械和用品 → 消毒药的配制 → 进行消毒与灭菌操作 → 根据结果进行分析→ 组内组间交流</td></tr>
<tr><td rowspan="4">操作要求</td><td>观看录像</td><td colspan="6">通过录像资料或幻灯片，认识外科常用器械和用品</td></tr>
<tr><td>用品准备</td><td colspan="6">根据指定的外科感染与手术治疗项目的要求选择所需要的器械和用品</td></tr>
<tr><td>现场操作</td><td colspan="6">1. 以组为单位，组长组织，组员分别操作
2. 每人能识别常用外科器械和用品，并对其使用方法进行准确描述
3. 要求每组准确配制消毒药，完成整个消毒、灭菌的操作过程，并以文字材料写出该任务的操作过程</td></tr>
<tr><td>问题分析</td><td colspan="6">以组为单位，讨论在准备与操作过程中出现的各种问题，提出合理的解决办法，鼓励学生课余查阅其他使用方法相关资料</td></tr>
<tr><td>注意事项</td><td colspan="7">组长负责，统筹安排，组员协作</td></tr>
</table>

操作方案设计	小组任务： 器械用品名称： 消毒药的配制： 消毒方法：
操作过程中发现的问题	

分析总结						
考核体系	考核项目	考核细则	优秀	良好	合格	不合格
	素质考核（20分）	出勤情况（5分）	满勤（5分）	迟到（3分）	早退（3分）	旷课（0分）
		预习报告（10分）	内容详尽、实用，包括了试验所需的应知应会的知识点（10分）	内容详尽，实用。包括试验所需的应知应会的主要知识点（8分）	内容较简单，能包括试验所需的部分知识点（6分）	内容简单，试验所需的应知应会的知识点包括在内（6分以下）
		提问情况（5分）	回答问题完全正确，专业术语使用正确（5分）	回答问题较正确，部分专业术语使用不当（4分）	在老师或同学的提示下，回答问题基本正确，专业术语使用不当（3分）	回答问题错误，在老师或同学的提示下依然无法答出问题（3分以下）
	技能考核（50分）	正确识别外科器械和用品（10分）	根据任务正确准备外科器械和用品并说出名称（10分）	根据任务较正确准备外科器械和用品并说出名称（8分）	根据任务基本准备外科器械和用品并说出部分名称（6分）	在老师或同学的提示下依然无法完成任务（6分以下）
		正确使用外科常用器械和用品（15分）	正确使用外科常用器械和用品（15分）	基本正确使用外科常用器械和用品（12分）	正确使用外科常用器械和用品，但两种以上器械使用有错误（9分）	在老师或同学的帮助后，仍无法完成任务（9分以下）
		正确配制常用消毒药（10分）	根据任务正确配制常用消毒药（10分）	基本正确配制常用消毒药（8分）	基本正确配制常用消毒药。但配制的药物浓度有明显的误差（6分）	在老师或同学的帮助后，仍无法完成任务（6分以下）
		正确操作消毒、灭菌过程（15分）	根据任务正确操作消毒、灭菌过程（15分）	根据任务基本正确操作消毒、灭菌过程（12分）	根据任务基本正确操作消毒、灭菌过程，但操作过程有明显的错误（9分）	在老师或同学的帮助后，仍无法完成任务（9分以下）

<table>
<tr><td rowspan="2">考核体系</td><td rowspan="2">综合能力考核(30分)</td><td>理论支撑知识考核(15分)</td><td colspan="4">1. 灭菌　　2. 消毒</td></tr>
<tr><td>应用能力考核(15分)</td><td colspan="4">手术器械消毒灭菌方法有哪些?</td></tr>
<tr><td rowspan="4">评价体系</td><td colspan="2">评价环节</td><td colspan="4">评价方法</td></tr>
<tr><td colspan="2">组内互评(30分)
互评一:
互评二:
互评三:</td><td>组织协调能力强,能够及时完成所分担的任务,与组员沟通顺畅(30分)</td><td>与组员沟通协调较好,能及时完成所分担的任务(24分)</td><td>能与组员沟通协调,未能及时完成所分担的任务(18分)</td><td>不能与组员沟通协作,不去完成所交给的工作任务(18分以下)</td></tr>
<tr><td colspan="2">组间互评(30分)
互评一:
互评二:
互评三:</td><td>该组整体沟通协调合作能力强,能优秀完成工作任务,经验总结好(30分)</td><td>该组能进行沟通协调合作,能完成工作任务,经验总结较好(24分)</td><td>该组能进行沟通协调合作,基本完成工作任务,经验总结一般(18分)</td><td>该组缺乏沟通协调合作能力,未能完成工作任务。经验总结较差(18分以下)</td></tr>
<tr><td colspan="2">教师对小组整体评价(40分)</td><td colspan="4"></td></tr>
<tr><td rowspan="11">每个组员综合成绩</td><td colspan="2">学　号</td><td colspan="2">姓　名</td><td colspan="2">成　绩</td></tr>
<tr><td colspan="2"></td><td colspan="2"></td><td colspan="2"></td></tr>
<tr><td colspan="2"></td><td colspan="2"></td><td colspan="2"></td></tr>
<tr><td colspan="2"></td><td colspan="2"></td><td colspan="2"></td></tr>
<tr><td colspan="2"></td><td colspan="2"></td><td colspan="2"></td></tr>
<tr><td colspan="2"></td><td colspan="2"></td><td colspan="2"></td></tr>
<tr><td colspan="2"></td><td colspan="2"></td><td colspan="2"></td></tr>
<tr><td colspan="2"></td><td colspan="2"></td><td colspan="2"></td></tr>
<tr><td colspan="2"></td><td colspan="2"></td><td colspan="2"></td></tr>
<tr><td colspan="2"></td><td colspan="2"></td><td colspan="2"></td></tr>
<tr><td colspan="2"></td><td colspan="2"></td><td colspan="2"></td></tr>
</table>

项目二 外科感染与损伤的诊治

子项目一 外科感染的诊治

◆知识目标：

1. 了解外科感染的发生机理，了解炎症的发展过程点。
2. 掌握脓肿、蜂窝织炎的诊断，合理的处理措施。

◆能力目标：

1. 培养分析脓肿、蜂窝织炎病例发生原因，建立合理的治疗方案的能力。
2. 能对脓肿、蜂窝织炎的症状及治疗措施作出合理的解释。

任务一 脓肿的诊治

案例分析：

一只绒山羊左后肢股部出现一个圆形的肿胀物。主诉：家里有羊 60 多只，放牧，突然发现一只羊后肢股部长出一个圆形的包，中央的毛已经掉了，摸上去较软，皮肤颜色正常，未发现有伤口。

一、临床诊断

1. **问诊** 食欲、饮水正常，不知道什么时间发生的，未发现羊有异常的举动，只是有的时候后肢蹭硬物。

2. **视诊** 左后肢股部出现一个圆形的隆起，隆起上有少许毛脱落。

3. **触诊** 触摸质地发硬，有少许疼痛，躲闪。经检查，体温，脉搏，呼吸正常。叩诊上部有鼓音。

4. **穿刺检查** 发现里面有灰黄色的脓样液体。

二、发病原因分析

1. **主要继发于各种局部性损伤** 如刺创、咬创、蜂窝织感染了各种化脓菌后形成脓肿。

2. **见于某些有刺激性的药物**　在注射时误漏于皮下而形成无菌性的皮下脓肿，或长期皮下注射药物而引起(如 10%氯化钙等)。

3. **皮下或肌肉注射药物**　注射时消毒不严格而引起感染。

三、诊断结论

根据临床症状诊断并不困难，通过穿刺可初步诊断为发生了局限性脓肿。

在组织或器官内形成外有脓肿膜包裹，内有脓汁积聚的局限性脓腔时，称为脓肿。

本病可发生于动物机体各部位的任何组织和器官，临床表现基本相似。初期，局部肿胀，温度增高，触摸时有痛感，稍硬固，以后逐渐增大变软，有波动感；脓肿成熟时，皮肤变薄，局部被毛脱落，有少量渗出液，不久脓肿破溃，流出黄白色黏稠的脓汁；在脓肿形成时，有的可引起体温升高等全身症状，待脓肿破溃后，体温很快恢复正常。

发生在深层肌肉、肌间及内脏的深在性脓肿，因部位深，波动不明显，局部有压痛，出现明显全身症状和相应器官的功能障碍。

四、治疗

(一)治疗原则

消炎，止痛，促进炎症产物消散、吸收。

(二)治疗方法

【治疗方案 1】

初期硬固性肿胀，可涂敷复方醋酸铅散、鱼石脂软膏等，或以 0.5%盐酸普鲁卡因 20～30 mL，青霉素钾(钠)40 万～80 万 IU 进行病灶周围封闭，以促进炎症消退。

复方醋酸铅散配方：醋酸铅 100 g，明矾 50 g，樟脑 20 g，薄荷脑 10 g，白陶土 820 g。

【治疗方案 2】

对已经成熟但未破溃的脓肿，应及早以手术方法排脓进行治疗，可进行脓肿切开。在脓肿波动最明显处切开排脓，冲洗脓肿腔，然后按化脓创处理，安装纱布引流或行开放疗法，切口的位置、大小、方向要有利于脓汁的排流，必要时配合抗生素等全身疗法。

【治疗方案 3】

用注射器抽取脓汁后，由同一针头以生理盐水反复冲洗，排净冲洗液后，注入少量混有青霉素的普鲁卡因溶液。

脓肿如处理及时，很快恢复。如处理不及时或不适当，有时能形成经久不愈的瘘管，有的病例甚至引起脓毒败血症而死亡。

知识拓展

化脓创的处理

一、治疗原则

(1)排出脓汁，加速净化，促进再生。

(2)消除影响愈合的因素。

(3)纠正水电解质的平衡。

(4)抗菌消炎。

二、治疗方法

(1)清理创围，创口周围 5～8 cm 范围内剪毛，对皮肤消毒后，涂以 5% 碘酒。

(2)排出脓汁，反复用高锰酸钾溶液或者双氧水冲洗创腔，并要用纱布揩干，同时，根据创伤性质及解剖部位进行创伤部分或全部切除，把坏死的组织刮掉或者切除掉。

(3)然后用消过毒的纱布条蘸取磺胺粉等抗菌药埋进创腔内引流，最后用消毒的纱布覆盖在创口上，用绷带或者胶布包扎固定。

(4)创口不能缝合，施行开放疗法。

(5)用 1% 普鲁卡因溶液加进青霉素，在创口周围进行封闭注射，每天封闭一次。

(6)当出现全身症状时，还要结合使用青、链霉素等抗生素或磺胺治疗，同时进行输液、强心、解毒等对症治疗。

(7)为了促进肉芽组织的生长保护肉芽组织不受损伤和感染，加速上皮新生，可使用刺激小的流膏、乳剂、油剂等药物，如磺胺软膏、10% 磺胺鱼肝油涂布。

任务二　蜂窝织炎的诊治

案例分析：

2005年6月，某乡饲养场一头母牛行经常用颈部蹭围栏，检查发现，颈部部分被毛脱落，有一2 cm左右小口，来医院就诊。症状：能采食牧草，精神委顿，粪便呈团状，尿量正常清亮。左侧颈部下方肿胀，伤口内有脓汁，触诊患部内侧有热感，疼痛，体温36.5℃，局部被毛脱落，肿胀部波动不明显。

一、临床诊断

（一）临床检查

1. **问诊**　能采食牧草，精神委顿，粪便呈团状，尿量正常，清亮。该牛一个月前颈部注射过药物。

2. **视诊**　局部被毛有脱落，伤口处有少量脓汁污染被毛。

3. **触诊**　疼痛，肿胀部波动不明显，患部有一条长约2 cm的伤痕。周围皮肤已经腐烂，韧性很差。

（二）实验室检查

用消毒针头取患部组织液抹片，革兰氏染色、镜检，见患珠状G^+球菌和卵圆形葡萄状G^+球菌。

二、发病原因分析

1. **病菌**　病菌经创伤或化脓灶漫延，侵袭邻近疏松结缔组织，发生急性炎症，大面积漫延，而后化脓，如溶血性链球菌、葡萄球菌及腐败菌等。

2. **刺激药剂**　在注射时误漏于皮下而形成无菌性的皮下脓肿，或长期皮下注射药物而引起，如10%氯化钙等。

3. **皮下或肌肉注射药物**　注射时消毒不严格而引起感染。

4. **长期皮下或肌肉注射药物**　长期注射药物后吸收不良。

三、诊断结论

根据临床症状和患部检查，初步诊断为蜂窝织炎。

蜂窝织炎是发生在疏松结缔组织内的急性、弥散性、化脓性感染。在皮下、筋膜下、肌间、颈静脉沟等部位易发生，症状各异，常沿神经、血管快速漫延。

全身症状，体温明显升高，食欲降低或废绝，痛苦、沉郁，水电解质失衡；局部症状，大面积肿胀、热痛及机能障碍明显。血液检查时，血中白细胞会明显的上升。若不及时治疗，甚至会引发败血症而死亡。

四、治疗

(一)治疗原则

(1)减少渗出、控制感染。

(2)减轻组织内压。

(3)改善全身机能,提高抵抗力。

(二)治疗方法

【治疗方案 1】

患部外敷复方醋酸铅散,也可用鱼石脂酒精,重症配合抗生素及磺胺类药物。

【治疗方案 2】

促进脓肿成熟:患部外敷鱼石脂软膏。

冲洗患部:成熟脓肿切开后用双氧水冲洗,再用碘甘油浸纱布引流。

【治疗方案 3】

切开患部后,用 0.1%～0.2%高锰酸钾溶液清创冲洗,再用双氧水进行创腔引流。患部可做多个切口,要充分排出炎性渗出物,缓解组织内压。

知识拓展

引　流

一、目的

使创腔内的坏死潴留物或炎性渗出物流出创外。多用于深在化脓感染创的炎性净化阶段。

二、引流工具

纱布条引流最为常用,纱布条引流具有毛细管引流的特性。纱布条放入创道内之前,可以用药液先将纱布条浸润。常用的有:青霉素溶液、中性盐类高渗溶液或磺胺粉等。

三、引流方法

根据创腔的大小和创道的长短,可把纱布条做成不同的宽度和长度,然后用长镊子将引流纱布条的两端分别夹住,先将一端疏松地导入创底和弯曲的创道,另一端游离于创口下角,就能将创内的炎性渗出物引流至创外。

子项目二　外科损伤疾病的诊治

◆知识目标：

1. 掌握各种创伤、血肿、过敏性休克、溃疡及窦道与瘘管的诊断要点。

2. 掌握各种创伤的处理措施。

3. 重点掌握新鲜创、化脓创、污染创的诊断与治疗。

◆能力目标：

1. 培养分析创伤病例发生原因，确定诊断要点、建立合理的治疗方案能力。

2. 能对创伤、过敏性休克的症状及治疗措施作出合理的解释。

3. 能够独立完成对新鲜创、化脓创、污染创等的治疗工作。

4. 掌握过敏性休克的常用抢救方法，能够独立完成对过敏性休克患畜的抢救。

任务一　创伤的诊治

案例分析：

一松狮犬在与其他犬玩耍追逐中，臀部被一尖锐物体划开一长 10 cm 左右伤口，伤口肌肉外翻，周围被血液污染。

一、临床诊断

1. **问诊**　了解创伤发生的时间，致伤物的性状，受伤当时的情况和病畜的表现等。发现受伤已经 2 h 了，致伤物没有看见。

2. **视诊**　伤口周围被血液、尘土污染，可视黏膜颜色较正常，病犬的精神状态较好，无四肢的机能障碍。初步观察创伤大小、形状、性质、创口裂开程度、有无出血、创围、被毛污染情况、创缘创壁是否整齐、有无挫灭组织及异物。

3. **触诊**　按由外向内的顺序，仔细地对受伤部位进行检查。通过对创围进行柔和而细致的触诊，检查创缘及创壁是否整齐、平滑，有无肿胀及血液浸润情况，有无挫灭组织及异物或碎骨片等，注意创缘创壁有无盲囊，可用探针或硬质胶管，或手指进行检查，以确定局部温度的高低、疼痛情况、组织硬度、皮肤弹性及移动性等。创底创壁检查：整个检查应胆大心细，并应严格遵守无菌操作，检查创腔创道状况，创底深度等，然后检查病畜的体温、呼吸、脉搏，检查受伤部位和救治情况。

二、发病原因分析

主要是由于带刺铁线、铁屑、锐器等物体碰撞及动物互相顶撞、撕咬等引起的外伤。

三、诊断结论

根据临床症状和问诊，初步诊断为发生了新鲜污染创。

新鲜创一般包括新鲜手术创和新鲜污染创。新鲜污染创是指受伤后 12 h 内，伤部虽然被污染，但还没有出现感染症状的创伤，新鲜创的一般症状是创口裂开、出血、疼痛和机能障碍。

这一类创伤，由于创伤无感染，炎性反应轻；创内无异物（包括污染物和血凝块及坏死组织等）；创缘、创壁平整接合；创内缺损组织少，还保存有活力。所以符合创伤愈合的一期愈合条件，愈合过程快，形成瘢痕小，不遗留机能障碍。

四、治疗

（一）治疗原则

（1）防治感染，加速净化，促进再生。

（2）消除影响愈合的因素。

（3）纠正水电解质的平衡。

（二）治疗方法

1. 止血 对于新鲜创伤，应在防止休克的同时，先进行止血，防止失血过多。

2. 清洁创围 用灭菌纱布将创口盖住，剪除周围被毛，用 0.1%新洁尔灭溶液或 0.1%高锰酸钾或生理盐水将创围洗净，然后用 5%碘酊进行创围消毒。

3. 清理创腔 用镊子仔细的除去创内异物，用手术剪清理掉创内损伤严重或已经失去活性的组织，反复用 0.1%新洁尔灭溶液或 0.1%高锰酸钾洗涤创内，然后用灭菌纱布轻轻地吸蘸创内残存的药物和污物，最后用含有抗生素的生理盐水冲洗两遍。

4. 创伤用药 创伤局部可用抗菌消炎药，以防止局部感染，组织损伤或污染严重时，应及时注射破伤风类毒素、抗生素。必要时可全身给药。

5. 缝合与包扎 对创面整齐，处理彻底的新鲜创，伤口达到一期愈合条件时，进行密闭缝合；有感染危险时，行部分缝合，并在创口下角留排液孔，并放置引流物；组织损伤严重或不便缝合时，可行开放疗法。四肢下部的创伤，一般应行包扎。

【治疗方案】

先用5%碘酊进行创围消毒，再用生理盐水清洗创腔，最后将抗生素类药物粉剂撒到创腔内。

知识拓展

肉芽创的治疗

一、治疗原则

保护肉芽组织和促进上皮生长。

二、治疗

1. 清理肉芽创表面，先用生理盐水或者0.1%雷夫奴尔清洗创面，再用魏氏油膏、甘油红汞、水杨酸氧化锌软膏、3%龙胆紫或者水杨酸磺胺软膏等药剂，涂在创面。

2. 促进肉芽创生长，用氧化锌13 g，碘仿25 g，液体石蜡38 g，混合后制成糊剂，用作外部涂用，对于已长肉芽的创面，可防腐、促使表皮生长。

3. 对创面较大的肉芽创，为加快愈合并缩小瘢痕的形成，当创面形成肉芽面时，经必要的处理和修整后，撒布青霉素粉，进行密闭缝合或创缘壁的结节性缝合。

三、注意事项

1. 创伤治疗中所提到防腐剂，尽可备齐，以便学生观察。

2. 引流的纱布条，应根据创腔的情况来制作，一般纱布条越长，则其条幅应越宽，如用狭而长的纱布条作引流。不易达到目的。

3. 关于用药时期对创伤愈合很重要。一般在化脓未停止前，每天用药1次；当化脓停止，生长肉芽时，应加强保护肉芽组织，并减少用药次数。

任务二　挫伤的诊治

案例分析：

2006年1月15日，某养殖户来咨询，家里有牛15头，其中一头牛，有一天摔倒了，起来后没有发现，第二天发现右后肢有点瘸，已经4天了。右侧髋结节与坐骨结节处的毛大部分脱落，周围被毛被血液、泥土等污物污染，右后肢行走出现跛行。

问以后能否好转。

一、临床诊断

(一)临床检查

1. **问诊** 运动场地面有冰,牛已经摔倒4天了。

2. **视诊** 主要观察受伤部位被毛、出血、皮肤损伤情况。同时检查患病动物的运动情况,观察可视黏膜是否正常。

3. **触诊** 检查受伤部位的范围、大小,皮肤的完整性,软硬度,是否渗血。

(二)实验室检查

对已经化脓的可进行实验室检验,确定感染的菌种。

二、发病原因分析

1. **摔倒或顶撞** 动物跑动过程中摔倒及动物互相顶撞等引起的外伤。

2. **击打** 钝性物体击打或动物爬跨掉下等。

3. **车祸** 流浪动物的车祸等。

三、诊断结论

通过主诉及问诊根据牛体有无受钝性物体冲撞、挤压等病史,结合临床症状综合诊断,本病例属于挫伤。

挫伤是机体在钝性外力直接作用下,而引起的软组织非开放性损伤。挫伤可因其发生部位不同,而引起不同的并发症,例如骨折、脑震荡、内脏破裂等。

动物患病部位皮肤可出现轻微的致伤痕迹,皮表轻伤,被毛逆乱、脱落;多处溢血(小血管破损后血液渗入组织间隙,常在24～36 h达高峰);肿胀,包括炎性渗出、溢血和淋巴外渗三种形式,有温热、波动感、后变硬;疼痛,静时痛、动更痛;根据受伤部位的不同,影响其运动、呼吸等机能障碍;伤发生的部位不同,出现的机能障碍也有不同。全身反应,重者休克。

四、治疗

(一)治疗原则

保持安静,减少溢血,消肿止痛,防止感染,加速修复。

(二)治疗方法

(1)普鲁卡因青霉素2万～3万IU/kg,肌肉注射或皮下注射。

(2)用樟脑酒精、樟脑软膏或5%鱼石脂软膏局部涂擦。如有渗出液吸收不良,则可采取引流。

(3)用氨苄西林等抗生素进行全身治疗。

知识拓展

烧伤与冻伤的治疗

一、烧伤的治疗

1.镇静　用氯丙嗪、羟吗啡酮等药物，根据动物的情况采取肌肉注射、静脉注射或内服。

2.抗休克　地塞米松静脉注射。

3.收敛、消炎　外用5%～10%高锰酸钾溶液或3%甲紫(紫药水)。

二、冻伤的治疗

1.消除寒冷　将动物脱离寒冷环境，创造温暖的条件，让动物恢复正常体温。

2.消毒、封闭　用2%的碘酊冻伤部位，然后用0.5%盐酸普鲁卡因进行局部封闭。

3.消炎　用红霉素软膏局部涂擦，如果有严重坏死组织或器官，可实施摘除手术。

任务三　血肿的诊治

案例分析：

一只奶山羊一侧乳房出现一个圆形的肿胀物，主诉：家里有羊7只，此羊正直产奶高峰，每天挤奶，突然在左侧乳房上发现一个圆形的包，摸上去较软，皮温稍高，皮肤颜色有点红色。

一、临床诊断

1.问诊　前天早晨挤奶时正常，第二天起来挤奶时发现有一个圆形的包，已经第3天了。食欲、饮欲正常，挤奶时奶有点红色的东西。

2.视诊　观察隆起部位被毛，皮肤情况，观察可视黏膜是否正常。

3.触诊　触摸质地较软，有少许疼痛，躲闪。经检查，体温，脉搏和呼吸正常。

二、发病原因分析

1.外伤　血肿可因骨折、刺创，被其他牛顶伤、被后肢踢伤、踩伤或者摔倒等情况下，使血管破裂出血，引起血液在皮下和组织间积存。

2. *乳房浮肿* 乳房浮肿时间长，则乳房的支持组织变为脆弱，因乳房重量逐渐增加，有时可造成供给乳房血液来源的乳房动脉被拉断而发生血肿。

三、诊断结论

通过主诉及问诊得到的临床症状综合诊断，本病例属于血肿。

患病动物皮下血肿在受伤后很快出现，并在开始几个小时内迅速增大。病初血肿界限清楚，局部不增温，无明显疼痛。手触有一定波动和弹性，皮肤稍紧张，逐渐局限化，呈圆形，经过一段时间血液凝固，组织增生并向周围发展，波动感逐渐消失。血肿的部位多见于胸前、胸侧、腹下部、乳房、腿下部等处。

发生在皮下的脓肿或疝时也形成肿胀，所以有时易与血肿相混淆，可用穿刺针后流出的内容物进行区别判断。如血肿继发感染时，可转变为脓肿。

四、治疗

(一)治疗原则

制止溢血，排除积血，防止感染。

(二)治疗方法

【治疗方案 1】

如果血肿块小，可冷敷或患部涂碘酊后装压迫绷带止血，小血肿经过一定时间可望消散。

【治疗方案 2】

大血肿可在 5 天后血肿内容物凝固后，进行切开手术，以除去血饼。

【治疗方案 3】

发生在乳房周围的血肿多半能酿成重症，需要积极采取给予止血剂、输液等综合疗法。

(1)安络血注射液 20 mL。用法：一次肌肉注射。也可用止血敏、仙鹤草素等。

(2)可用复方磺胺-5-甲氧嘧啶注射液及其他复方磺胺制剂，青霉素、庆大霉素等肌肉注射。

(3)全身治疗，可进行全身静脉注射。

知识拓展

淋巴外渗的诊治

一、诊断要点

1. 发病原因 各种钝性外伤直接作用于机体所引起。

2. 症状 病程缓慢，肿胀物呈囊状，有下坠感，且有明显的波动，肿胀处穿刺可抽出黄色透明的淋巴液。后期肿胀部位慢慢变硬。初有疼痛，后正常。

二、治疗

1. 制止渗出 轻症可用穿刺方法，将淋巴液抽出后注入95%酒精溶液100 mL、福尔马林1 mL、3%碘酊数滴。重症可患部切开，排出淋巴液，用95%酒精溶液或95%酒精溶液福尔马林溶液的纱布堵塞创腔，皮肤假缝合。

2. 消炎 用注射用青霉素钠400万IU、注射用水20 mL一次肌肉注射，每天2次，连用数天。

3. 收敛、消炎 外用5%～10%高锰酸钾溶液或3%甲紫(紫药水)。

任务四 溃疡的诊治

案例分析：

2006年7月5日，一荷斯坦奶牛发生难产，施剖腹产术取出胎儿。7月12日，主人来找，主诉：手术切口的缝合线都开了，伤口没有愈合，有脓汁，切口没有经过治疗。求助，到畜主家进行治疗。

一、临床诊断

(一)临床检查

1. 问诊 回家后对手术切口没有进行其他的处理，饲养管理方式与其他牛一样。还应了解溃疡患畜的病史，应针对溃疡发生的病因积极治疗。

2. 视诊 观察此病畜，牛体被毛上有草渣、尿污等，发现手术切口上半部分已经愈合，下半部分皮肤未愈合。畜体患部检查应注意患畜全身状况及溃疡发生部位分布、大小、颜色、边缘清楚与否、形状及表面分泌物等情况。

3. 触诊 此病畜检查，肌肉层已经愈合，只有皮肤未愈合。其他病例可通过触诊检查患部的软硬度，溃疡的程度等。

(二)实验室检查

炎症性溃疡可进行细菌鉴别诊断。

二、发病原因分析

1. 伤口处理不当 如引流不畅，没有及时而彻底清除伤口内的坏死组织或异物，换药错误等。

2. 局部血液循环、淋巴循环不良 血液循环差,愈合能力弱,皮肤溃烂,往往经久不愈。如奶牛瘫痪,长期卧底不起形成的褥疮。

3. 局部特异性感染 如放线菌病等。

4. 组织再生能力低下

5. 创伤不安静或反复受刺激

三、诊断结论

通过主诉及问诊得到的临床症状综合诊断,病畜属于术后护理不当,伤口感染,可以初步诊断病例为手术切口发生了溃疡。

溃疡多位于结缔组织致密、血液循环相对较差的部位,病程较长、全身情况差或有其他并发症。溃疡周围皮肤的损害以感染病灶为中心向周围扩展和漫延,局部有痛痒,红肿,溃破,形成溃疡,水疱、脓疱、糜烂、渗出及结痂等,溃疡日久不愈,疮口下陷,边缘形成缺口,疮面肉色灰白或暗红,流溢灰黑或带绿色污水,臭秽不堪,疮口周围皮肤暗红或紫黑。

四、治疗

(一)治疗原则

抗感染、改善创面血液循环、促进创面愈合、止痒,提高机体抵抗力。

(二)治疗方法

根据动物的病情采取不同的治疗方法。

【治疗方案1】

(1)溃疡清创,清除坏死组织、瘢痕、陈旧肉芽组织、异物等,直至相对健康、有活力的组织。

(2)换药,用双氧水冲洗5 min。皮维碘纱布覆盖。

(3)药物治疗,抗过敏药物、抗生素以及促进溃疡愈合的药物等。根据细菌、真菌培养及检查结果,加用抗生素和抗真菌药。

【治疗方案2】

(1)溃疡清创。

(2)换药,用生理盐水浸泡冲洗5 min。皮维碘纱布覆盖,局部水肿严重者,用3%高渗盐水湿敷。

(3)手术治疗,对于溃疡面积较大、长期换药未愈或伴有骨、关节、肌腱等外露者,应考虑手术治疗。

采取各种治疗措施的同时,要进行良好的护理,抬高患部,注意水电解质的平衡,给予高蛋白能量和维生素的饮食,提高患病动物的免疫力。

任务五　窦道与瘘管的诊治

案例分析：

一个多月前一只羊患有刺伤，经治疗后未愈合，化脓，屡治不愈，由于被毛覆盖，未发现深部化脓，一日，发现周围有液体流出，用食指检查，发现伤口内壁有肉芽组织过度增生，创口深 4 cm 左右。

一、临床诊断

1. **问诊**　受伤时间很长，治疗断断续续，羊圈卫生状况不好。

2. **视诊**　伤口周围被毛被流出的脓汁污染，有的已经形成了结痂。

3. **触诊**　按压周围表面，有脓汁流出。

二、发病原因分析

1. **细菌感染伤口**　细菌及其患部的炎性介质持续性刺激着周围软组织而引起应激反应使大量脓性分泌物引流不畅，被迫在深部软组织内迂回破坏，形成窦道。

2. **引流管处理不当**　脓汁不能排出，则深部窦道不易愈合。

3. **先天性形成的**　如脐尿瘘。

4. **创口内异物刺激**　如缝线，异物碎片等。

三、诊断结论

根据临床症状及触诊容易做出诊断，本病例为窦道。

瘘管底常存有失活组织和异物，内壁周围常有大小不等的溃疡或肉芽组织生长，并不断排出分泌物、排泄物或浓汁。用指压在创面或瘘管排出味臭稀薄如豆浆样的液体。

瘘管有先天性与后天性两种。前者属于胎生畸形，如脐尿瘘；后者是某些原发病的并发症或后遗症，此外还有人工制造的瘘管，如瘤胃瘘。

窦道与瘘管均有管口、管道、管壁，且管壁上附有上皮或肉芽，管口不断排出分泌物或脓汁，长期不愈。窦道为一端开口，从体表至深层组织，多为病理性发生；瘘管是两端开口，有先天性、病理性或实验性产生。

四、治疗

（一）治疗原则

抗菌消炎、排除脓汁、破坏光滑管壁，引流。

(二)治疗方法

【治疗方案】

(1)清除窦道与瘘管内的异物及坏死组织。可用0.2%的高锰酸钾溶液或3%的过氧化氢溶液冲洗创腔,然后用硫酸铜溶液或高锰酸钾腐蚀管壁。

(2)按化脓创治疗方法进行治疗。先将窦道口切开扩大,充分冲洗换药,待干净后,可在窦道及瘘管壁的外面,将窦道或瘘管整个切除,避免污染伤口,再自基底逐层缝合,保证伤口清洁干净,无引流不畅情形。

(3)浅在性瘘管,可以通畅引流,可切开窦道口,用生理盐水冲洗或用刮匙搔刮窦道壁,去除窦道内的坏死组织,每天可用抗生素(四环素、庆大霉素及甲硝唑)纱条填塞换药,四环素除有抗菌外,尚有粘吸组织的作用,每日换药可逐渐愈合。

练　习　题

1. 试述新鲜污染创的检查方法及治疗程序。
2. 试述一期愈合的条件与愈合过程。
3. 肉芽创的症状有哪些?
4. 试述淋巴外渗的症状特征及其治疗方法。
5. 血肿的症状特征及其治疗方法有哪些?
6. 溃疡发生的原因有哪些?

项目任务单

项目二　外科感染与损伤的诊治							
任务一	脓肿的诊治			子任务一	案例分析	学时	4
				子任务二	案例诊断与防治方案设计		
实训场地		指导教师		实训班级		时间	
组别		组长		组员			
学习目标	学生掌握脓肿的诊断程序和方法，同时也要掌握脓肿的各种治疗方法。在实际学习过程中提高发现问题、解决问题的能力和设计治疗方案的能力						
相关知识准备	1. 脓肿的发生原因 2. 脓肿的症状和病变 3. 脓肿的诊断方法和治疗方法						
相关技能准备	1. 能准确说出脓肿发生的原因和临床表现 2. 能准确描述脓肿的外科处置方法操作过程						
实施	观看录像或幻灯片 → 学生进行案例分析 → 诊断疾病 → 设计治疗方案 →分析讨论治疗方案→ 组内组间交流						
实施要求	观看录像	通过录像资料或幻灯片了解案例					
	案例分析	每组详细写出本案例发生的原因和临床表现以及临床检查方法					
	治疗方案设计	1. 以组为单位，组长组织，发挥团结协助精神 2. 每人设计出一套治疗方案，并在组内进行讨论 3. 要求每组根据讨论结果选择最适治疗方案，写出详细的治疗方案设计步骤					
	问题分析	以组为单位，讨论在案例分析、诊断和治疗方案设计过程中出现的各种问题，提出合理的解决办法，鼓励学生课余查阅其他相关脓肿治疗的原理资料					
注意事项	组长负责，统筹安排，组员协作						

诊治方案设计	小组任务： 案例分析： 诊断方法： 治疗方案设计：
实施过程中发现的问题	

分析总结						
考核体系	考核项目	考核细则	优秀	良好	合格	不合格
	素质考核（20分）	出勤情况（5分）	满勤（5分）	迟到（3分）	早退（3分）	旷课（0分）
		预习报告（10分）	内容详尽、实用，包括了试验所需的应知应会的知识点（10分）	内容详尽，实用。包括试验所需的应知应会的主要知识点（8分）	内容较简单，能包括试验所需的部分知识点（6分）	内容简单，试验所需的应知应会的知识点包括在内（6分以下）
		提问情况（5分）	回答问题完全正确，专业术语使用正确（5分）	回答问题较正确，部分专业术语使用不当（4分）	在老师或同学的提示下，回答问题基本正确，专业术语使用不当（3分）	回答问题错误，在老师或同学的提示下依然无法答出问题（3分以下）
	技能考核（50分）	正确说明案例发病原因（10分）	根据任务正确说明案例发病原因（10分）	根据任务基本正确说明案例发病原因（8分）	在教师的提示下，基本正确说明案例发病原因（6分）	在老师或同学的提示下依然无法完成任务（6分以下）
		正确分析案例的诊断要点（15分）	根据任务正确分析案例的诊断要点（15分）	根据任务基本正确分析案例的诊断要点（12分）	在教师的提示下，基本正确分析案例的诊断要点（9分）	在老师或同学的帮助后，仍无法完成任务（9分以下）
		治疗方案设计完全合理实用（25分）	根据案例所设计的治疗方案完全合理实用（25分）	根据案例所设计的治疗方案基本合理实用（20分）	在教师的提示下根据案例所设计的治疗方案合理实用（15分）	在老师或同学的帮助后，仍无法完成任务（10分以下）

<table>
<tr><td rowspan="2">考核体系</td><td rowspan="2">综合能力考核(30分)</td><td>理论支撑知识考核(15分)</td><td colspan="4">1. 全身化脓性感染　　2. 脓肿</td></tr>
<tr><td>应用能力考核(15分)</td><td colspan="4">血肿的症状特征及其治疗方法有哪些？</td></tr>
<tr><td rowspan="4">评价体系</td><td colspan="2">评价环节</td><td colspan="4">评价方法</td></tr>
<tr><td colspan="2">组内互评(30分)
互评一：
互评二：
互评三：</td><td>组织协调能力强，能够及时完成所分担的任务，与组员沟通顺畅(30分)</td><td>与组员沟通协调较好，能及时完成所分担的任务(24分)</td><td>能与组员沟通协调，未能及时完成所分担的任务(18分)</td><td>不能与组员沟通协作，不去完成所交给的工作任务(18分以下)</td></tr>
<tr><td colspan="2">组间互评(30分)
互评一：
互评二：
互评三：</td><td>该组整体沟通协调合作能力强，能优秀完成工作任务，经验总结好(30分)</td><td>该组能进行沟通协调合作，能完成工作任务，经验总结较好(24分)</td><td>该组能进行沟通协调合作，基本完成工作任务，经验总结一般(18分)</td><td>该组缺乏沟通协调合作能力，未能完成工作任务。经验总结较差(18分以下)</td></tr>
<tr><td colspan="2">教师对小组整体评价(40分)</td><td colspan="4"></td></tr>
<tr><td rowspan="11">每个组员综合成绩</td><td>学号</td><td>姓名</td><td>成绩</td><td colspan="3">备　　注</td></tr>
<tr><td></td><td></td><td></td><td colspan="3"></td></tr>
<tr><td></td><td></td><td></td><td colspan="3"></td></tr>
<tr><td></td><td></td><td></td><td colspan="3"></td></tr>
<tr><td></td><td></td><td></td><td colspan="3"></td></tr>
<tr><td></td><td></td><td></td><td colspan="3"></td></tr>
<tr><td></td><td></td><td></td><td colspan="3"></td></tr>
<tr><td></td><td></td><td></td><td colspan="3"></td></tr>
<tr><td></td><td></td><td></td><td colspan="3"></td></tr>
<tr><td></td><td></td><td></td><td colspan="3"></td></tr>
<tr><td></td><td></td><td></td><td colspan="3"></td></tr>
</table>

项目三　皮肤疾病的诊治

子项目一　炎性皮肤疾病的诊治

◆知识目标：

1. 掌握湿疹、荨麻疹、过敏性休克发生的病因和临床特征性表现。
2. 掌握湿疹、荨麻疹、过敏性休克的常用治疗方法。

◆能力目标：

1. 培养分析病例的能力，能够确定诊断要点、建立合理的治疗方案。
2. 能对湿疹、荨麻疹的症状及治疗措施作出合理的解释。

任务　湿疹的诊治

案例分析：

2007 年 10 月，一猫皮肤出现大小不等的红斑，轻度肿胀，指压退色，有的地方已经脱毛，后肢腋下轻微破溃。主诉：3 天前给其洗澡，第二天发现其搔痒，在其他物体上摩擦身体。

一、临床诊断

1. 问诊　通过问诊发现有使用过刺激性物品的历史或环境卫生差，精神、体温、食欲均正常。

2. 视诊　皮肤有破溃，感觉湿润，有的地方红色。

3. 触诊　触压有的质地发硬，疼痛。

二、发病原因分析

1. 外界物理性因素　如机械性压迫、摩擦、咬、抓、蚊虫叮咬。

2. 化学性因素作用　如某些内用药物、外敷药物、消毒药物。

3. 某些物质缺乏症　某些营养元素缺乏，导致皮肤的抵抗力低，也可引起湿疹的发生。

4.**环境因素不良** 圈舍卫生差，环境潮湿、脏污不洁，特别是圈舍里的垫草脏污或湿度过大。

5.**其他方面** 有毒的饲料、代谢障碍及消化系统疾病等都可使机体抵抗力减弱，从而引起湿疹。

三、诊断结论

根据临床观察诊断和主诉，均诊断为湿疹。

主要根据饲养管理、病史及临床表现特点来诊断，具有多形性、对称分布，倾向渗出，自觉瘙痒剧烈，容易复发。

患部呈大片点状或形状不同的红斑，患猫可见有瘙痒感，随后出现小水泡，小水泡破裂表面渗出液体，由于搔痒和摩擦，发生脱毛，形成鳞屑和皮肤肥厚。

水泡破裂被微生物感染形成脓疱，脓疱破溃后形成痂皮，皮肤散有异常臭味，但均有皮肤瘙痒感。动物表现剧烈瘙痒不安，不时舔抓患部可使患部面积扩大。

慢性湿疹，湿疹部位反复受到刺激，如抓、咬、舔使患部反复发作，皮肤增厚、被毛逆立。

四、治疗

（一）治疗原则

消除病因，避免接触致敏物质、制止渗出、防止感染、局部治疗早期可用收敛杀菌洗剂，促进康复。

（二）治疗方法

【治疗方案1】

（1）隔离，避免再次接触致敏物质。

（2）醋酸可的松软膏、皮炎平软膏、氢化可的松、氢化泼尼松软膏等患部涂抹。

（3）对感染的湿疹性皮炎，可用醋酸强的松龙 5 mg，磺乙酰胺钠 100 mg，硫酸新霉素 3 mg，杆菌肽锌 500 IU，凡士林 80 g 混合研膏，涂布患处。

（4）感染严重的，可应用抗生素治疗，同时配合地塞米松肌注。

【治疗方案2】

（1）马上更换新鲜垫草，搞好猪圈的环境卫生及消毒工作，建议养殖户每 3 天更换一次新鲜垫草。

（2）将病猪隔离，加强饲养管理，给予易消化的饲料，补充维生素。

（3）病猪患部用 3%～5%龙胆紫液涂抹，或用 1%～2%来苏儿液、0.1%高锰酸钾溶液、3%硼酸水、2%明矾水清洗患部，然后用硼酸软膏或鱼石脂软膏涂擦患部。并肌注抗生素。3 天后回访病猪临床症状基本消失。

【治疗方案3】

息斯敏2～4片，用法：一次内服，皮炎平软膏1支，用法：涂抹患部。

【治疗方案4】

荆芥，防风，鸦胆子，蛇床子，花椒，忍冬花，地肤子，白芷，稀签草，百部，雄黄，明矾各20～30 g，用法：前10味水煎取汁，用药前化入雄黄、明矾涂擦患处，每天1次，一般涂擦1～3次。

进行治疗的过程中，要精心护理。维持好圈舍卫生，排除可疑发病因素，对已发病的动物尽早隔离、治疗，防止炎性渗出物刺激，病畜抓、咬、舔患部使其反复发作。

知识拓展

湿疹的预防

加强饲养管理，饲喂富含维生素、矿物质的饲料，饲料搭配要多样化。保持圈舍清洁、干燥、通风，同时要保持动物的皮肤卫生，及时消灭蚊蝇等吸血昆虫。

子项目二　过敏性皮肤疾病的诊治

◆知识目标：

1. 掌握荨麻疹、过敏性休克发生的病因和临床特征性表现。
2. 掌握荨麻疹、过敏性休克的常用治疗方法。

◆能力目标：

1. 培养分析病例的能力，能够确定诊断要点、建立合理的治疗方案。
2. 能对荨麻疹的症状及治疗措施作出合理的解释。

任务一　荨麻疹的诊治

案例分析：

2003年，兽医院接诊一待产宠物犬，做剖腹产，用酒精消毒后，皮肤出现大片的疹块，无其他症状，术后一天消失，退后不留痕迹。一年后，该犬又做剖腹产，同样的处理方法，又出现大片的疹块，2007年，又来做剖腹产，使用了新洁尔灭作为消毒药物，未出现前两次症状。

一、临床诊断

1. *问诊*　发现有使用过酒精或其他药物历史，发病快，好转的也快，好转后精神、体温、食欲均正常。

2. *视诊*　发病时，皮肤会出现大小不等的疹块。

3. *触诊*　触压有的质地较软。

二、发病原因分析

1. *内在的刺激*　主要是采食霉败与有毒饲料或特殊蛋白质饲料、消化道疾病（胃肠炎、便秘等）、某些传染病（猪丹毒、腺疫、马传染性贫血）和某些寄生虫病（媾疫、蛔虫病、马胃蝇蛆等）的经过中，由于有毒物质被吸收引起过敏反应，而发生荨麻疹。

2. *外在的刺激*　外擦药物（松节油、石炭酸等）的刺激，青霉素、阿托品、磺胺药类药物、血清、疫苗等由于变态反应或使细胞释放组胺而引起本病；吸血昆虫（蚊、虻等）的刺激；有毒植物（荨麻等）的刺激；家畜在发汗之后，突然遭受风寒的侵袭，都可反射的引起皮肤血管运动神经的机能障碍，而发生本病。

三、诊断结论

根据临床观察诊断和主诉，均诊断为荨麻疹。荨麻疹又名风疹块，风疙瘩，是受体内、外因素刺激所引起的一种使皮肤黏膜血管发生暂时性炎性充血与大量液体渗出，造成局部水肿性的损害的过敏性疾病。其特征是在患畜体表发生许多圆形或扁平的疹块，伴有皮肤瘙痒，可有发烧腹痛、腹泻，发展快，消失也快。

四、治疗

（一）治疗原则

除去病因，脱敏，避免不良因素的继续刺激，应注意原发病的治疗。

（二）治疗方法

【治疗方案1】

（1）如为饲料所引起的，应及时更换饲料，并给予泻剂及胃肠消毒剂（萨罗、鱼石脂等）以清理胃肠、制止发酵。

（2）脱敏疗法：急性荨麻疹时，可肌肉注射非那根或扑尔敏、苯海拉明等抗组织胺类药。

（3）可用冷水洗涤皮肤，用1%醋酸溶液涂擦局部。

【治疗方案2】

病畜有过敏性休克时，除注射0.1%肾上腺素外，应同时静脉点滴氢化可的松，肌注抗组织胺药。

【治疗方案3】

（1）止痒，局部用2%酒精涂擦。

（2）患畜出现奇痒不安，可用0.25%～0.5%普鲁卡因注射液（马、牛100～150 mL；猪、羊30～40 mL），或安溴注射液（马、牛100～120 mL；猪、羊30～40 mL），静脉注射；也可应用异丙嗪注射液（马、牛0.25～0.5 g；猪、羊0.04～0.06 g），肌肉注射。

【治疗方案4】

（1）局部用水杨酸酒精合剂（水杨酸0.5 g、甘油250 mL、石炭酸2 mL，酒精50 mL合剂），或用止痒合剂（薄荷1 mL、石炭酸2 mL、水杨酸2 g、甘油5 mL、70%酒精加至100 mL）。

（2）慢性荨麻疹，利血平、安洛血等药物可适当使用，可能收到良好疗效。

【治疗方案5】

金银花50 g、蒲公英50 g、生地40 g、山栀30 g、蝉蜕50 g、苇参40 g、连翘40 g、黄芩30 g、防风30 g、共为细末，开水冲，候温灌服（马、牛）。

【治疗方案6】

金银花50 g、苦参50 g、白癣皮、100 g水煎服（鲜品加倍）。

知识拓展

荨麻疹的症状及预防

一、症状

本病多无先兆，以皮肤上突然出现呈扁平或半球形大小不等的疹块为特征，多时会融合成大片，伴有明显瘙痒，周围呈堤状肿胀，被毛直立，有的疹块的顶端发生浆液性水疱，并逐渐破溃而结痂。

有的病例，出现体温升高，精神沉郁，食欲减退，消化不良症状；猪有时发生呕吐和下痢；牛表现不安，呼吸促迫，战栗，流涎，鼻、耳、眼睑水肿等症状。马、牛多发生于头、颈部两侧、肩、背、胸壁和臀部，随后出现于四肢下端及乳房等处。患畜因皮肤剧痒而摩擦、啃咬，常有擦破和脱毛现象。疹块发展迅速，消失也快，1～2天内完全消失，不遗留任何痕迹而自然痊愈，也有反复发作的病畜，转为慢性。往往伴有口炎、鼻炎、结膜炎及下颌淋巴结肿胀等。

家畜的荨麻疹的病变仅限于皮肤本身，无色素部分的皮肤一般多为红色或黄白色。猪多为淡黄色疹块，隆起部呈方形或菱形，小者始终呈红色。预后一般良好。

二、预防

加强饲养管理，禁止停饲霉败与有毒饲料或特殊蛋白质饲料、积极治疗原发病，尽量避免使用刺激性强的药物，家畜在发汗之后，注意保暖。备好非那根、肾上腺素、氧气、皮质类固醇激素等。

任务二　过敏性休克的诊治

案例分析：

一奶牛，产犊3个月左右，未受孕，兽医员按常规程序做颈部皮肤消毒后，深部肌肉注射口蹄疫O型疫苗2 mL。几乎同时，奶牛突然倒地，肌肉震颤，意识不清，牵拽不起。心动过速，血压下降，初诊为疫苗过敏性休克，立即肌肉注射0.1%肾上腺素4 mL。2 h后，病牛站起，后开始采食、饮水恢复正常，无其他病症发生。

一、临床诊断

1. 问诊　大多数是在用药后或接触过敏源后起病突然几分钟，甚至几秒就可出现症状。

2. 视诊　皮肤潮红、瘙痒，广泛的荨麻疹，还可出现喷嚏、水样鼻涕、病畜出现喉头堵塞、气急、喘鸣、憋气、紫绀，以致因窒息而死亡。

3. 触诊　精神有恐惧感，烦躁不安和头晕，可发生意识不清或完全丧失，光反射及其他反射减弱或丧失，抽搐、肢体强直等。

二、发病原因分析

动物对某些药物（青霉素、链霉素等）、血清制剂等引起过敏所致。

三、诊断结论

通过主诉及问诊得到的临床症状综合诊断，可以诊断病例属于过敏性休克。

起病突然，几分钟，甚至几秒就可出现症状；皮肤黏膜往往是过敏性休克最早且最常出现的征兆，皮肤潮红、瘙痒，广泛的荨麻疹，还可出现喷嚏、水样鼻涕；呼吸道阻塞是本病最多见的症状，气管水肿、分泌物增加，加上喉和支气管痉挛，病畜出现喉头堵塞、气急、喘鸣、憋气、紫绀，以致因窒息而死亡；病畜心悸、出冷汗、脉速而弱，后发展为肢冷、发绀、血压迅速下降，脉搏消失，乃至摸不到脉搏，最终导致心跳停止；精神状态有恐惧感，烦躁不安和头晕，可发生意识不清或完全丧失，光反射及其他反射减弱或丧失，抽搐、肢体强直等。

四、治疗

（一）治疗原则

着重排除病因，缓解过敏症状等对症治疗措施，促进康复过程。

（二）治疗方法

【治疗方案1】

(1)立即肌注肾上腺素3～5 mL，症状不缓解，0.5 h后重复肌注或静脉注射肾上腺素，直至脱离危险。

(2)使用氢化可的松或地塞米松5～10 mg静推。

(3)血压下降给去甲肾上腺素升压，并可给予多巴胺等血管活性药。

(4)心脏骤停可行心内注射肾上腺素。

(5)呼吸困难，可给予尼克刹脒等。

(6)注意观察生命体征，对症处理，直至脱离危险。

【治疗方案2】

(1)立即挤净乳头中的药物。

(2)立即皮下或肌肉注射0.1%肾上腺素2～5 mL，此剂量可每15～20 min重复注射，肾上腺素亦可静注，剂量是1～2 mL。

(3)苯海拉明或异丙嗪100 mg肌注。

(4)地塞米松10～15 mg静注。

(5)抗休克治疗：快速输液、使用血管活性药物，强心等。

(6)注意前高后低，维持呼吸道通畅，给予氨茶碱等。

（三）注意事项及护理

在抢救中应强调两点：一是迅速识别过敏性休克的发生；二是要积极治疗，特别是抗休克治疗和维护呼吸道通畅。

在护理过程中，可给病畜采取前高后低姿势，以减少腹腔器官对心肺的压迫，利于呼吸。同时注意观察病畜的精神状况，看其缺氧状况是否减轻，以采取必要的护理措施。

知识拓展

过敏性休克的发病机理及预防

一、发病机理

动物体内有两类细胞即肥大细胞和嗜碱粒细胞，广泛分布于全身各处。这两类细胞中含有组胺、白三烯、5-羟色胺、激汰等过敏介质。在过敏反应的发生过程中，过敏介质起着直接的作用，过敏原是过敏病症发生的必要条件，而机体免疫能力低下，大量自由基对肥大细胞和嗜碱粒细胞的氧化破坏释放出过敏介质，这些过敏介质可引起平滑肌收缩，毛细血管扩张、通透性增强，黏液分泌，血压降低及组织损伤，从而引发过敏反应的发生。

二、预防

(1)详细询问既往史，尽可能使用相对安全的药物。

(2)注意药物间配伍禁忌，严格无菌操作，注意药物有无外观变化，有无沉淀及破损，注意看清药物有效期。

(3)为防止输液反应要用药液冲洗输液管，即使药液至少有 5～10 mL 流出输液管方可注射。

(4)给药期间要有专人观察，遇有病畜表现烦躁不安，肌肉颤抖等不适症状及时采取措施。

(5)为防止某些药物出现过敏，首次用药可以合并用少量地塞米松等抗过敏药，注射室常备抢救药品，抢救设备，放置在容易拿到的位置，并随时处于备用状态。遇有过敏，立即中止输液。

练 习 题

1.湿疹的治疗方法及药物有哪些？

2.荨麻疹的主要临床症状是什么？

3.过敏性休克的抢救措施是什么？

4.急性湿疹主要诊断要点有哪些？

项目任务单

<table>
<tr><td colspan="8">项目三　皮肤疾病的诊治</td></tr>
<tr><td rowspan="2">任务一</td><td colspan="3" rowspan="2">湿疹的诊治</td><td>子任务一</td><td>湿疹的诊断</td><td rowspan="2">学时</td><td rowspan="2">4</td></tr>
<tr><td>子任务二</td><td>湿疹的治疗方案设计与实施</td></tr>
<tr><td>实训场地</td><td></td><td>指导教师</td><td></td><td>实训班级</td><td></td><td>时间</td><td></td></tr>
<tr><td>组别</td><td></td><td>组长</td><td></td><td>组员</td><td></td><td></td><td></td></tr>
<tr><td>学习目标</td><td colspan="7">学生能够辨别不同种类的皮肤疾病，同时，也要掌握湿疹的发病原因和临床表现，合理设计治疗方案，提高治疗能力。而且，在实际操作过程中发现问题、解决问题</td></tr>
<tr><td>相关知识准备</td><td colspan="7">1. 湿疹的种类和发病原因
2. 湿疹的临床表现和诊断方法
3. 湿疹的治疗方法和预防措施</td></tr>
<tr><td>相关技能准备</td><td colspan="7">1. 能准确说出湿疹的发病原因和临床表现
2. 能准确详细描述湿疹的临床检查方法和治疗方法</td></tr>
<tr><td>实施</td><td colspan="7">观察动物病例 →分析发病原因和诊断要点 → 实施临床检查 → 确诊疾病 → 设计治疗方案并实施→ 设计预防措施 → 组内组间交流</td></tr>
<tr><td rowspan="4">实施要求</td><td colspan="2">观察病例</td><td colspan="5">通过动物病例，正确判断疾病</td></tr>
<tr><td colspan="2">用品准备</td><td colspan="5">根据临床检查方法正确选择临床检查用品</td></tr>
<tr><td colspan="2">现场操作</td><td colspan="5">1. 以组为单位，组长组织，组员分别操作
2. 每人能分析发病原因和临床表现，并对临床检查方法和治疗方法进行准确描述
3. 要求每组准确判断疾病，正确操作临床检查和治疗过程，并以文字材料写出该任务的操作过程</td></tr>
<tr><td colspan="2">问题分析</td><td colspan="5">以组为单位，讨论在准备与操作过程中出现的各种问题，提出合理的解决办法，鼓励学生课余查阅其他相关治疗方法资料</td></tr>
<tr><td>注意事项</td><td colspan="7">组长负责，统筹安排，组员协作</td></tr>
</table>

<table>
<tr><td rowspan="5">操作方案设计与实施</td><td>小组任务：</td></tr>
<tr><td>发病原因和临床表现分析：</td></tr>
<tr><td>临床检查用品和方法：</td></tr>
<tr><td>治疗方案设计与实施：</td></tr>
<tr><td>预防措施设计：</td></tr>
<tr><td>操作过程中发现的问题</td><td></td></tr>
</table>

分析总结						
考核体系	考核项目	考核细则	优秀	良好	合格	不合格
	素质考核（20分）	出勤情况（5分）	满勤（5分）	迟到（3分）	早退（3分）	旷课（0分）
		预习报告（10分）	内容详尽、实用，包括了试验所需的应知应会的知识点（10分）	内容详尽，实用。包括试验所需的应知应会的主要知识点（8分）	内容较简单，能包括试验所需的部分知识点（6分）	内容简单，试验所需的应知应会的知识点包括在内（6分以下）
		提问情况（5分）	回答问题完全正确，专业术语使用正确（5分）	回答问题较正确，部分专业术语使用不当（4分）	在老师或同学的提示下，回答问题基本正确，专业术语使用不当（3分）	回答问题错误，在老师或同学的提示下依然无法答出问题（3分以下）
	技能考核（50分）	正确说明病例发病原因（10分）	根据任务正确说明病例发病原因（10分）	根据任务基本正确说明病例发病原因（8分）	在教师的提示下，基本正确说明病例发病原因（6分）	在老师或同学的提示下依然无法完成任务（6分以下）
		正确分析病例的诊断要点。（15分）	根据任务正确分析病例的诊断要点（15分）	根据任务基本正确分析病例的诊断要点（12分）	在教师的提示下，基本正确分析病例的诊断要点（9分）	在老师或同学的帮助后，仍无法完成任务（9分以下）
		治疗方案设计与实施完全合理实用（25分）	根据案例所设计的治疗方案和实际操作完全合理实用（25分）	根据案例所设计的治疗方案和实际操作基本合理实用（20分）	在教师的提示下根据案例所设计的治疗方案和实际操作合理实用（15分）	在老师或同学的帮助后，仍无法完成任务（10分以下）

<table>
<tr><td rowspan="2">考核体系</td><td rowspan="2">综合能力考核（30分）</td><td>理论支撑知识考核（15分）</td><td colspan="4">湿疹</td></tr>
<tr><td>应用能力考核（15分）</td><td colspan="4">1. 引起湿疹的发生的原因是什么？
2. 湿疹的诊断要点是什么？</td></tr>
<tr><td rowspan="4">评价体系</td><td colspan="2">评价环节</td><td colspan="4">评价方法</td></tr>
<tr><td colspan="2">组内互评（30分）
互评一：
互评二：
互评三：</td><td>组织协调能力强，能够及时完成所分担的任务，与组员沟通顺畅（30分）</td><td>与组员沟通协调较好，能及时完成所分担的任务（24分）</td><td>能与组员沟通协调，未能及时完成所分担的任务（18分）</td><td>不能与组员沟通协作，不去完成所交给的工作任务（18分以下）</td></tr>
<tr><td colspan="2">组间互评（30分）
互评一：
互评二：
互评三：</td><td>该组整体沟通协调合作能力强，能优秀完成工作任务，经验总结好（30分）</td><td>该组能进行沟通协调合作，能完成工作任务，经验总结较好（24分）</td><td>该组能进行沟通协调合作，基本完成工作任务，经验总结一般（18分）</td><td>该组缺乏沟通协调合作能力，未能完成工作任务。经验总结较差（18分以下）</td></tr>
<tr><td colspan="2">教师对小组整体评价（40分）</td><td colspan="4"></td></tr>
<tr><td rowspan="11">每个组员综合成绩</td><td colspan="2">学号</td><td colspan="2">姓名</td><td colspan="2">成绩</td></tr>
<tr><td colspan="2"></td><td colspan="2"></td><td colspan="2"></td></tr>
<tr><td colspan="2"></td><td colspan="2"></td><td colspan="2"></td></tr>
<tr><td colspan="2"></td><td colspan="2"></td><td colspan="2"></td></tr>
<tr><td colspan="2"></td><td colspan="2"></td><td colspan="2"></td></tr>
<tr><td colspan="2"></td><td colspan="2"></td><td colspan="2"></td></tr>
<tr><td colspan="2"></td><td colspan="2"></td><td colspan="2"></td></tr>
<tr><td colspan="2"></td><td colspan="2"></td><td colspan="2"></td></tr>
<tr><td colspan="2"></td><td colspan="2"></td><td colspan="2"></td></tr>
<tr><td colspan="2"></td><td colspan="2"></td><td colspan="2"></td></tr>
<tr><td colspan="2"></td><td colspan="2"></td><td colspan="2"></td></tr>
</table>

项目四　头颈部疾病的诊治

子项目一　眼部疾病的诊治

◆知识目标：

1. 掌握结膜炎与角膜炎，眼睑内外翻发生的病因和临床特征性表现。
2. 掌握结膜炎与角膜炎的常用治疗方法。

◆能力目标：

1. 培养分析病例的能力，能够确定诊断要点、建立合理的治疗方案。
2. 能对结膜炎与角膜炎，眼睑内外翻的症状及治疗措施作出合理的解释。

任务一　结膜炎的诊治

案例分析：

主诉：一头奶牛突然发病，畏光、流泪、疼痛、红肿。临床检查：奶牛结膜充血呈赤红色，眼睑结膜肿胀，眼睛流出脓性分泌物，眼角脱毛腐烂。

一、临床诊断

1. **问诊**　突然发病，每年在晚春和夏秋之交由此病发生。

2. **视诊**　结膜充血呈赤红色，畏光，流泪；眼分泌物增多，最初为浆液性，逐步变为黏液性或脓性。病程继续发展，可波及眼球结膜，使眼球结膜、角膜呈蓝色或灰白色。

3. **触诊**　眼睑结膜肿胀、热痛。

二、发病原因分析

各种有害异物及光线对眼的刺激是发生此病的主要原因。

1. **外伤所致**　如：鞭梢抽打、物体撞击、异物落入眼睑内等。

2. **照射**　强光、紫外线等长时间照射所致。

3. **某些传染病继发所致**　如：流感、腺疫、犬瘟热等。

三、诊断结论

本病例属于急性结膜炎。

结膜炎的基本特征是眼结膜充血、潮红、肿胀、畏光、流泪，有浆液性或脓性分泌物。

四、治疗

（一）治疗原则

清除病因，消炎止痛，改善饲养管理。

（二）治疗方法

【治疗方案1】

(1)用2%～3%的硼酸溶液、生理盐水或氯霉素眼药水等把分泌物或异物冲洗出来。

(2)选用金霉素、红霉素或可的松软膏等点眼。如果眼分泌物较多，可用1%～2%硫酸锌溶液点眼。

【治疗方案2】

野菊花250 g、车前草250 g，水煎汁候温后一次灌服，每日一次，连用数剂。或夏枯草100 g、野菊花250 g、草决明250 g，水煎汁候温后一次灌服，每天一次，连用数天。

知识拓展

慢性结膜炎与化脓性结膜炎的诊治

一、慢性结膜炎

（一）临床特征

精神沉郁，眼睛畏光、流泪，结膜轻微充血，暗红色，分泌物稀薄、量少或无。

（二）治疗

治疗慢性结膜炎，必须先找出原因。若是环境刺激原引起的，则尽量减少接触刺激源。若是过敏原引起的，则避免接触过敏原，如花粉、油漆、灰尘。

(1)冲洗眼结膜囊：用2%～3%的硼酸溶液、生理盐水或氯霉素眼药水等把其分泌物或异物冲洗出来。

(2)消炎：青霉素或0.5%的四环素眼药水点眼，每日3次。

(3)中药治疗：蜂蜜适量、川黄连15 g，将黄连水煎至味尽时去渣，滤过取液；再用慢火浓缩至20 mL左右，加入等量蜂蜜，调拌均匀，放入瓶内备用，每日点眼1次。元明粉3 g、炒甘石1 g、硼砂0.5 g、冰片0.5 g；混合捣成细末，加入适量蜂蜜，调拌均匀，放入瓶内备用，每日点眼1次。

二、化脓性结膜炎

(一)临床特征

眼内排出大量脓性分泌物，眼睑肿胀，有热痛，病程继续发展，可波及眼球结膜，使眼球结膜、角膜呈蓝色或灰白色。

(二)治疗

(1)冲洗眼结膜囊：用2%～3%的硼酸溶液或氯霉素眼药水等把分泌物或异物冲洗出来。

(2)消炎止痛：用金霉素、红霉素或可的松软膏等点眼；如果眼分泌物较多，可用1%～2%硫酸锌溶液点眼。

(3)中药治疗：草决明18 g、石决明18 g、菊花21 g、大黄18 g、白蒺藜18 g、生地18 g、车前子18 g、夜明砂18 g、龙胆草21 g、青箱子18 g、枝子18 g、云苓15 g，压碎后用开水冲成粥状，灌服，每天一剂，连服3天。

任务二　角膜炎的诊治

案例分析：

主诉：一宠物犬打架后出现畏光、流泪、疼痛、红肿等症状。临床检查：宠物犬眼睑闭合，角膜混浊，角膜面呈灰白色云雾不透明状，混浊的角膜上出现树状新生血管。

一、临床诊断

1. **问诊**　视力低下，看不清东西。

2. **视诊**　患病动物畏光、流泪、疼痛、红肿。眼睑闭合，角膜混浊，角膜面呈灰白色云雾状或蓝白色不透明状，混浊的角膜上出现树状新生血管。

3. **触诊**　触诊眼球有疼痛感。

二、发病原因分析

1. **外伤所致**　如：鞭梢抽打、物体撞击等。

2. **异物落入眼睑内所致** 如:碎玻璃等。

3. **温热性或化学性灼伤** 如:烧伤、浓硫酸等。

4. **某些传染病继发所致** 如:流感、腺疫、犬传染性肝炎等。

5. **某些普通病继发所致** 如:结膜炎、全眼炎等。

三、诊断结论

本病例属于角膜炎。

患畜视力低下,看不清东西;畏光、流泪、疼痛、红肿;眼睑闭合,触诊眼球有疼痛感,角膜混浊、角膜缺损或溃疡。角膜轻微损伤时,角膜混浊,角膜面呈灰白色云雾状或蓝白色不透明状,混浊的角膜上出现树状新生血管;角膜严重损伤时,胶膜穿孔,房水流出,被感染后,形成化脓性角膜炎或化脓性全眼炎。

四、治疗

(一)治疗原则

消除炎症,促进混浊的消散吸收。

(二)治疗方法

【治疗方案1】

强的松龙1 mL、青霉素20万IU、鱼肝油若干混合点眼,每天3次,连用7天。

【治疗方案2】

内服中药:决明散、拨云散、明目散、光明子散等。

【治疗方案3】

自家血眼睑皮下注射治疗。

【治疗方案4】

1%~2%黄降汞眼膏或5%~10%碘化钾软膏涂眼;或5%碘化钾静脉注射20~40 mL/天,连用一周;或内服碘化钾5~10 g/天,连服5~7天。

知识拓展

白内障与青光眼的诊治

一、白内障

白内障是指晶状体囊或晶状体发生混浊而使视力发生障碍的一种疾病。临床上表现为初期晶体及其囊膜发生轻度病变,呈局灶性混浊或逐步扩散,晶体皮质膨胀,有眼底反射。随着病情发展,晶状体全部混浊,眼底反射小时,一眼或两眼瞳孔呈灰白色,检眼镜检查看不见眼底,伴有前色素层炎,动物行走不稳。

本病药物治疗一般无效。常用白内障囊外摘除手术疗法。手术之后，采用以下几种方法进行治疗。

(1)1%硫酸阿托品点眼治疗，每日2次。

(2)醋酸可的松青霉素溶液点眼治疗，每日1～2次。

(3)外用红霉素眼膏，每日2～3次。

二、青光眼

青光眼是由于眼房阻塞、眼房水排出受阻等多种病因引起眼内压增高，进而损害视网膜和视神经乳头的一种症状。本病可突然发生，也可逐渐形成，早期症状轻微，表现为溢泪、眼睑痉挛、结膜充血。随病情发展，眼内压增高，眼球增大，视力减弱，虹膜及晶体向前突出，眼前房缩小，瞳孔散大，失去对光反射能力。在暗室或阳光下常可见患眼表现为绿色或淡绿色。后期视神经乳头萎缩，视网膜变性，视力完全丧失。病畜运步蹒跚、乱走，甚至撞墙。

本病目前没有特效治疗方法。常用治疗方法有以下几种。

(1)20%甘露醇，按1～2 g/kg在3～5 min内静脉注射完。

(2)50%甘油，按1～2 g/kg静脉慢推，8 h后重复1次。

任务三　眼睑内翻的诊治

案例分析：

一1.5岁松狮，24 kg，一周前双眼睁不开，行走撞墙，食欲不振。临床检查：双侧眼倒睫，眼睑内翻，流泪，频频眨眼，有大量分泌物，结膜充血。

一、临床诊断

流泪，频频眨眼，眼睑痉挛，分泌物增加，结膜充血，角膜血管增生。病程久易形成角膜炎，甚至溃疡。

二、发病原因分析

1. 先天性眼睑内翻　见于小眼球和睑板异常，轻型病例仅下眼睑缘外侧内翻，重型则上眼睑或下眼睑部分或全部内翻。

2. 后天性眼睑内翻　痉挛性眼睑内翻见于角膜溃疡、异物及虹膜炎等剧烈疼痛性疾病；瘢痕性眼睑内翻见于化学物质(酸、碱等)、烫伤、烧伤及结膜慢性炎症或结膜手术的瘢痕收缩导致的内翻。

三、诊断结论

本病例属于眼睑内翻。

眼睑内翻是指眼睑缘向眼球方向内卷，睫毛刺激角膜和球结膜的异常状态，并可导致结膜和角膜的炎症、溃疡，甚至角膜穿孔。眼睑内翻是由眼睑缘瘢痕性收缩及眼睑裂变形成眼窝、眼睑比及眼球的相互位置发生异常而引起的。

眼睑外翻是指眼睑缘离开眼球，睑结膜向外显露的异常状态，也可导致结膜和角膜的炎症、溃疡。

四、治疗

(一)治疗原则

矫正眼睑内翻，治疗角膜、结膜疾病。

(二)治疗方法

【治疗方案 1】

采用眼药水进行药物疗法。

【治疗方案 2】

暂时性眼睑缝合。

【治疗方案 3】

外科矫正术(眼睑内翻整复术)。

术式是在眼睑边缘 2～4 mm 用镊子捏起皮肤，并用两把止血钳夹住，夹起皮肤的多少看眼睑内翻的程度，用力钳压 30 s 后，松开止血钳，提起皱起的皮肤，用剪刀在皮肤摺的基部将其剪除，切除后皮肤呈半月形，单纯结节缝合闭合创口。具体方法是:在内翻眼睑的下方作一半月状皮肤切除。切开的长度和宽度应根据内翻的情况而定，但这些都应当在麻醉之前确定好，否则于麻醉后皮肤的状态就会发生变化。首先是眼睑的第一切开，一般是在距离眼睑游离缘 5 cm 左右。切开皮肤时要用手指牵张使皮肤紧张以易于切开，刀与皮肤垂直且与眼睑缘平行。如果有较多血液流出，用海绵轻轻压迫止血。止血后再牵拉皮肤使其紧张以便准确观察其切开长度。第一切开完后，作第二切开，要呈半月状，此半月状的中央最宽，皮肤切除时用有齿镊子和剪刀，将皮肤和眼睑肌作充分的剥离，剪掉皮肤，切除再止血后，可以看清创口是呈半月状，缝合后可自然止血，不必特殊止血。缝合从半月状皮肤缺损创最宽部位开始，大体上是在 1/2 交界处，第一针缝合线通过创口的上缘，再稍稍有点角度刺穿下创缘，充分拉紧缝合线使两创缘密切对合，作三重结扎。第一针缝合要与第二针的缝合呈“八”字形，其他的缝合相距 1 cm 即可。

这种方法的主要特点是切除皮肤不切除眼睑肌，缝合后可清楚地看到眼睑稍外翻，而且术后即可能看清楚有病的眼睑游离缘。缝合要确实，缝合线可稍粗点。

后天性眼睑内翻的治疗一般不需手术矫正，而应治疗原发病，消除刺激性炎症，这样很多痉挛性内翻即可治愈。也可以为减少暂时性的睫毛对角膜的刺激，行暂时性的眼睑边缘水平褥氏缝合。

知识拓展

眼睑外翻的诊治

一、诊断要点

1.发病原因　眼睑外翻与先天性、遗传因素有关；瘢痕性（眼睑手术、眼睑炎）、生理性（疲劳、老年）和麻痹性等均可引起本病。

2.症状

(1)眼睑向外翻出，流泪。

(2)结膜皱襞中积聚分泌物，结膜充血，角膜干燥及粗糙。

(3)病程久继发色素性角膜炎。

二、治疗

1.涂擦眼膏　睑裂闭合不全，应经常涂以大量眼膏，保护角膜。

2.瘢痕性的眼睑外翻应用眼睑皮肤"V"字形切开和"Y"字式缝合法加以矫正。术式为：一是在下眼睑皮肤作"V"形切口，然后向上推移"V"形两臂间的皮瓣，将其缝成"Y"形，使下睑组织上推以矫正外翻。二是在外眼眦手术，先用两把镊子折叠下睑，估计需要切除多少下睑皮肤组织，然后在外眦将睑板及睑结膜作一三角形切除，尖端朝向穹隆部，分离欲牵引的皮肤瓣，再将三角形的两边对齐缝合（缝前应剪去皮肤瓣上带睫毛的睑缘），然后缝合三角形创口，使外翻的眼睑复位。如果有炎症的可以用眼药膏和眼药水局部用药消炎。

子项目二　耳部疾病的诊治

◆知识目标：

1. 掌握外耳炎的临床特征性表现。
2. 掌握外耳炎的常用抢救方法。

◆能力目标：

1. 培养分析病例的能力，能够快速做出诊断、建立合理的抢救方案。
2. 能对外耳炎的症状及治疗措施作出合理的解释。

任务　外耳炎的诊治

案例分析：

主诉：一2岁京巴犬，3 kg，一周前摇头晃脑，或用爪磨蹭耳朵；潮红、水肿、发痒，自耳道流出淡黄色浆液性分泌物，沾污耳下部被毛。临床检查：耳道肿胀，脓疱流出棕黑色恶臭的脓性分泌物，耳根部被毛脱落或发生皮炎，病犬听力降低。

一、临床诊断

1. 问诊　摇头晃脑，或用爪磨蹭耳朵；潮红、水肿、发痒，自耳道流出淡黄色浆液性分泌物，沾污耳下部被毛。

2. 视诊　肿胀加剧，出现脓疱，流出棕黑色恶臭的脓性分泌物，常导致耳根部被毛脱落或发生皮炎，病犬听力降低。

二、发病原因分析

引起外耳炎的因素很多，如摩擦、搔抓、异物、寄生虫的寄生，特别是水的浸入是引起外耳炎的常见原因。尤其是小型长毛犬，耳道结构很狭小，加之被毛很长，在洗澡或被雨水淋浇后，若水进入耳道不易排出，致使微生物在潮湿温暖的环境中发育繁殖，而引起外耳炎。

三、诊断结论

本病例属于外耳炎。

外耳炎是外耳道的炎症，中耳炎是鼓室及耳咽管的炎症。

四、治疗

（一）治疗原则

消炎止鸣，改善畜舍环境。

（二）治疗方法

【治疗方案1】

先用脱脂棉球堵塞外耳道，然后剪除病变耳朵附近毛发，用生理盐水、0.1%新洁尔灭冲洗外耳道，让病犬头部偏向患耳一侧，冲洗完毕后将棉球从耳道中取出，然后再用干棉球吸干耳道内剩余的液体。接着用镊子在耳镜的帮助下夹取出耳道中的异物，最后用硼酸甘油液（1∶20）或鞣酸甘油液（1∶21）涂擦外耳道，每日用药2～3次。

【治疗方案2】

对化脓性外耳炎，3%过氧化氢液冲洗外耳道。用抗生素软膏涂抹于耳道。若病情严重,每天应该冲洗 1～2 次,而后涂上软膏。若犬的全身症状较为明显,则可用抗生素作全身治疗。对耳壳变形或长瘤状物的病犬,均应施行外耳引流术。

知识拓展

中耳炎的诊治

(一)临床检查

动物摇头、转圈(向患侧转)、共济失调、耳痛、耳聋、有耳漏,严重时炎症侵及面神经和副交感神经,引起面部麻痹、干性角膜炎和鼻黏膜干燥,甚至侵及脑膜引起脑脊膜炎,可导致死亡。检耳镜检查可见鼓膜穿孔。经咽鼓管感染或血源感染者可见鼓膜外突或变色。X 射线检查见鼓室积液和鼓室泡骨发生硬化性变化的可疑似本病。

检耳镜检查可见鼓膜穿孔。经咽鼓管感染或血源感染者可见鼓膜外突或变色。X 射线检查见鼓室积液和鼓室泡骨发生硬化性变化的可疑似本病。

(二)中耳炎的治疗

1. 卡他性中耳炎　向鼻腔内滴入氯霉素麻黄素溶液,耳部热敷,促进中耳内积液的吸收,若积液多时用细长针头进入鼓室抽出积液。

2. 化脓性中耳炎　用针头直接向耳道内灌入青链霉素,氯霉素溶液等消毒防腐药,也可先用生理盐水冲洗后,带动物甩头后,再灌注消炎药,用棉签清理耳道。同时全身使用抗生素。当效果不明显时,可配合强的松片口服,或肌注地塞米松 5～10 mg。

子项目三　口、鼻疾病的诊治

◆知识目标:

1. 掌握口腔炎与鼻炎的临床特征性表现。
2. 掌握口腔炎与鼻炎的常用抢救方法。

◆能力目标:

1. 培养分析病例的能力,能够快速做出诊断、建立合理的抢救方案。
2. 能对口腔炎与鼻炎的症状及治疗措施作出合理的解释。

任务一　口腔炎的诊治

案例分析：

主诉：饲养的牛近日出现吃草时咀嚼缓慢、张口、流涎、伸舌、疼痛。临床检查：患牛精神、体温、心跳、呼吸均正常；小便清而不浊，大便呈粒状；口腔疼痛、咀嚼缓慢、张口、流涎、伸舌、疼痛。口腔检查：口温升高，舌苔灰白、口腔有异味。

一、临床诊断

1. 问诊　患牛咀嚼缓慢、张口、流涎、伸舌、疼痛。

2. 视诊　患牛精神、体温、心跳、呼吸均正常；小便清而不浊，大便呈粒状，咀嚼缓慢、张口、流涎、伸舌、疼痛；口腔黏膜潮红，发现水泡和溃疡，舌苔灰白。

3. 触诊　口腔疼痛、口温升高。

4. 嗅诊　口腔有异味。

二、发病原因分析

1. 原发性病因

(1)机械性损伤。如粗硬饲料、异物、锐齿、整牙、采食过急误咬等。

(2)化学性因素刺激。如误食有毒植物、霉败饲料、石灰水、氨水、某些药物浓度过高如水合氯醛等刺激性和腐蚀性较强的化学物质。

(3)物理性刺激。如烫伤或冻伤等。

2. 继发性病因

(1)继发某些疫病。如牛瘟、口蹄疫、恶性卡他热、水泡病、泰氏焦虫病等。

(2)继发于某些普通病。如中毒性病(汞、铜、铅、氟等中毒)、营养代谢性疾病(维生素 A 缺乏症、佝偻病、锌缺乏等)和内科病(舌伤、咽炎、消化障碍等)。

三、诊断结论

本病例属于口腔炎。

口腔炎是口腔黏膜炎症的总称(包括齿龈炎和舌炎)，有卡他性、水泡性、溃疡性和真菌性等多种性质。

四、治疗

(一)治疗原则

清除病因、净化口腔、收敛、消炎和加强护理。

(二)治疗方法

根据动物的病情采取不同的治疗方法。

【治疗方案1】

(1)清洗口腔。0.1% 新洁尔灭冲洗口腔。

(2)口服土霉素、磺胺粉、青霉素等药物消炎。

【治疗方案2】

(1)清洗口腔,用1%食盐水冲洗口腔。口腔有恶臭味时,用0.1%高锰酸钾冲洗口腔。溃疡性口炎时:冲洗后再涂碘甘油(1∶9)或2%龙胆紫、金霉素鱼肝油、中药养阴生肌散等。

(2)应用磺胺类药物或抗生素消炎。

【治疗方案3】

用青黛散、冰硼散、西瓜霜、锡类散等中药;辅以维生素 B_6 和维生素C效果好。

知识拓展

口腔炎的种类

一、卡他性口腔炎

(1)由于口腔黏膜敏感性增高,出现采食困难、表现采食小心缓慢,拒食粗硬饲料,有时吐出混有黏液未嚼碎的饲料。

(2)由于炎症的刺激,唾液分泌增多,故口腔湿润或白色泡沫附于嘴边或大量流涎。

(3)口腔检查时,病畜抗拒,并见口腔黏膜潮红、肿胀(硬腭肿胀)、口温升高,有恶臭味,舌面有多量舌苔,有时还可见有损伤和烂斑。

(4)原发性口炎,精神、体温、呼吸、脉搏均无明显变化,预后良好。

二、水泡性口腔炎

病初除上述症状外病畜体温稍有升高,经1～2天后,在唇内、颊、舌、齿龈等处出现大小不等的内含透明或黄色液体的水泡,经3～4天水泡破裂后,形成鲜红色边缘不整的烂斑,经5～6天后,上皮新生而愈合。

三、溃疡性口腔炎

多发于肉食兽,犬最常见。口腔黏膜(多在齿龈部)发生糜烂、坏死或溃疡,流出灰色不洁而有恶臭味的唾液,10～15天痊愈。

任务二　鼻炎的诊治

案例分析：

主诉：一宠物犬经打架数天后后出现喷嚏、鼻塞音、摇头、抓弄及摩擦鼻部等症状。临床检查：宠物犬鼻黏膜潮红、肥厚、凸凹不平；一侧鼻孔流出鼻液，呈黏液性。

一、临床诊断

1. 问诊　患畜喷嚏、鼻塞音、摇头、抓弄及摩擦鼻部。

2. 视诊　患畜鼻黏膜潮红、肥厚、凸凹不平；一侧鼻孔流出黏液性鼻液。

二、发病原因分析

1. 原发性病因

多继发于感冒。

(1)鼻黏膜的机械性刺激(经鼻插入胃导管动作粗鲁、草茎、麦芒、昆虫等侵入鼻腔)。

(2)物理、化学性刺激(氨、硫化氢气体、吸入煤尘、尘埃、饲料碎片、霉菌孢子等)。

(3)变应性鼻炎常见于犬和猫，如枯草热或过敏性鼻炎等。

(4)受寒、感冒和过劳，使机体抵抗力降低时，易引发本病。

2. 继发性病因

(1)邻近器官炎症(口腔炎、咽炎、喉炎、肺炎等)。

(2)维生素A缺乏症。

(3)某些传染病(如：流感、腺疫、鼻疽、出血性败血症、慢性猪肺疫、猪萎缩性鼻炎、犬瘟热等)。

三、诊断结论

本病例属于鼻炎。

鼻黏膜潮红喷嚏、摇头或抓弄及摩擦鼻部；鼻塞音或鼾声；一侧或两侧鼻孔流出鼻液，浆液性或黏液性或黏液脓性；腐败性鼻液恶臭，鼻黏膜肿胀、肥厚、凸凹不平，呈灰白色或蓝红色。

1. 急性鼻炎　病初精神不振，体温略有上升，鼻黏膜潮红、肿胀小动物常打喷嚏、摇头或抓弄及摩擦鼻部。呼吸时发鼻塞音，大动物常做鼾声，甚至呼吸困难。随后有一侧或两侧鼻孔流出鼻液，由浆液性变为黏液性或黏液脓性，最后逐渐减少，变干，呈干痂状附于鼻孔周围。有时下颌淋巴结肿胀。

2. 慢性鼻炎　可持续数周和数月，常流出黏液和脓性鼻液，如腐败性则恶臭，鼻黏膜肿胀、肥厚、凸凹不平，呈灰白色或蓝红色，严重者常常见有糜烂、溃疡和瘢痕。

四、治疗

（一）治疗原则

消除致病因素，改善畜舍环境。

（二）治疗方法

【治疗方案 1】

用温生理盐水冲洗鼻腔，1～2 次/天，冲洗后涂以青霉素或磺胺软膏，或撒粉剂。

【治疗方案 2】

鼻黏膜高度肿胀时，可涂布血管收缩剂，如 0.01%肾上腺素或滴鼻净。

【治疗方案 3】

慢性鼻炎可以涂擦 1%氯化锌溶液或硝酸银溶液。

知识拓展

副鼻窦炎的诊治

一、临床特征

(1)单侧(或双侧)流鼻液，诱咳阳性。

(2)脓性鼻液，黄白色，豆腐脑水样，恶臭难闻。

(3)病畜低头或饮水时可从鼻孔内自行流出脓液。

(4)时久病侧多出现骨质畸形，穿孔，流出脓汁，有时首先从眶下孔流。

二、治疗

(1)消炎：口服或注射抗生素或磺胺类药物；眶下孔注射青链霉素；药物蒸汽吸入疗法。

(2)根本治疗方法为圆锯术。

吸出窦腔内的脓汁，清除坏死组织和异物，用 0.02%呋喃西林溶液或 0.02%高锰酸钾溶液冲洗，用灭菌纱布吸干后，注入普鲁卡因青霉素溶液，或松碘油膏(松馏油 5 mL、碘仿 3 g、蓖麻油 100 mL)，作假缝合，术后每日或隔日换药一次。

子项目四　咽、喉疾病的诊治

◆知识目标：

1. 掌握咽炎发生的病因和临床特征性表现。
2. 掌握咽炎的常用治疗方法。

◆能力目标：

1. 培养分析病例的能力，能够确定诊断要点、建立合理的治疗方案。
2. 能对咽炎的症状及治疗措施作出合理的解释。

任务　咽炎的诊治

案例分析：

主诉：猪场进行甲醛气雾消毒后，第二天即从外地购进一批商品仔猪。部分猪出现食欲降低，头颈平伸，咳嗽流涎，吞咽障碍。临床检查：体温基本正常，个别猪呼吸困难，听诊呼吸加快，触诊时，病猪抗拒，表现伸颈摇头并发咳嗽，咽部肿胀、触压时敏感。

一、临床诊断

1. 问诊　食欲降低，头颈平伸，咳嗽流涎，吞咽障碍。

2. 视诊　体温基本正常，个别猪呼吸困难。

3. 触诊　触诊病畜抗拒，表现伸颈摇头并发咳嗽，咽部肿胀、触压时敏感。

4. 听诊　呼吸加快。

二、发病原因分析

1. 原发性病因

(1)机械性刺激(粗硬饲料，异物、胃管、马胃蝇蛆)。

(2)物理性刺激(饲料或饮水过热或冰冻)。

(3)化学性刺激(有毒植物、某些药物、刺激性气体)。

(4)受寒、感冒和过劳，使机体抵抗力降低时，易引发本病。

2. 继发性病因　邻近器官炎症(口炎、喉炎)、维生素 A 缺乏症、某些传染病(如流感、腺疫、猪瘟等)等引起本病。

三、诊断结论

本病例属于咽炎。根据吞咽障碍流涎甚至食物反流，头颈平伸，咽部敏感疼痛可以确诊。

咽炎是咽黏膜及其邻近部位炎症总称。邻近部位多一起发炎所以亦称咽峡炎或扁桃体炎。临床特征是吞咽障碍(重者食物反流)、流涎，头颈伸展、咽部肿胀、触压时敏感。

四、治疗

(一)治疗原则

除去病因、加强护理消炎解毒，清利咽喉，缓解疼痛。

(二)治疗方法

【治疗方案 1】

(1)把病畜放在温暖、干燥通风良好的厩舍内，给予柔软易消化的草料、并勤给饮水。

(2)可于咽部进行冷敷(早期)或温敷(后期)每天 2～3 次，每次 20～30 min。咽部涂擦刺激剂如 10% 樟脑酒精、樟脑软膏、鱼石脂软膏或复方醋酸铅散(醋调)。

【治疗方案 2】

(1)用 10%～25% 葡萄糖静脉注射或营养灌肠。

(2)将病猪隔离，加强饲养管理，给予易消化的饲料，补充维生素。

(3)10% 磺胺嘧啶 100～150 mL、10% 水杨酸钠 100 mL 分别静脉注射 1～2 次/天。青霉素肌肉注射 2 次/天(马牛 200 万～300 万 IU，猪羊 40 万～80 万 IU)。链霉素肌肉注射 2 次/天(马牛 200 万 IU，猪羊 50 万～100 万 IU)。

【治疗方案 3】

封闭疗法：(重剧者)0.25% 奴夫卡因，牛 50 mL、猪 20 mL，青霉素，牛 100 万 IU、猪 40 万 IU，进行咽喉部封闭。

知识拓展

喉炎的诊治

一、临床特征

吞咽障碍、流涎甚至食物反流，头颈平伸、喉部敏感疼痛。

二、治疗

(1)除去病因，如除去咽部异物；继发性咽炎应积极治疗原发病。

(2)消炎　早期冷敷或后期温敷,2～3 次/天,20～30 min/次。10%樟脑酒精、樟脑软膏、鱼石脂软膏或复方醋酸铅散(醋调)咽部涂擦。

(3)中药治疗　黄柏 45 g(研末)、绿豆粉 70 g、蛋清 5 个,共调匀,涂于喉部;陈皮 35 g、半夏茯 25 g、苓 30 g、甘草 15 g、党参 60 g、白术 30 g、菔子 25 g、炙杏仁 25 g,共研细末,开水冲服(牛按此量,猪羊按 1/4 用量);蒲公英 250 g、杏仁 49 个、明矾 30 g,水煎灌患牛和马属动物;板蓝根 90 g、雄黄 8 g、冰片 1 g,共研细末,醋调涂咽喉部。

(4)加强饲养管理　把病畜放在温暖、干燥通风良好的厩舍内;对轻症病畜可给予柔软易消化的草料、并勤给饮水;对重病病畜为防止误咽,禁止经口鼻灌服营养物质及药物,可用 10%～25%葡萄糖静脉注射或营养灌肠。

子项目五　食道疾病的诊治

◆知识目标:

1. 掌握食道阻塞发生的病因和临床特征性表现。
2. 掌握食道阻塞的常用治疗方法。

◆能力目标:

1. 培养分析病例的能力,能够确定诊断要点、建立合理的治疗方案。
2. 能对食道阻塞的症状及治疗措施作出合理的解释。

任务　食道阻塞的诊治

案例分析:

主诉:一黄牛,突然停止采食,骚动不安,缩颈,空嚼吞咽,大量流延,或流泪,咳嗽,反刍、嗳气停止,瘤胃鼓胀,呼吸困难。临床检查:触压颈部食道有波动感;食道探诊,胃管插至胸部食道时受到阻碍不能继续插入。

一、临床诊断

(一)临床检查

1. 问诊　采食突然停止;骚动不安、摇头缩颈、头颈伸直、背腰弓起,空口咀嚼;

泡沫性流涎，口腔流出大量泡沫，转为安静；料水反流，再次采食时咽不下去，饲料和饮水从鼻腔逆流而出。

2. **视诊**　胸部食道肌肉发生自上而下的逆蠕动。

3. **触诊**　触压颈部食道有波动感。

（二）实验室检查

胃管探诊　胃管插至食道某部时受到阻碍不能继续插入。

X光检查　可判定阻塞部位、程度、阻塞物的性质。

二、发病原因分析

1. 原发性病因

（1）饲喂不规则　特别是长期饥饿，引起采食、唾液分泌、食管壁蠕动机能紊乱。

（2）加工调制不当　块根、块茎类饲料太大。牛吃食时不细嚼，用舌头卷送，易引起阻塞。

（3）饲喂过程中家畜受惊、争抢，如成群的狗在抢骨头时易发生。

（4）过劳，肌肉、神经紧张性降低。

2. 继发性病因

（1）矿物质代谢障碍，异食癖。

（2）手术麻醉后饲喂。

三、诊断结论

本病例属于食道阻塞。

食道阻塞是指食道的一段被食团或异物阻塞所引起一种严重疾病。病畜头颈伸展，神情紧张，呈现痛苦不安状态。多发于牛、马、犬和猪，羊偶发。食道阻塞可分为完全阻塞和不完全阻塞。

四、治疗

（一）治疗原则

治疗方法取决于阻塞部位、阻塞程度及阻塞性质。

（二）治疗方法

【治疗方案1】

若是阻塞物在食道上部，可采取直接套取法。在咽部或靠近咽部的食道口处，可将家畜站立绑定，用开口器打开口腔，一手拉住舌头，另一手从口角内伸入咽部，掏出阻塞物。如果伸不进手去，可用长柄镊子慢慢夹取掏出。

若是阻塞物在食道中部，可先灌服50～100 mL植物油与水的混合物，用手在阻塞部位慢慢按摩并向下揉捏，直至将阻塞物破开，家畜即可自行咽下。

若是阻塞物在食道的中、下部，多数采取推送法。可先灌入5%的普鲁卡因10～20 mL，后灌入100～200 mL植物油，再插入胃导管，慢慢用力向下推送。如果阻塞物不易向下推送，可在对侧垫上木板，同侧垫上厚布垫或自行车轮胎，用木槌对准阻塞物用力捶打几下，将阻塞物捶破后，即可顺利推送下去。如果试用以上方法仍然不能将阻塞物推送下去，可将10号铁丝前端磨光滑，由胃导管内插入食道，触及阻塞物时，捏紧胃导管连同铁丝一起慢慢用力向下推送。使用此法，操作一定要小心谨慎，万勿将食道弄伤。

【治疗方案2】

无论阻塞部位在食道中部还是下部，均可使用打气(水)法解除阻塞。方法是：用胃导管向食道内灌入100～200 mL温水，随即将温水导出，再灌入植物油或石蜡油50～100 mL，用力捏住咽部下边的食道与胃导管，另一人将打气筒连接在胃导管的外口，猛力打气数次。也可接入高压气泵，助手迅速打开气泵通气开关，充气5～6 s。一般用4～6个大气压，充气1～3次即可解除。无论是打气、还是打水，都要小心谨慎，并尽量使家畜头部降低，防止压力过大导致食道破裂，或充水过多逆流后进入呼吸道引起异物性肺炎。

【治疗方案3】

采用食管切开术。

知识拓展

食道阻塞的鉴别诊断与食管切开术

一、鉴别诊断

1.咽炎

同：吞咽障碍、流涎。

异：食道阻塞是在采食过程中突然发生。

2.瘤胃鼓气

食道阻塞发生嗳气障碍。瘤胃鼓气与饲料有关，采食易发酵饲料；无饮水、饲料反流现象；有显著的循环、呼吸障碍；发病急、死亡快。

二、食管切开术

1.适应证　食管阻塞保守治疗无效、食管息肉、食管肿瘤等。

2.麻醉与保定　动物全麻，右侧卧保定。颈部常规广泛剪毛消毒。

3. 术式　根据阻塞沟切开皮肤，其长度视阻塞物大小而定，一般4～8 cm。钝性分离颈静脉和被头肌或胸头肌之间的筋膜。用手探查阻塞食管并向阻塞食管方向分离。食道分离之后，轻轻地尽量向外牵引，用浸有生理盐水的灭菌纱布隔离。若食道阻塞时间不长，可在阻塞部位切开食道，取出异物；若食道阻塞时间过长，食道黏膜有坏死，则应在阻塞部位后方切开食道，去除异物。清洗创口，缝合食道。食道作两层缝合，第一层用羊肠线连续缝合黏膜，第二层为肌层水平内翻缝合。食道包埋切勿过多，以防发生食道狭窄。食道周围的结缔组织、肌肉和皮肤分别作结节缝合。若食道壁坏死，需保持开放，食道不得缝合，皮肤可做部分缝合，用消毒液浸润的棉纱填塞。若阻塞发生在胸部食道，根据阻塞物的位置不同选择不同肋间做手术通路。摘除肋骨，打开胸腔，用手在食道外将异物压碎或推到胃内。必要时，用带有长胶管的针头，将石蜡油注入食道，促进阻塞物的排除。

4. 术后护理　术后1～2天，禁止饮水和饲喂，以减少对食道的刺激，以后给柔软饲料和流质食物。必要时，静脉注射葡萄糖和生理盐水，也可使用营养灌肠，以供给动物能量和液体。术后使用抗生素5～7天。食道创口一般10～12天愈合，皮肤创口10天拆线。

子项目六　脑炎与脑膜炎的诊治

◆知识目标：

1. 掌握脑膜脑炎、日射病、热射病发生的病因和临床特征性表现。
2. 掌握脑膜脑炎、日射病、热射病的常用治疗方法。

◆能力目标：

1. 培养分析病例的能力，能够确定诊断要点、建立合理的治疗方案。
2. 能对脑膜脑炎、日射病、热射病的症状及治疗措施作出合理的解释。

任务一　脑膜脑炎的诊治

案例分析：

主诉：猪场的30日龄仔猪，精神沉郁，食欲废绝；有的卧地不起，意识丧失，死亡。

临床检查：体温升高，高度兴奋、惊恐，发病严重时站立不稳，躺卧四肢呈游泳状。

一、临床诊断

1. **问诊**　精神沉郁，食欲废绝，有的卧地不起，意识丧失，死亡。

2. **视诊**　高度兴奋、惊恐，发病严重时站立不稳，躺卧四肢呈游泳状。

3. **触诊**　体温升高。

二、发病原因分析

1. **继发于体内其他部位感染**　细菌经血流或淋巴途径侵入脑膜和脑实质而引起。

2. **继发于某些中毒性疾病**　如霉败饲料中毒、食盐中毒、化学毒物、有毒植物中毒、胃肠炎和各种各样的自体中毒均可引起脑膜脑炎。

3. **某些传染病和寄生虫病**　如马腺疫、犬瘟热、李氏杆菌病、脑脊髓丝虫病、脑多头蚴及蝇蚴等，也可继发脑膜脑炎。

4. **其他**　由于过度使役、长途运输、感冒、过热等因素，抵抗力降低，是发生本病的诱因。

三、诊断结论

本病例属于脑膜脑炎。

主要根据病史调查，现症观察（脑膜刺激症状、一般脑症状、局部症状）进行诊断。本病在临床上表现一下几种症状。

1. **脑膜刺激症状**　以脑膜为主的脑膜脑炎，由于邻近脑膜的颈脊髓膜常同时发炎，背侧的脊神经根受刺激，病畜的颈部及背部感觉过敏，对该部皮肤的轻微刺激，即可引起剧烈的疼痛反应，同时反射地引起颈部背侧肌肉的强直性痉挛，因而头向后仰，如强使头颈弯曲，亦将引起极度的疼痛反应。此时如进行膝腱反射检查，可见反射亢进现象。以上症状，随着病程的发展而逐渐减弱或消失。

2. **一般脑症状**　又称全脑症状，往往在大脑有广泛病变，特别是颅内压增高压迫脑实质，和由毒素的刺激作用所引起的脑膜脑炎时出现。病初，病畜表现沉郁，有的呈现昏睡状态，反应迟钝。如牵之行走，则见运动失调，易跌倒。数小时后至一日后，病畜突然呈现兴奋状态，呼之不应，牵之不走，针刺反应极为迟钝。自此以后，病畜经常处于昏睡状态，或者兴奋沉郁交替出现，但兴奋期逐渐变短，沉郁期逐渐加长。病至末期，倒地，意识完全丧失，四肢作游泳样划动。

牛患脑膜脑炎时，怒目而视，大声哞叫，咬牙，摇头，以角抵物，狂暴不安，或乱奔乱跑等。但结核性脑膜炎时，上述兴奋症状不明显。羊患脑膜脑炎时，常表现无目的前冲或后退，撞碰障碍物，并时常咩叫。猪在兴奋时，常见向前乱冲，摇头，口吐白沫。

3. 局部脑症状　又称灶症状，即痉挛和麻痹，是由于脑实质细胞或脑神经根（核）受刺激或损伤所引起的症状。属于神经机能亢进的，有眼球震颤，斜视，瞳孔大小不等，唇鼻部肌肉挛缩，牙关紧闭，舌的纤维素震颤；属于神经机能减退的，有口唇歪斜，耳下垂，舌脱出，吞咽障碍，听、视、嗅、味觉错乱或障碍。上述灶症状，或单独出现，或合并出现。

病畜的体温以病因而定，若由传染性因素引起的，则体温升高，由毒素引起的，体温通常无明显的变化。呼吸与脉搏，兴奋时呼吸疾速，脉搏增数；抑制时呼吸慢而深，脉搏时有减少。食欲减退或废绝，饮水异常，时将鼻孔陷没于水中，发生呼吸困难时，才抬起头来。

四、治疗

（一）治疗原则

加强护理，抑菌消炎，降低颅内压、调整大脑皮层机能。

（二）治疗方法

【治疗方案 1】

专人看护，防止撞伤，避免一切刺激。

（1）抑菌消炎　常用 10％磺胺嘧啶钠注射液，马、牛 100～150 mL，并加入 40％乌洛托品液，静脉注射。

（2）降低颅内压，马、牛可先颈静脉放血1 000～2 000 mL，随即输注等量的 5％葡萄糖生理盐水，并以 25％山梨醇，静脉注射。

（3）调整大脑皮层机能，可用安溴注射液，马、牛 100 mL，静脉注射。

【治疗方案 2】

（1）用氨苄西林 20～30 mg/kg，内服，每日 2 次，或 10～20 mg/kg 静脉注射。

（2）山梨醇 1～2 g/kg，缓慢静脉注射，每日 3～4 次。

（3）当病畜过度兴奋时，可用 2.5％盐酸氯丙嗪注射液，马、牛 10～20 mL，肌肉注射。

知识拓展

脑膜脑炎的鉴别诊断

1.马传染性脑脊髓炎　由病毒引起,多于秋季流行,有明显的黄疸现象。

2.乙型脑炎　呈流行性发生,在蚊蝇活动的7～8月份流行,除马属动物外,尚能感染人、牛、羊、猪。有的病例可能出现后躯麻痹等症状。

3.霉玉米中毒　有采食霉玉米病史,临床上灶症状明显。剖检脑实质常见液化坏死灶。常同时伴有胃肠道炎症。

任务二　日射病与热射病的诊治

案例分析:

某商品猪场,8月份的一天,到外地购仔猪,途中发现某些仔猪精神沉郁,站立不稳,呼吸、心跳加快,结膜发绀,呕吐,严重的意识丧失,昏迷死亡。临床检查:体温显著升高;剖检脑及脑膜血管充血,淤血。有的有出血点,脑脊髓液上升,脑组织水肿,肺水肿,胸膜,心包膜,肠黏膜和全身脂肪都有淤血斑和浆液性炎症变化。

一、临床诊断

1.问诊　精神沉郁,站立不稳,结膜发绀,呕吐。

2.视诊　体温升高,呼吸、心跳加快,有的意识丧失,昏迷死亡。

3.剖检　脑及脑膜血管充血,淤血。或有出血点,脑脊髓液上升,脑组织水肿,肺水肿,胸膜,心包膜,肠黏膜和全身脂肪都有淤血斑和浆液性炎症变化。

二、发病原因分析

(1)暑热季节,重剧使役、长途驱赶,烈日曝晒。

(2)长时间拴在闷热不通风的厩舍、拥挤的车船内,而且饮水和喂盐不足。

(3)皮肤卫生不良、肥胖、心脏机能不全、缺乏锻炼等,更易诱发本病。

三、诊断结论

本病例属于热射病。

根据病史、突然发病和体温显著升高,呼吸脉搏急速,全身出大汗或倒地昏迷等热衰竭症状进行诊断。本病发病突然,四肢无力,步态不稳,共济失调,倒地四肢呈游泳样划动。眼球突出,神情恐惧,马全身出汗。病情发展迅速,很快导致心血管功能，呼吸功能衰竭。表现静脉怒张，脉弱，呼吸急促，节律紊乱或呈毕欧氏或陈-施二氏呼吸，体温升高，瞳孔扩大，有的全身突然麻痹，反射消失，痉挛，抽搐迅速死亡。

四、治疗

（一）治疗原则

加强护理，促进降温，维持心肺机能，纠正水盐代谢和酸碱平衡紊乱。

（二）治疗方法

【治疗方案1】

（1）氯丙嗪 0.5～1 mg/kg，静脉注射，每日1次。

（2）5%碳酸氢钠和林格液静脉注射。

（3）地塞米松 0.2～1 mg/kg，肌肉注射，每日3次。

（4）洋地黄毒苷按正常量进行静脉滴注。

【治疗方案2】

（1）冷水、冰块酒精浇泼或擦拭头部和全身。

（2）静脉放血后补液糖盐水，安钠加 10～20 mL。

（3）用尼可刹米皮下注射或肾上腺素、葡萄糖水静脉注射。

（4）可用 20%甘露醇液，马、牛 500～1 500 mL，猪、羊 100～250 mL，静脉注射。

知识拓展

中暑的诊治

日射病和热射病又称中暑，由于暑热天气，烈日曝晒家畜头部过久（日射病）或湿热环境下，体热放散困难（热射病），造成体内产热和散热的平衡失调，引起中枢神经紊乱的一种疾病。

一、临床特征

突然发病，病初精神倦怠，四肢无力，步态不稳，共济失调，全身出汗，呼吸加快。病情迅速发展，体温升高可达42℃以上，汗液分泌减少，皮温灼手。眼结膜高度潮红、心悸亢进，脉搏洪数，呼吸高度困难，食欲废绝，口腔干燥，但想饮水。少数病例初期呈现短时间的兴奋，狂暴不安，即转为沉郁。

重症或后期中暑，高热昏迷，卧地不起，肌肉痉挛，意识丧失，呼吸浅表急速，心音减弱，节律不齐，脉搏细弱，由口、鼻喷出粉红色泡沫，结膜蓝紫色，血液黏稠，呈暗赤色。濒死前，体温下降，多死于窒息或心脏麻痹。

二、治疗

以防暑降温，维护心肺机能，纠正酸中毒，治疗脑水肿的原则，及时采取急救措施。

(1)在护理上，首先将病畜移到阴凉、通风的地方，用冷水浇头或直肠灌注，或浇注全身，同时饮给大量清凉淡盐水。

(2)为了促进体热发散，可用2.5%盐酸氯丙嗪溶液，牛、马10～20 mL，猪、羊4～5 mL，肌肉注射(对昏迷病畜慎用)，一般在体温降至39～40℃时，即可停止降温，以体温过低、发生虚脱。

(3)为了维护心、肺机能，防止发生肺水肿，宜使用强心剂，如安钠咖等后，立即静脉放血，马、牛1 000～2 000 mL，猪可剪耳尖、尾尖放血。放血后即用复方氯化钠液或生理盐水，马、牛2 000～3 000 mL，猪、羊500 mL，静脉注射。

(4)为了纠正酸中毒，可应用5%碳酸氢钠液300～500 mL，静脉注射。

(5)为了治疗脑水肿(有呼吸不规则，两侧瞳孔大小不等和颅内压增高的症状)，可用20%甘露醇液，马、牛500～1 500 mL，猪、羊100～250 mL，静脉注射。

(6)对狂暴不安的病畜，用镇静剂。

(7)呼吸衰竭时，应用尼可刹眯。

(8)恢复期应用缓泻剂及中枢兴奋剂。

练 习 题

1. 家畜发生食道阻塞的诊断要点是什么？应该怎样治疗家畜发生的食道阻塞？

2. 发生颈部食道阻塞的主要临床症状有哪些？

3. 口腔炎的主要临床症状有哪些？试述口腔炎的防治措施。

4. 结膜炎及角膜炎的治疗方法有哪些？

5. 热射病和日射病的预防措施有哪些？

项目任务单

<table>
<tr><td colspan="8">项目任务四　头颈部疾病的诊治</td></tr>
<tr><td rowspan="2">任务一</td><td colspan="3" rowspan="2">结膜炎与角膜炎的诊治</td><td>子任务一</td><td>结膜炎与角膜炎的诊断</td><td rowspan="2">学时</td><td rowspan="2">4</td></tr>
<tr><td>子任务二</td><td>结膜炎与角膜炎的治疗方案设计与实施</td></tr>
<tr><td>实训场地</td><td></td><td>指导教师</td><td></td><td>实训班级</td><td></td><td>时间</td><td></td></tr>
<tr><td>组别</td><td></td><td>组长</td><td></td><td>组员</td><td></td><td></td><td></td></tr>
<tr><td>学习目标</td><td colspan="7">学生掌握结膜炎与角膜炎的种类及其发病原因和临床表现，合理设计治疗方案，提高治疗能力。而且，在实际操作过程中发现问题、解决问题</td></tr>
<tr><td>相关知识准备</td><td colspan="7">1. 结膜炎与角膜炎的种类和发病原因
2. 结膜炎与角膜炎的临床表现和诊断方法
3. 结膜炎与角膜炎的治疗方法和预防措施</td></tr>
<tr><td>相关技能准备</td><td colspan="7">1. 能准确说出结膜炎与角膜炎的发病原因和临床表现
2. 能准确详细描述结膜炎与角膜炎的临床检查方法和治疗方法</td></tr>
<tr><td>实施</td><td colspan="7">观察动物病例 →分析发病原因和诊断要点 → 实施临床检查 → 确诊疾病 → 设计治疗方案并实施→ 设计预防措施 → 组内组间交流</td></tr>
<tr><td rowspan="4">操作要求</td><td>观察病例</td><td colspan="6">通过动物病例，正确判断疾病</td></tr>
<tr><td>用品准备</td><td colspan="6">根据临床检查方法正确选择临床检查用品</td></tr>
<tr><td>现场操作</td><td colspan="6">1. 以组为单位，组长组织，组员分别操作
2. 每人能分析发病原因和临床表现，并对临床检查方法和治疗方法进行准确描述
3. 要求每组准确判断疾病，正确操作临床检查和治疗过程，并以文字材料写出该任务的操作过程</td></tr>
<tr><td>问题分析</td><td colspan="6">以组为单位，讨论在准备与操作过程中出现的各种问题，提出合理的解决办法，鼓励学生课余查阅其他相关治疗方法资料</td></tr>
<tr><td>注意事项</td><td colspan="7">组长负责，统筹安排，组员协作</td></tr>
</table>

<table>
<tr><td>操
作
方
案
设
计
与
实
施</td><td>小组任务：

发病原因和临床表现分析：

临床检查用品和方法：

治疗方案设计与实施：

预防措施设计：</td></tr>
<tr><td>操作
过程
中发
现的
问题</td><td></td></tr>
</table>

<table>
<tr><td>分析总结</td><td colspan="6"></td></tr>
<tr><td rowspan="7">考核体系</td><td>考核项目</td><td>考核细则</td><td>优秀</td><td>良好</td><td>合格</td><td>不合格</td></tr>
<tr><td rowspan="3">素质考核（20分）</td><td>出勤情况（5分）</td><td>满勤（5分）</td><td>迟到（3分）</td><td>早退（3分）</td><td>旷课（0分）</td></tr>
<tr><td>预习报告（10分）</td><td>内容详尽、实用，包括了试验所需的应知应会的知识点（10分）</td><td>内容详尽，实用。包括试验所需的应知应会的主要知识点（8分）</td><td>内容较简单，能包括试验所需的部分知识点（6分）</td><td>内容简单，试验所需的应知应会的知识点包括在内（6分以下）</td></tr>
<tr><td>提问情况（5分）</td><td>回答问题完全正确，专业术语使用正确（5分）</td><td>回答问题较正确，部分专业术语使用不当（4分）</td><td>在老师或同学的提示下，回答问题基本正确，专业术语使用不当（3分）</td><td>回答问题错误，在老师或同学的提示下依然无法答出问题（3分以下）</td></tr>
<tr><td rowspan="3">技能考核（50分）</td><td>正确说明病例发病原因（10分）</td><td>根据任务正确说明病例发病原因（10分）</td><td>根据任务基本正确说明病例发病原因（8分）</td><td>在教师的提示下，基本正确说明病例发病原因（6分）</td><td>在老师或同学的提示下依然无法完成任务（6分以下）</td></tr>
<tr><td>正确分析病例的诊断要点（15分）</td><td>根据任务正确分析病例的诊断要点（15分）</td><td>根据任务基本正确分析病例的诊断要点（12分）</td><td>在教师的提示下，基本正确分析病例的诊断要点（9分）</td><td>在老师或同学的帮助后，仍无法完成任务（9分以下）</td></tr>
<tr><td>治疗方案设计与实施完全合理实用（25分）</td><td>根据案例所设计的治疗方案和实际操作完全合理实用（25分）</td><td>根据案例所设计的治疗方案和实际操作基本合理实用（20分）</td><td>在教师的提示下根据案例所设计的治疗方案和实际操作合理实用（15分）</td><td>在老师或同学的帮助后，仍无法完成任务（10分以下）</td></tr>
</table>

<table>
<tr><td rowspan="2">考核体系</td><td rowspan="2">综合能力考核（30分）</td><td>理论支撑知识考核（15分）</td><td colspan="4">1. 结膜炎　2. 角膜炎</td></tr>
<tr><td>应用能力考核（15分）</td><td colspan="4"></td></tr>
<tr><td rowspan="4">评价体系</td><td colspan="2">评价环节</td><td colspan="4">评价方法</td></tr>
<tr><td colspan="2">组内互评(30分)
互评一：
互评二：
互评三：</td><td>组织协调能力强，能够及时完成所分担的任务，与组员沟通顺畅(30分)</td><td>与组员沟通协调较好，能及时完成所分担的任务(24分)</td><td>能与组员沟通协调，未能及时完成所分担的任务(18分)</td><td>不能与组员沟通协作，不去完成所交给的工作任务(18分以下)</td></tr>
<tr><td colspan="2">组间互评(30分)
互评一：
互评二：
互评三：</td><td>该组整体沟通协调合作能力强，能优秀完成工作任务，经验总结好(30分)</td><td>该组能进行沟通协调合作，能完成工作任务，经验总结较好(24分)</td><td>该组能进行沟通协调合作，基本完成工作任务，经验总结一般(18分)</td><td>该组缺乏沟通协调合作能力，未能完成工作任务。经验总结较差(18分以下)</td></tr>
<tr><td colspan="2">教师对小组整体评价(40分)</td><td colspan="4"></td></tr>
<tr><td rowspan="11">每个组员综合成绩</td><td colspan="2">学　号</td><td colspan="2">姓　名</td><td colspan="2">成　绩</td></tr>
<tr><td colspan="2"></td><td colspan="2"></td><td colspan="2"></td></tr>
<tr><td colspan="2"></td><td colspan="2"></td><td colspan="2"></td></tr>
<tr><td colspan="2"></td><td colspan="2"></td><td colspan="2"></td></tr>
<tr><td colspan="2"></td><td colspan="2"></td><td colspan="2"></td></tr>
<tr><td colspan="2"></td><td colspan="2"></td><td colspan="2"></td></tr>
<tr><td colspan="2"></td><td colspan="2"></td><td colspan="2"></td></tr>
<tr><td colspan="2"></td><td colspan="2"></td><td colspan="2"></td></tr>
<tr><td colspan="2"></td><td colspan="2"></td><td colspan="2"></td></tr>
<tr><td colspan="2"></td><td colspan="2"></td><td colspan="2"></td></tr>
<tr><td colspan="2"></td><td colspan="2"></td><td colspan="2"></td></tr>
</table>

项目五　胸部疾病的诊治

子项目一　支气管、肺疾病的诊治

◆知识目标：

1. 掌握支气管炎、肺炎、胸膜炎发生的病因和临床特征性表现。
2. 掌握支气管炎、肺炎、胸膜炎的常用治疗方法。

◆能力目标：

1. 培养分析病例的能力，能够确定诊断要点、建立合理的治疗方案。
2. 能对支气管炎、肺炎、胸膜炎的症状及治疗措施作出合理的解释。

任务一　支气管炎的诊治

案例分析：

某牛场的一头6岁黑白花奶牛，体温升高，食欲、反刍减退，按感冒治疗两天后，病情好转，于是停止用药。两天后，发现病情再次加重。临床检查：体温为39.8℃，心跳为84次/min，呼吸数为50次/min；精神沉郁，食欲减退，反刍减少，鼻镜干燥，瘤胃蠕动音减弱，排粪较干，产奶量下降；呼吸浅表快速，听诊肺区见有局限性的湿性啰音和捻发音。

一、临床诊断

1. **问诊**　精神沉郁，食欲、反刍减退，排粪较干，产奶量下降；按感冒治疗两天后，病情好转，于是停止用药，两天后，发现病情再次加重。

2. **视诊**　体温为39.8℃，心跳为84次/min，呼吸数为50次/min，鼻镜干燥。

3. **听诊**　瘤胃蠕动音减弱，呼吸浅表快速，听诊肺区见有局限性的湿性啰音和捻发音。

4. **触诊**　体温升高。

二、发病原因分析

1. 原发性病因

(1)受寒感冒是本病发生的主要原因，如寒夜露宿、风雪侵袭、气温骤变等。

(2)机械因素和化学因素的作用，如吸入刺激性的气体、投药时药液误入气管等。

2. 继发性病因　常见于马腺疫、鼻疽、牛结核、流感、肺线虫病及邻近器官炎症的漫延等。

3. 诱因　营养不良、过劳、维生素 A 和维生素 C 的缺乏，常成为支气管炎病的诱因。

三、诊断结论

本病例属于支气管炎。

支气管炎分为急性大支气管炎、急性细支气管炎、腐败性支气管炎和慢性支气管炎。主要根据频发咳嗽、流鼻液、啰音、胸部叩诊无浊音，X 线检查，肺部呈较粗纹理的支气管阴影等确定诊断。

四、治疗

(一)治疗原则

加强护理，祛痰止咳，消除炎症。

(二)治疗方法

【治疗方案 1】

(1)氨茶碱 50～100 mg/次，静脉注射。

(2)青霉素、链霉素肌肉注射，每日 2 次。

【治疗方案 2】

病畜频发咳嗽，分泌物不多时，可选用镇痛止咳剂。

(1)复方樟脑酊，马、牛 40～60 mL，内服，每日 2～3 次。

(2)方甘草合剂，马牛 40～60 mL，猪羊 10～20 mL，内服磷酸可待因，马、牛 0.5～2 g。

(3)全身应用抗生素及磺胺类药物。

【治疗方案 3】

当病畜频发咳嗽，分泌物黏稠不易咳出时，应用溶解性祛痰剂。

(1)人工盐 50～80 g、茴香末 150～200 g，做成舐剂，一次内服。

(2)碳酸氢钠 50～80 g、远志酊 50～80 mL，温水 50 mL，一次内服。

(3)氯化铵 30 g、杏仁水 50 mL、远志酊 50 mL、温水 500 mL，一次内服(马、牛)。

知识拓展

支气管炎的种类

1. 急性大支气管炎

(1)体温一般正常或升高0.5～1℃，全身症状不明显。

(2)咳嗽是本病的主要症状。病初呈带痛干咳、短咳，以后呈湿咳；病初流浆液性，以后流黏液性或黏液脓性鼻液。

(3)胸部听诊，肺泡呼吸音普遍增强，可听到各种啰音。

2. 急性细支气管炎　一般与大气管炎合并发生，故通常呈现弥漫性支气管的特点。全身症状较重，体温升高1～2℃且持续不退，呼吸困难，结膜发绀，脉搏、呼吸均增数。肺泡呼吸音增强，可听到干啰音和湿啰音。胸部叩诊音高朗。

3. 腐败性支气管炎　除具有急性支气管症状外，全身症状重剧，呼出气带恶臭味，流污秽不洁及带腐败臭味的鼻液。

4. 慢性支气管炎　病程长，病情时轻时重。病畜常发干咳。气温骤变时症状加重。胸部可长期听到干啰音。无并发症时，一般全身症状不明显。后期因支气管黏膜结缔组织增生变厚，管腔变狭窄，常继发肺气肿，则长期呈现混合性呼吸困难。

任务二　肺炎的诊治

案例分析：

某狐场饲养近1 000头狐，近期因转群、周围有施工等因素，狐群出现零星发病，体温升高达40℃以上，持续数天。脉搏增快，呼吸困难，有的呈现混合性呼吸困难。咳嗽，个别的有铁锈色鼻液流出。叩诊肺部有广泛性浊音，听诊有湿性啰音。

一、临床诊断

1. **问诊**　近期因转群、周围有施工等因素，狐群出现零星发病。

2. **视诊**　体温升高，脉搏增快，呼吸困难，有的呈现混合性呼吸困难，咳嗽，个别的有铁锈色鼻液流出。

3. **听诊** 肺部有湿性啰音

4. **叩诊** 肺部有广泛性浊音。

二、发病原因分析

(一)支气管肺炎

1. **原发性病因** 与支气管炎基本相同,通常是支气管炎症漫延的结果。

2. **继发性病因** 继发于其他部位的感染,如子宫炎乳房炎;继发于某些传染病和寄生虫,如流感、猪瘟恶卡等。

(二)纤维素性肺炎

一般认为主要有非传染性和传染性两种。目前多认为,本病是一种变态反应性疾病,在致敏的机体中或致敏的肺组织内发生。

1. **非传染性因素** 因机体受寒感冒、过劳、吸入刺激性气体、胸部外伤等,机体抵抗力下降时,存在于肺中的肺炎双球菌等大量繁殖而发病。

2. **传染性因素** 继发于马、牛、羊的传染性胸膜肺炎、流行性支气管炎、犊副伤寒、猪肺疫等疾病过程中。

三、诊断结论

本病例属于纤维素性肺炎。

纤维素性肺炎出现高热稽留,病情发展迅速并有定型经过,胸部叩诊呈大片浊音区,听诊肺脏肝变期时有较明显的支气管呼吸音,典型病例可见铁锈色鼻液。但须与下列疾病鉴别。

1. **细支气管炎** 呼吸极度困难,热型不定,胸部叩诊音高朗,肺泡呼吸音普遍增强并有各种啰音。

2. **支气管肺炎** 弛张热型,全身症状明显,胸部听诊有捻发音、啰音,肺泡呼吸音减弱或消失,胸部叩诊呈岛屿状浊音区,X线检查出现散在的局灶性阴影等。

3. **牛结核** 本病发展缓慢,逐渐消瘦,鼻液检查可见结核杆菌,结核菌素试验阳性。主要根据突然发病,定型经过,高热稽留,铁锈色鼻液,每期均呈现特征性的听、叩诊变化、血检变化等进行诊断。

四、治疗

(一)治疗原则

消除炎症,祛痰止咳,制止渗出和促进炎性渗出物吸收。

(二)治疗方法

【治疗方案 1】

(1)阿奇霉素 5~10 mg/kg,内服。

(2)复方甘草片,1~2 片/次,内服,每日 2 次。

(3)10%葡萄糖酸钙 10～100 mL/次,静脉注射。

【治疗方案 2】

(1)用头孢类抗生素治疗。

(2)碳酸铵 0.2～1 g/次,内服,每日 2 次。

(3)有呼吸困难、严重缺氧的患病动物,应予以吸氧。

(4)5%氯化钙 10～100 mL/次,静脉注射。

知识拓展

肺炎的种类及其临床诊断

一、支气管肺炎

病初呈急性支气管炎症状,但全身症状比较重剧。精神沉郁,食欲减退或废绝,结膜潮红或发绀,体温 40～41℃,多呈弛张热型,脉搏高达 60～100 次/min,呼吸高达 40～100 次/min,发炎面积越大,呼吸困难越严重,呼吸性酸中毒,严重的出现肌肉抽搐、昏迷等症状。尿呈酸性,轻度脱水,有时便秘,牛羊多站立不动,泌乳量下降。

咳嗽贯穿于病的始终,继发胸膜炎时为痛咳。流鼻液,初为浆液性,后为黏液性,最后变为脓性;牛羊常被舔食而不易发现。

胸部听诊,在病灶部位,病初肺泡呼吸音减弱,可听到捻发音,当肺泡和支气管内充满渗出物时,则肺泡呼吸音消失;因炎性渗出物的性状不同,随着气流的通过,还可听到干啰音或湿啰音;健康部的肺脏,由于行代偿呼吸,肺泡呼吸音增强。

胸部叩诊,多呈散在的岛屿状浊音区。

二、纤维素性肺炎

病初,体温突然升高到 40～41℃以上,高热稽留,一般持续 6～9 天,以后迅速降至常温。全身症状较重。大片肺叶受侵时,则呈混合性呼吸困难。不久,病畜频频短咳、痛咳,病后 2～3 天往往出现铁锈色鼻液,此为大叶性肺炎的示病症状。

胸部叩诊,充血期及溶解期呈现浊鼓音。肝变期则呈现大片浊音区,浊音区一般在肘突后方,呈弧形向后上方扩展。

胸部听诊,病初充血渗出期,肺泡呼吸音粗厉,并有捻发音和湿性啰音,肝变期时病变部位肺泡音消失,出现支气管呼吸音。至溶解期时又可听到湿性啰音和捻发音。肺泡呼吸音,于健康组织代偿区域,呈现增强。

反刍兽则呈现前胃弛缓症状。

任务三 胸膜炎的诊治

案例分析：

某羊场的一头1岁绒山羊，体温升高，食欲、反刍减退，按感冒治疗两天。停药2天后，发现病情再次加重。临床检查：体温为40.8℃，精神沉郁，食欲废绝，反刍停止，鼻镜干燥，瘤胃蠕动音减弱，排粪较干；咳嗽明显，呈干、痛短咳，胸壁受刺激或叩诊表现频繁咳嗽并躲闪，呼吸快而浅表，呈腹式呼吸。叩诊呈水平浊音区，听诊呈胸膜摩擦音；穿刺流出黄色或含有脓汁的液体，含有大量纤维蛋白，易凝固。

一、临床诊断

1. **问诊** 体温升高，食欲、反刍减退，按感冒治疗两天。停药两天后，发现病情再次加重。

2. **视诊** 精神沉郁，食欲废绝，反刍停止，鼻镜干燥，排粪较干；咳嗽明显，呈干、痛短咳，呼吸快而浅表，呈腹式呼吸。穿刺流出黄色或含有脓汁的液体，含有大量纤维蛋白，易凝固。

3. **听诊** 瘤胃蠕动音减弱，听诊呈胸膜摩擦音。

4. **叩诊** 胸壁受刺激或叩诊表现频繁咳嗽并躲闪，叩诊呈水平浊音区。

二、发病原因分析

邻近器官炎症的漫延，如各种肺炎和传染病(鼻疽、结核、传染性胸膜肺炎猪肺疫，蓝耳病等)继发胸膜炎。

三、诊断结论

本病例属于胸膜炎。

根据呼吸浅表急速，腹式呼吸，触、叩胸壁表现疼痛、咳嗽，听诊水平浊音，听诊有胸膜摩擦音，穿刺液为渗出液(蛋白多、比重高)。需与胸腔积水与传染性胸膜性肺炎进行鉴别，前者不发热，无炎症，无胸膜摩擦音，触、叩无疼痛反应，穿刺液色淡、透明、不易凝固；后者有流行性，同时具有胸膜炎与肺炎症状。

四、治疗

(一)治疗原则

消除炎症，制止渗出，促进炎性产物的吸收和排出。

(二)治疗方法

【治疗方案1】

0.1%雷佛奴尔溶液1 000 mL、青霉素160万～240万IU、0.25%普鲁卡因

200～300 mL。用法:胸腔穿刺排除积液后,用雷佛奴尔冲洗,注入普鲁卡因青霉素溶液。

【治疗方案 2】

(1)12%复方磺胺-6-甲氧嘧啶注射液 100 mL。用法:一次肌肉注射,每日 2 次,连用 5 天,首次量加倍。也可用氯霉素 400 万 IU,青霉素与链霉素,庆大霉素等。

(2)5%氯化钙注射液 150 mL、40%乌洛托品注射液 40 mL、10%安钠咖注射液 30 mL、25%葡萄糖注射液1 000 mL,一次静脉注射。

【治疗方案 3】

归芍散　当归 30 g、白芨 30 g、桔梗 20 g、贝母 25 g、寸冬 20 g、百合 25 g、黄芬 20 g、天花粉 25 g、滑石 30 g、木通 25 g。用法:共为细末,开水冲调,一次灌服。热盛加双花、连翘、栀子,喘甚加杏仁、葶苈子、杷叶,痰液多者加前胡、半夏、陈皮。

知识拓展

肺水肿的诊治

一、临床特征

1. 肺间质水肿　呼吸困难、呼吸动作浅表且快,初期只在运动或兴奋时发生,后期也发生于安静状态。

2. 急性肺泡水肿　呼吸窘迫更加明显,动物呼吸浅而快,黏膜发绀或苍白,头颈伸展,张口呼吸,发出水泡音,可从口鼻流出浅粉红色泡沫状液体,前肢外展呈犬坐姿势以减少胸腔压力。脉搏细数,肺部听诊为湿性捻发性啰音,无法听清心音,胸部叩诊时,病变部是浊音。

胸部 X 射线检查,肺视野模糊的"云雾"状阴影呈散在性增强,气管、支气管轮廓清晰。如为补液量过大引起的肺水肿,肺泡阴影呈弥漫性增强,大部分血管几乎难以发现。肺泡气肿所致的肺水肿,X 射线检查可见斑点状阴影。因左心机能不全并发的肺水肿,肺静脉较正常清晰,而肺门呈放射状。

二、治疗

(1)输氧　严重的肺水肿,需要立即供给氧气以改善血氧过低的状况。可用细胶管经鼻腔输氧或用氧气面罩,以 5～10 L/min 的速度快速输入氧气。

(2)强心　因心力衰竭而引发的肺水肿，可作静脉注射洋地黄疗法，如静脉注射地高辛，剂量为0.044 mg/kg体重。

(3)扩张支气管　氨茶碱作缓慢的静脉注射或深层肌肉注射，间隔8 h给药1次，剂量为10 mg/kg体重。

(4)镇静　使动物安静下来，对治疗肺水肿很有帮助。可肌注戊巴比妥，剂量为5～15 mg/kg体重。

(5)利尿　对急性肺水肿，可选用呋塞米，剂量为1～4 mg/kg体重，症状严重时，可加倍使用。

子项目二　心脏疾病的诊治

◆**知识目标：**

1. 掌握心力衰竭发生的病因和临床特征性表现。
2. 掌握心力衰竭的常用治疗方法。

◆**能力目标：**

1. 培养分析病例的能力，能够确定诊断要点、建立合理的治疗方案。
2. 能对心力衰竭的症状及治疗措施作出合理的解释。

任务　心力衰竭的诊治

案例分析：

某牛场的一头8岁黑白花奶牛，体温升高至40.4℃，脉搏116次/min，呼吸42次/min。吃草减少，反刍无力，反刍次数减少，有时不反刍，颌下及胸前水肿，颈下及前肢之间，有排球大小的水肿区，呈生面团样，指压留痕，两侧颈静脉怒张，心脏听诊心音弱、遥远，有心包拍水音。

一、临床诊断

1. **问诊**　体温升高至40.4℃，脉搏116次/min，呼吸42次/min。吃草减少，反刍无力，反刍次数减少，有时不反刍。

2. **视诊**　颌下及胸前水肿，颈下及前肢之间，有排球大小的水肿区，两侧颈静脉脉怒张。

3. **听诊**　心脏听诊心音弱、遥远，有心包拍水音。

4. **触诊**　颌下及胸前、颈下及前肢之间的水肿区，触诊呈生面团样，指压留痕。

二、发病原因分析

1. 原发性急性心力衰竭

(1)主要是过剧的使役。

(2)心脏突然受到剧烈的刺激如触电。

(3)心脏一时性负担过重，如静脉输液量过大过快。

2. **继发性急心力衰竭**　见于多种传染病、中毒病和热性病等经过中，心脏本身的疾病。慢性心力衰竭多继发于障碍血液还流的慢性病，如心脏瓣膜病，长期服重役，慢性肺泡气肿及慢性肾炎等。

三、诊断结论

本病例属于急性心力衰竭。

根据病因，脉搏增数，结膜发绀，呼吸困难，静脉怒张，全身水肿、肺啰音，泡沫样鼻液，心内杂音，心浊音界扩大。慢性心力衰竭，主要根据心音尤其是第二心音减弱，脉搏疾速、减弱，不耐使役，以及心性浮肿进行诊断。

(一)急性心力衰竭

1. **轻度**　病畜精神沉郁，使役中易于疲劳出汗。呼吸增数、心音和心搏动增强。脉搏在马可达60～80次/min，强力活动后，脉搏达100次/min休息后可恢复正常，可视黏膜发绀。

2. **中等度**　精神沉郁，轻度活动即见气喘，肺泡呼吸音增强，结膜发绀静脉怒张，心搏动增强，第一心音增强，脉搏增数达80次/min以上，即使休息也不能完全恢复正常。

3. **重度**　精神高度沉郁，食欲废绝，静脉充盈或怒张黏膜淤血或高度淤血，结膜呈不同程度的蓝紫色。出汗四肢末梢发凉，呼吸高度困难肺有广泛的湿啰音，心搏动增强，第一心音响亮，第二心音微弱，脉搏达100次/min，有的晕厥倒地，痉挛抽搐。严重的可出现室性阵发性心动过速，临近死亡时，则可出现心室震颤或心室纤维性颤动。

左心衰竭时，很快发生肺水肿，呼吸极度困难，从鼻深流出多量无色细小泡沫状鼻液，胸部听诊有广泛性水泡音。

右心衰竭时，除胸、腹、心包腔积液外，常引起脑、肝、肾、胃肠道淤血，呈现意识障碍、肝功能异常、尿液异常、消化不良等症状。

(二)慢性心力衰竭

病情发展缓慢,病程持久,病势弛张。病畜精神沉郁,食欲减退,不耐使役。呼吸困难,尤以运动时为然。可视黏膜发绀,甚至体表静脉怒张。常发心性浮肿,于垂皮、腹下、四肢末梢出现对称性捏粉样肿胀,无热无痛。心音尤其是第二心音减弱,脉细数,往往出现心内杂音和心律失常。

四、治疗

(一)治疗原则

加强护理,减轻心脏负担,减慢心率和矫正心律,增强心肌收缩力。

(二)治疗方法

使病畜充分休息。少量多次地喂给柔软易消化而富于营养的草料。对出现心性浮肿的病畜,则宜适当限制食盐和饮水。

【治疗方案1】

(1)减轻心脏负担适当放血1 000～2 000 mL(禁用于贫血家畜),然后用25%葡萄糖500～1 000 mL静脉注射。

(2)0.1%肾上腺素3～5 mL,加入25%～50%葡萄糖液500 mL内,静脉滴注(最好在应用此药品的同时,皮下注射0.2%～0.3%硝酸士的宁液5～10 mL,以防副作用的发生)。

【治疗方案2】

严重的心力衰竭,在发生肺水肿时,可用0.1%异丙肾上腺素液1～3 mL,加入25%葡萄糖液100 mL内,静脉滴注(但有心率加快的副作用)。

知识拓展

心肌炎的诊治

一、临床特征

心肌炎是伴发心肌兴奋性增强和心肌收缩机能减弱的心肌炎症。本病主要是继发或伴发于许多传染病、中毒或脓毒败血症的过程中。本病以心肌的功能障碍为主要症状,其特点是心肌中有局灶性或弥漫性的急性或慢性炎症病变。

急性心肌炎的初期,出现心肌兴奋的现象,心搏亢进,心音高朗,脉快而充实,病畜稍有活动心搏动明显加快,运动停止后,休息3～4 min后仍不能恢复运动前次数。如病畜体温升高,脉搏增快程度超过其他热性病脉搏增快的幅度(一般体温升高1℃,脉搏增快4～8次)而且出现传导阻滞现象。

随着心肌纤维变性范围的扩大，心肌收缩力减弱，病畜精神沉郁，食欲废绝，虚弱无力，气喘，结膜发绀，下腹和四肢末端水肿，甚至神志昏迷。此时，叩诊心浊音区扩大，听诊第一心音混浊或分裂或重复，第二心音减弱，而且心律不齐。当心肌弛缓时，出现相对的房室瓣闭锁不全性杂音。

本病继发于多种传染病和中毒病。在原发病的基础上如出现心动过速、心律不齐、心音分裂、相对的房室瓣关闭不全杂音、心浊音区扩大、循环障碍等症状，即可诊断。但要注意与心内膜炎和心包炎的区别。心内膜炎有各种心内性杂音，心包炎则可出现心包摩擦音和拍水音、心区叩诊疼痛等症状。

二、治疗

治疗原则是治疗原发病、减轻心脏负担，增加心肌营养为主。

(1)病畜要充分休息，喂饲易消化和富含维生素的饲料。治疗原发病。

(2)出现心衰时可用强尔心肌肉注射。

(3)为加强心肌营养牛、马可用静脉注射25%葡萄糖液500～1 000 mL、维生素C 6～8 g，每日一次。

(4)肾上腺皮质激素能抑制心肌炎性反应和变态反应。

(5)缓解心力衰竭和心律失常，可用氢化可的松400～500 mg，或地塞米松10～20 mg，加于5%～10%葡萄糖液中静注，连用一周后，要逐渐减量，不要突然停药。

(6)全身水肿严重时，可适当限制饮水量，并使用利尿药。

练　习　题

1. 试分析小叶性肺炎与大叶性肺炎的鉴别诊断要点有哪些？
2. 急性支气管炎的发病原因是什么？
3. 心力衰竭的症状有哪些？
4. 急性心肌炎的临床症状有哪些？
5. 肺水肿的主要临床症状有哪些？
6. 创伤性心包炎的诊断要点有哪些？
7. 胸膜炎的诊断要点有哪些？

项目任务单

<table>
<tr><td colspan="8">项目五　胸部疾病的诊治</td></tr>
<tr><td rowspan="2">任务二</td><td colspan="3" rowspan="2">肺炎的诊治</td><td>子任务一</td><td>案例分析</td><td rowspan="2">学时</td><td rowspan="2">2</td></tr>
<tr><td>子任务二</td><td>案例诊断与防治方案设计</td></tr>
<tr><td>实训场地</td><td></td><td>指导教师</td><td></td><td>实训班级</td><td></td><td>时间</td><td></td></tr>
<tr><td>组别</td><td></td><td>组长</td><td></td><td>组员</td><td></td><td></td><td></td></tr>
<tr><td>学习目标</td><td colspan="7">学生掌握肺炎的诊断程序和方法，同时也要掌握肺炎的各种治疗方法。在实际学习过程中提高发现问题、解决问题的能力和设计治疗方案的能力</td></tr>
<tr><td>相关知识准备</td><td colspan="7">1. 肺炎的发生原因
2. 肺炎的症状和病变
3. 肺炎的诊断方法和治疗方法</td></tr>
<tr><td>相关技能准备</td><td colspan="7">1. 能准确说出肺炎发生的原因和临床表现
2. 能准确描述肺炎的外科处置方法操作过程</td></tr>
<tr><td>实施</td><td colspan="7">观看录像或幻灯片 → 学生进行案例分析 → 诊断疾病 → 设计治疗方案 →分析讨论治疗方案→ 组内组间交流</td></tr>
<tr><td rowspan="4">实施要求</td><td colspan="2">观看录像</td><td colspan="5">通过录像资料或幻灯片了解案例</td></tr>
<tr><td colspan="2">案例分析</td><td colspan="5">每组详细写出本案例发生的原因和临床表现以及临床检查方法</td></tr>
<tr><td colspan="2">治疗方案设计</td><td colspan="5">1. 以组为单位，组长组织，发挥团结协助精神
2. 每人设计出一套治疗方案，并在组内进行讨论
3. 要求每组根据讨论结果选择最适治疗方案，写出详细的治疗方案设计步骤</td></tr>
<tr><td colspan="2">问题分析</td><td colspan="5">以组为单位，讨论在案例分析、诊断和治疗方案设计过程中出现的各种问题，提出合理的解决办法，鼓励学生课余查阅其他相关治疗方法资料</td></tr>
<tr><td>注意事项</td><td colspan="7">组长负责，统筹安排，组员协作</td></tr>
</table>

诊治方案设计	小组任务： 案例分析： 诊断方法： 治疗方案设计：
实施过程中发现的问题	

<table>
<tr><td>分析总结</td><td colspan="6"></td></tr>
<tr><td rowspan="7">考核体系</td><td>考核项目</td><td>考核细则</td><td>优秀</td><td>良好</td><td>合格</td><td>不合格</td></tr>
<tr><td rowspan="3">素质考核（20分）</td><td>出勤情况（5分）</td><td>满勤（5分）</td><td>迟到（3分）</td><td>早退（3分）</td><td>旷课（0分）</td></tr>
<tr><td>预习报告（10分）</td><td>内容详尽、实用，包括了试验所需的应知应会的知识点（10分）</td><td>内容详尽，实用。包括试验所需的应知应会的主要知识点（8分）</td><td>内容较简单，能包括试验所需的部分知识点（6分）</td><td>内容简单，试验所需的应知应会的知识点包括在内（6分以下）</td></tr>
<tr><td>提问情况（5分）</td><td>回答问题完全正确，专业术语使用正确（5分）</td><td>回答问题较正确，部分专业术语使用不当（4分）</td><td>在老师或同学的提示下，回答问题基本正确，专业术语使用不当（3分）</td><td>回答问题错误，在老师或同学的提示下依然无法答出问题（3分以下）</td></tr>
<tr><td rowspan="3">技能考核（50分）</td><td>正确说明案例发病原因（10分）</td><td>根据任务正确说明案例发病原因（10分）</td><td>根据任务基本正确说明案例发病原因（8分）</td><td>在教师的提示下，基本正确说明案例发病原因（6分）</td><td>在老师或同学的提示下依然无法完成任务（6分以下）</td></tr>
<tr><td>正确分析案例的诊断要点（15分）</td><td>根据任务正确分析案例的诊断要点（15分）</td><td>根据任务基本正确分析案例的诊断要点（12分）</td><td>在教师的提示下，基本正确分析案例的诊断要点（9分）</td><td>在老师或同学的帮助后，仍无法完成任务（9分以下）</td></tr>
<tr><td>治疗方案设计完全合理实用（25分）</td><td>根据案例所设计的治疗方案完全合理实用（25分）</td><td>根据案例所设计的治疗方案基本合理实用（20分）</td><td>在教师的提示下根据案例所设计的治疗方案合理实用（15分）</td><td>在老师或同学的帮助后，仍无法完成任务（10分以下）</td></tr>
</table>

<table>
<tr><td rowspan="2">考核体系</td><td rowspan="2">综合能力考核(30分)</td><td>理论支撑知识考核(15分)</td><td colspan="4">1. 肺气肿　　2. 肺炎</td></tr>
<tr><td>应用能力考核(15分)</td><td colspan="4">肺气肿的主要临床症状有哪些？</td></tr>
<tr><td rowspan="4">评价体系</td><td colspan="2">评价环节</td><td colspan="4">评价方法</td></tr>
<tr><td colspan="2">组内互评(30分)
互评一：
互评二：
互评三：</td><td>组织协调能力强，能够及时完成所分担的任务，与组员沟通顺畅(30分)</td><td>与组员沟通协调较好，能及时完成所分担的任务(24分)</td><td>能与组员沟通协调，未能及时完成所分担的任务(18分)</td><td>不能与组员沟通协作，不去完成所交给的工作任务(18分以下)</td></tr>
<tr><td colspan="2">组间互评(30分)
互评一：
互评二：
互评三：</td><td>该组整体沟通协调合作能力强，能优秀完成工作任务，经验总结好(30分)</td><td>该组能进行沟通协调合作，能完成工作任务，经验总结较好(24分)</td><td>该组能进行沟通协调合作，基本完成工作任务，经验总结一般(18分)</td><td>该组缺乏沟通协调合作能力，未能完成工作任务。经验总结较差(18分以下)</td></tr>
<tr><td colspan="2">教师对小组整体评价(40分)</td><td colspan="4"></td></tr>
<tr><td rowspan="11">每个组员综合成绩</td><td>学号</td><td>姓名</td><td>成绩</td><td colspan="3">备　　注</td></tr>
<tr><td></td><td></td><td></td><td colspan="3"></td></tr>
<tr><td></td><td></td><td></td><td colspan="3"></td></tr>
<tr><td></td><td></td><td></td><td colspan="3"></td></tr>
<tr><td></td><td></td><td></td><td colspan="3"></td></tr>
<tr><td></td><td></td><td></td><td colspan="3"></td></tr>
<tr><td></td><td></td><td></td><td colspan="3"></td></tr>
<tr><td></td><td></td><td></td><td colspan="3"></td></tr>
<tr><td></td><td></td><td></td><td colspan="3"></td></tr>
<tr><td></td><td></td><td></td><td colspan="3"></td></tr>
<tr><td></td><td></td><td></td><td colspan="3"></td></tr>
</table>

项目六 腹部疾病的诊治

子项目一 乳房疾病的诊治

◈知识目标：

1. 掌握乳房炎、乳房浮肿发生的病因和临床特征性表现。

2. 掌握乳房炎、乳房浮肿的常用治疗方法。

◈能力目标：

1. 培养分析病例的能力，能够确定诊断要点、建立合理的治疗方案。

2. 能对乳房疾病的症状及治疗措施作出合理的解释。

任务一 乳房炎的诊治

案例分析：

主诉：一头奶牛食欲近几日逐渐减少，呈时好时坏状态，日产奶量逐渐下降，现在不吃食；乳汁分泌减少，异常，开始乳汁中有絮片、凝块，有时呈水样，后来出现血乳。临床检查：患牛精神差，体温升高，脉搏增速；视诊乳房肿大，乳房淋巴结肿大，触诊乳房轻度发热、质地发硬和疼痛。实验室检查：加利福尼亚乳房炎试验法和苛性钠凝乳试验法检查病牛乳汁均呈阳性。

一、临床诊断

（一）临床检查

1. **问诊** 食欲减少，现在不吃食。日产奶量逐渐下降，乳汁分泌减少，异常，开始乳汁中有絮片、凝块，有时呈水样，后来出现血乳。

2. **视诊** 患牛精神差，乳房肿大。乳房淋巴结肿大。

3. **触诊** 体温升高，脉搏增速；乳房轻度发热、质地发硬和疼痛。

本案例中，加利福尼亚乳房炎试验法和苛性钠凝乳试验法检查病牛乳汁均是阳性。

（二）实验室检查

1. CMT（**加利福尼亚乳房炎试验**）法

（1）试剂配方。氢氧化钠 15 g，阴离子表面活性剂（烷基硫酸盐或烷基烯丙基硫酸钠、或十二烷基硫酸钠）30～50 g，溴甲酚紫 0.1 g，蒸馏水1 000 mL。

（2）操作方法。将 4 个乳区的乳汁各 2 mL，分别加入乳汁检验盘的 4 个相应检验皿中，再加入试剂 2 mL，慢摇作同心圆状搅拌 10 s，观察判定。

（3）判定标准。见表 6-1-1。

表 6-1-1　CMT 法判定标准

乳汁反应	反应判定（万个/mL）	细胞总数比例（%）	嗜中性粒细胞
无变化，不出现凝块	阴性（－）	0～20	0～25
有微量沉淀，但不久有消失倾向	可疑（±）	15～50	30～40
部分形成凝胶状	弱阳性（＋）	40～150	40～60
全部成凝胶样，回旋搅动时凝块向中央集中，停止回转搅动凝块呈凹凸状附着皿底	阳性（＋＋）	80～500	60～70
全部凝胶样，回转搅动时凝块向中央集中，停止回转搅动时，仍保持原样，并附着皿底	强阳性（＋＋＋）	500 以上	70～80

（4）注意事项。以顺时针回转搅动，边旋转搅动边细心观察乳汁反应变化，以旋转搅动 10 s 后乳汁反应的变化，作为判定标准；本检查法不适用于初乳期和泌乳末期乳汁的检验。

2. **苛性钠凝乳试验法**　此法操作简单，但不适用于检验泌乳初期和末期的乳样。

（1）试剂。4%氢氧化钠溶液。

（2）操作方法。将载玻片置于黑色衬垫物上，先加被检乳 5 滴，再加试剂 2 滴，用细玻棒或牙签迅速将其扩展为直径 2.5 cm 的圆形，并搅动 20 s 观察凝乳情况。如奶样事先经过冷藏保存，则只需加试剂一滴。

（3）判定标准。见表 6-1-2。

（4）注意事项。注意检测鲜奶和冷藏奶所加试剂的差异；使用冷藏奶之前须先摇匀，并置室温下温度回升后待检；必须在黑色衬垫物上或黑色背景的玻板上进行，回转搅动 20s 后作判定。

表 6-1-2　氢氧化钠凝乳试验法判定标准

乳汁反应	反应判定	符号	推算细胞总数(万个/mL)
无变化,不出现凝乳现象	阴性	—	50 以下
形成细微凝块	可疑	±	50～100
出现较大凝块,乳汁略显透明	弱阳性	+	100～200
出现大凝块,用牙签混合搅动时,形成丝状凝结物,乳汁呈水样透明	阳性	++	200 以上
出现乳白色的大凝块,有时全部凝成一大块,乳汁完全透明	强阳性	+++	500～600

二、发病原因分析

(一)病原微生物的感染

1. **接触传染性细菌**　在饲养管理中接触到无乳链球菌、绿脓杆菌、金黄色葡萄球菌等病原菌。

2. **环境性细菌**　在饲养管理中接触到埃希氏大肠杆菌、乳房链球菌、化脓性棒状杆菌等环境中常在菌。

(二)饲养管理不当

1. **饲养环境**　牛舍建设不合理、饲养管理不善、环境卫生较差、采光不足、通风不良等都可引起乳房炎。

2. **挤奶**　挤奶机使用不当、操作程序不正确、过度挤奶、挤奶机真空不稳定、挤奶机未及时清洗与消毒、清洗乳房的水和毛巾不洁、临床型乳房炎病牛与健康泌乳牛共用一套挤奶设备等也可引起动物发生乳房炎。

3. **其他**　降雨量增加、气温升高、相对湿度加大、排粪不畅等也会引起乳房炎。

(三)机械损伤

1. **乳房、乳头创伤**

2. **奶牛站立时踩伤**

3. **环境设施不良导致损伤**

三、诊断结论

本病例属于临床型乳房炎。

乳房炎分为急性型、慢性型和隐性乳房炎。

急性型乳房炎特征是乳房红、肿、热、硬、痛,乳汁显著异常,奶量减少,体温升高，食欲减退，精神沉郁。

慢性型乳房炎一般由急性型治疗不完全转变过来的，全身症状不明显，仅是乳房有肿块，乳汁变清，有絮状物，产乳量明显下降。

隐性乳房炎没有临床表现，乳汁从外观上发现不了变化，但是，隐性乳房炎很容易转变成临床型乳房炎，而且，乳房炎的经济损失70%是由隐性乳房炎引起的。

四、治疗

(一)治疗原则

杀灭已侵入乳房的病原菌，控制病原菌的侵入，减轻或者消除乳房的炎性症状。

(二)治疗方法

【治疗方案1】

采取综合治疗措施，第一要清洁环境和牛体卫生，精心护理，预防褥疮，其次对乳房实行冷敷，再次进行抗生素药物治疗。

一般可用青霉素160万IU，生理盐水40 mL，稀释后一次肌肉注射，每日两次，同时用复方氯化钠、生理盐水液、葡萄糖液、维生素类大量输液，以防止脱水和患败血症。

【治疗方案2】

全身用抗菌药物，常用以下药物静脉注射。

红霉素400万～600万IU，5%葡萄糖液1 500 mL，1～2次/日；或10%磺胺嘧啶300～500 mL，1次/日。

【治疗方案3】

乳房灌注抗生素，先将患区乳汁挤净。

用卡那霉素150万～200万IU；或0.2%环丙沙星100 mL溶入青霉素160万～240万IU，患区乳房一次灌注，2～4次/日。若乳汁中含絮状物或脓样物或血凝块较多时，宜用生理盐水或0.1%雷佛奴尔溶液冲洗后，再灌抗菌药物。

【治疗方案4】

采取乳房基底封闭。为封闭前1/4乳区，可在乳房间沟侧方，沿腹壁向前、向对侧膝关节刺入8～15 cm；为封闭后1/4乳区，可在距乳房中线与乳房基部后缘相距2 cm处刺入，沿腹壁向前，对着同侧腕关节进针8～15 cm。每个乳叶的注射量为0.25～0.5%普鲁卡因40～50 mL。

【治疗方案5】

采取中药治疗。公英地丁汤：公英100 g，地丁100 g，二花50 g，连翘50 g，乳香30 g，没药30 g，青皮50 g，当归50 g，川芎50 g，通草40 g，红花20 g，水煎灌汤，每日一剂，连用三剂。

【治疗方案 6】

在治疗期间用葡萄糖酸钙或氯化钙加入液体中静注，有良好的辅助作用。乳房炎症急性期后，方可热敷，常用 20%硫酸镁溶液，同时可按摩乳房。

知识拓展

乳房炎的预防

1. 环境和牛体卫生　引起乳腺炎的病原菌可分为两大类，一类平时就存在于牛体，一类存在于环境中，搞好环境和牛体卫生，就可减少病菌的存在和感染可能，如运动场排水畅通，干燥，经常刷拭牛体，保持乳房清洁等。

2. 搞好挤奶卫生　提倡正确的挤奶方法—拳握式，擦洗乳房用的毛巾和水桶，要保持干净，定期消毒。用水勤换。患乳腺炎牛的奶要最后挤，并作适当处理。

3. 挤奶　机器挤奶时，要保持负压正常和防止空吸，保护乳头管黏膜。挤奶杯要及时消毒。定期检查机器和挤奶杯，及时维修、更换。

4. 及时治疗临床型乳腺炎，必要时可隔离患牛，乳汁消毒处理，防止传播。

5. 作好预防工作　推广乳头药浴和干乳期防治，坚持长期使用。药浴杯要保持清洁，药液常换。定期检测隐性乳腺炎发病情况，做细菌学检查及药敏试验，根据结果采取对应措施。

任务二　乳房浮肿的诊治

案例分析：

某奶牛场一头奶牛在分娩之后发生乳房肿胀，乳房皮肤潮红，有光泽，而且很硬，用手触之留有指痕，但无痛感。这种症状经过数日乃至数周，不见好转。

一、临床诊断

1. **视诊**　乳房皮肤充血，乳房极度扩张膨胀，有光泽。

2. **触诊**　触诊乳房很硬，指压有指痕，但无痛感。

二、发病原因分析

1. **饲料因素**　主要表现为干奶期精料饲料喂量过多，日粮中食盐用量过大。

2. **生理因素** 分娩前，母牛乳房血流量增加，乳静脉压增高而淋巴液积聚，雌激素分泌增强以及妊娠期过长，胎儿过大等，皆可引起本病。

3. **管理因素** 运动场狭小，牛群饲养密度过大，产前母牛运动不足。

三、诊断结论

本病例属于乳房浮肿。乳房浮肿又称乳房浆液性水肿。是由于乳房及乳房淋巴循环障碍所致的乳房明显肿胀，其临床特征是肿胀的乳房无热无痛按压有凹陷。

最初乳房皮肤充血，乳房极度扩张膨胀，内充满乳汁，按压可留下指痕；乳房皮肤增厚，触压坚实，有的见有数条裂纹，从中渗出清凉的淡黄色液体。轻度浮肿发生于乳房基底前缘和下腹部。严重的浮肿可波及胸下，会阴及四肢，乳房下垂，迫使病牛后肢张开，运动困难，由于运动时摩擦，常见乳房基部股内侧溃烂。典型的乳房浮肿是4个乳区全部被侵害，也有侵害半侧或者1个乳区的。乳房乳头出现水肿，皮肤发凉，无痛感，触诊似掐面粉袋样。乳量少，乳汁无肉眼可见异常。精神食欲正常，全身反应轻微。病程长者，乳房皮肤增厚而失去弹性，乳房内有硬块或使乳腺萎缩，产奶量下降。严冬季节，有的会发生冻疮皮肤呈现暗紫色，并发生坏疽。

四、治疗

（一）治疗原则

杀灭已侵入乳房的病原菌，控制病原菌的侵入，减轻或者消除乳房的炎性症状。

（二）治疗方法

对乳房浮肿病牛产后应控制精料、多汁饲料喂量和限制饮水，饮用一些麸皮汤，供应充足优质干草，多数浮肿能逐渐自行消退，不需治疗。

【治疗方案1】

(1)早期。乳房只有轻度浮肿时涂布刺激剂，促进血液循环。常用樟脑软膏，松节油，碘软膏，20%～50%酒精鱼石脂软膏，于乳房皮肤上涂抹。

(2)利尿。呋噻咪，速尿，双氢克尿噻等肌注，己酰唑胺1 g肌注，每日一次。

【治疗方案2】

激素疗法：氯地孕酮1 g 1次内服，连3日。三氯甲噻嗪200 mL，地塞米松5 mL 1次内服。

【治疗方案3】

长期反复发作型，因其长期乳房血液循环障碍继发慢性水肿型乳房炎，故治疗时除上述方法外应另配合中药消肿散：瓜蒌60 g，牛蒡子、花粉、连翘、金银花各30 g，黄芩、陈皮、栀子、皂角刺、柴胡、青皮各15 g，当归、川芎、益母草各30 g，木通、路路通各 15 g。共研细末,开水冲服,每日一剂,连服 3～5 天。

【治疗方案 4】

静脉注射 25%糖水 500～1 000 mL,维生素 C 30～50 mL,25%安呐咖 20～50 mL,林格氏液 500～1 000 mL,10%葡萄糖酸钙 500 mL。

知识拓展

无乳及泌乳不足的诊治

一、发病特点

本病因产后及泌乳期发生乳腺机能紊乱,以泌乳量显著减少甚至无乳为特征。

1. 病因　乳腺发育不良,母牛年老而乳腺机能减退,上胎停奶过迟,饲料突然改变,天气突变,惊吓,变更挤乳时间或挤奶员,都可引起泌乳反射紊乱而导致本病发生。

2. 症状　泌乳量减少,乳房及乳头缩小,乳腺组织松软,触摸乳房柔软,不热,不痛,可挤出少量乳汁。

二、治疗

(1)王不留行 100 g,通草 50 g,猪蹄一对,煎汤加红糖 200 g,一次灌服。

(2)当归 60 g,川芎 25 g,生芪 30 g,生白芍 40 g,麦冬 50 g,王不留行 50 g,生地 50 g,桔梗 25 g,通草 15 g,穿山甲 25 g 共为细末后,用开水冲调,清油 100 mL 为引,一次灌服,隔天 1 剂,连服 2 剂。

子项目二　疝的诊治

◆知识目标:

1. 掌握各种疝的临床特征性表现。
2. 掌握各种疝的常用治疗方法。

◆能力目标:

1. 培养分析病例的能力,能够确定诊断要点、建立合理的治疗方案。
2. 能对各种疝的症状及治疗措施作出合理的解释。

任务一　脐疝的诊治

案例分析：

主诉：一只2月龄猪脐孔部出现局限性、半圆形的肿胀，食欲正常，触诊缺乏红、痛、热等炎性反应，触摸内容物柔软并可还纳回腹腔，听诊有肠蠕动音。

一、临床诊断

1. **视诊**　脐孔部出现局限性、半圆形的肿胀，食欲正常。

2. **听诊**　听诊有肠蠕动音。

3. **触诊**　触诊缺乏红、痛、热等炎性反应，触摸内容物柔软并可还纳回腹腔。

二、发病原因分析

1. **脐孔发育不全**　脐孔未闭锁、脐部化脓或腹壁发育缺陷。

2. **腹内压增加**　强烈努责、用力跳跃、腹泻等原因造成腹内压增加。

3. **断脐不当**　扯断脐带时，血管及尿囊管留得太短，腹壁脐孔闭合不全，再加腹内压增高，腹腔内容物便可以通过脐孔而进入皮下形成脐疝。

三、诊断结论

本病例属于脐疝。

1. **局部表现**　脐部球形肿胀，质地柔软，缺乏红、痛、热等炎性反应，波动，可复，可摸到疝轮，听诊可听到肠蠕动音。

2. **全身症状**　多见于箝闭性脐疝，极度不安，食欲废绝，马、牛疝痛，犬、猪呕吐，发生腹膜炎者，体温升高。

四、治疗

【治疗方案1】

采用保守疗法，用刺激性药物（如95%乙醇、碘溶液或10%氯化钠溶液）在疝孔周围分点注射，每点注射5 mL，可引起疝孔四周组织发炎并瘢痕化，从而使疝孔重新闭合，但这种方法只适用于幼龄猪。

【治疗方案2】

采取胶布治疗法，病猪停止喂食2顿，仰卧保定，使疝囊朝上，洗净患部，剃毛，待皮肤干燥后，将脱出的肠管还纳回腹腔，以一块比患部大一倍的胶布，在患部贴牢即可，保持仔猪少运动。

【治疗方案3】

采用手术疗法。

(1)适应症。疝轮较大、不可复、内容物粘连和坏死,年龄较大的动物。

(2)方法。局部浸润麻醉,横卧或仰卧保定,局部剃毛消毒,无菌操作。切开皮肤,切口为梭形。分离疝囊。如为可复性疝,可由疝囊底捻转疝囊使其内容物回到腹腔,在疝轮口贯串结扎确实后,将多余的疝囊壁切除,此后缝合疝轮。如病程稍长,疝轮的边缘过厚、牢固者,最好将疝轮削成一新鲜创面,对箝闭性疝,要将疝囊切开,检查肠管生机。如果肠管坏死,将坏死肠管切除,再做肠管端端吻合术后,将其送还腹腔,再用垂直褥状缝合疝轮,皮肤修整后结节缝合。缝完皮肤后,做结系绷带。

(3)术后护理。术后延续运用抗生素7～10天以防感染,箝闭性疝要矫正水、电解质、酸碱平衡紊乱。术后不宜喂得过饱,制约强烈活动,避免腹压增高,造成手术部位撕裂。通常10天至15天后痊愈,很少有复发。

知识拓展

疝的组成及种类

一、疝的组成

疝是内脏器官从自然孔道或病理性破裂孔脱出至皮下或其他解剖腔的一种常见病。

1. 疝孔(轮)　自然孔的异常扩大或是腹壁上任何部位病理性的破裂孔,内脏由此而脱出。

2. 疝囊　由腹膜及腹壁的筋膜、皮肤等构成,腹壁疝的最外层常为皮肤。

3. 疝内容物　为通过疝孔脱出到疝囊内的一些可移动的内脏器官(如:网膜、瘤胃、真胃、子宫及膀胱等),此外还有数量不等的疝液。

二、种类

1. 按发生时间

①先天性疝:多见于初生幼畜,脐孔、腹股沟环闭锁不全。

②后天性疝:因机械性外伤、腹压增大、阉割不当导致。

2. 按是否向体表突出

①外疝:凡突出体表者。

②内疝:不突出体表者(例如膈疝)。

3. 按发生的解剖部位

①脐疝。

②腹股沟阴囊疝。

③腹壁疝。

④会阴疝。

⑤膈疝。

4. 按疝内容物的活动性不同

(1)可复性疝。改变家畜体位或压迫疝囊时，疝内容物可通过疝孔而还纳到腹腔

(2)不可复性疝。

①疝孔比较狭窄或者疝道长而狭。

②内容物与疝囊发生粘连;肠管之间互相粘连。

③肠管内充满过多的粪块或气体。

箝闭性疝：疝内容物箝闭在疝孔内，脏器受到压迫，血液循环受阻而发生淤血、炎症，甚至坏死等统称为箝闭性疝。常见粪性箝闭，弹力性箝闭，逆行性箝闭。

任务二　腹股沟阴囊疝的诊治

案例分析：

主诉：某一猪场一头母猪产仔 10 头，其中公猪 5 头，到 20 天的时候，给小公猪做了去势，经一段时间观察，发现其中两头公猪发现腹部有隆起，手触摸有肿胀物。听诊可听到肠蠕动音。

一、临床诊断

1. **视诊**　腹部有隆起。肿胀物有成人拳头大小。

2. **听诊**　听诊有肠蠕动音。

3. **触诊**　手触摸有肿胀物。

二、发病原因分析

腹股沟阴囊疝可分为先天性和后天性，临诊多见先天性的。腹股沟管位于腹壁内靠近耻骨部，是由腹内斜肌和腹外斜肌构成的漏斗状裂隙，腹股沟管朝向腹腔面有一椭圆形腹股沟内环，而朝向阴囊面有一裂隙状的腹股沟外环。当腹股沟管

内环过大，肠管可通过大的内环进入腹股沟管至阴囊而发病。

三、诊断结论

根据临诊症状和对阴囊的检查不难做出诊断。

患侧阴囊肿胀，紧张发亮，触之柔软有弹性，无热痛，有发硬、敏感，听诊有肠蠕动音。提起小猪后肢，可将疝内容物还纳到腹腔。但放下后肢或腹压增大疝囊又增大。如果发生嵌闭性阴囊疝，病猪全身症状明显，出现剧烈的腹痛、呕吐，不愿运动，行走时两后肢分开，阴囊皮肤紧张、浮肿，阴囊皮肤发凉，此时多数肠管与阴囊壁有粘连。严重者肠管、阴囊壁、睾丸坏死。

四、治疗

【治疗方案 1】

采用保守疗法，用刺激性药物（如 95%乙醇、碘溶液或 10%氯化钠溶液）在疝孔周围分点注射，每点注射 5 mL，可引起疝孔四周组织发炎并瘢痕化，从而使疝孔重新闭合，但这种方法只适用于幼龄猪。

【治疗方案 2】

采取胶布治疗法，病猪停止喂食 2 顿，仰卧保定，使疝囊朝上，洗净患部，剃毛，待皮肤干燥后，将脱出的肠管还纳回腹腔，以一块比患部大一倍的胶布，在患部贴牢即可，保持仔猪少运动。

【治疗方案 3】

采用手术疗法。

(1)准备工作。手术刀（剪）、棉球、70%酒精、碘酊、保定绳，止血敏粉末，846 合剂麻醉剂，止血钳，破伤风注射液，固定钳等。

(2)麻醉。采用非吸入麻醉方法，应用 846 合剂，（1 mL 846 合剂含有舒松灵 35 mg、依地酸 2.5 mg、双氢埃托啡 3.5 mg、氟哌啶醇 2.5 mg），临床以 0.1～0.2 mL/kg 肌注，可使猪麻醉 1 h 左右。

(3)保定。取背侧卧位，分开两后肢，消毒患部。

(4)手术过程。做腹后部中线切开，切口越过阴囊，持止血钳夹住要剥离的组织，用手术刀柄钝性剥离，同时往患处涂撒止血敏药粉，由于肠壁已与阴囊壁黏合，剥离时比较费力，打开疝囊，取出疝内容物，最后用缝合针线做袋状缝合，后对患部涂擦 0.1%雷夫诺尔作进一步消毒处理。同时注射破伤风注射液，以防伤口感染。

(5)药物治疗。用抗生素进行肌肉注射或静脉注射。

知识拓展

外伤性腹壁疝与会阴疝

一、膈疝

由于钝性外力作用于腹壁，使腹肌、腱膜及腹膜发生破裂，但皮肤完整性仍保持，腹腔脏器经腹肌的破裂孔脱至肌间或皮下形成的疝。

1. 病因

(1)腹肌、腱膜、腹膜被钝性暴力损伤。

(2)腹壁肌肉、腱膜松弛。

(3)腹内压过大且腹壁肌肉松弛：难产强烈努责。

2. 症状

(1)腹壁肿胀。多受伤后突然出现，扁平、柔软触诊疼痛，可摸及疝轮。

(2)疝内容物。多为肠管、网膜、真胃、瘤胃、膀胱及怀孕子宫等。

(3)全身症状。多见于箝闭性腹壁疝，病畜不安、腹痛，并发肠坏死致死。

(4)腹壁浮肿。淋巴管断裂，淋巴液外流。

(5)腹水。腹壁受伤，引发腹膜炎。

二、会阴疝

1. 病因

(1)老龄犬长时间便秘。

(2)荐坐韧带松弛。

(3)直肠畸形、憩室以及黏膜损伤。

(4)会阴部肌肉(尾肌、提肌) 萎缩。

(5)公犬雄性激素分泌失调。

(6)前列腺增生、前列腺肿瘤等。

2. 症状　本病的主要症状为会阴部肿大、病程较长，平均 5～8 个月以上，排尿异常，排便时有疼痛感，有时会出现血便、下痢。

子项目三　直肠及肛门疾病的诊治

◆知识目标：

1. 掌握直肠脱的临床特征性表现。
2. 掌握直肠脱的常用治疗方法。

◆能力目标：

1. 培养分析病例的能力，能够快速做出诊断、建立合理的治疗方案。
2. 能对直肠脱的症状及治疗措施作出合理的解释。

任务　直肠脱的诊治

案例分析：

2010年4月5日一宠物主人带1只2个月京巴犬来动物医院就诊，犬疼痛呻吟，精神不振，体格消瘦，被毛焦乱，结膜苍白；肛门处有一长5～6 cm，直径2～3 cm的柱状突出物，类似“香肠”状为脱出的直肠箍膜。脱出的黏膜严重充血、水肿，有硬实感，部分脱出部位呈暗黑色，出现轻度的箍膜坏死、溃疡，决定手术治疗。

一、临床诊断

1. **视诊**　精神不振，疼痛呻吟，消瘦，被毛紊乱，结膜苍白，肛门处有柱状突出物。

2. **触诊**　脱出的黏膜严重充血、水肿，有硬实感，部分脱出部位呈暗黑色，出现轻度的黏膜坏死、溃疡。

二、发病原因分析

1. **内因**

(1)直肠因素。发育不全、萎缩或神经营养不良松弛无力，不能保持直肠正常位置。

(2)肠外因素。直肠韧带松弛、肛门括约肌松弛和机能不全。

2. **诱因**

(1)虚弱。长时间泻痢、便秘、病后瘦弱、病理性分娩。

(2)刺激。刺激性药物灌肠、强烈努责,腹内压增高。

(3)其他。维生素缺乏,饲料突然改变。

三、诊断结论

本病例属于直肠脱。直肠脱是指直肠末端的黏膜或一部分直肠壁全层外翻脱出肛门之外。

直肠脱在临床上分为三种类型:脱肛(即直肠黏膜脱出)、直肠全层脱和直肠及结肠全层脱。脱出的直肠长时间内不能复位,直肠黏膜受到尾巴及外界异物的刺激,很快出现水肿。若仅仅在肛门外出现淡红色圆球形物,则为脱肛。若脱出的肠管呈圆筒状下垂,称为直肠全层脱出。脱出的肠管被肛门括约肌箝压,导致血液循环障碍,水肿加重,又因受到外界的污染,肠管表面污秽不洁。

四、治疗

(一)治疗原则

查明原因,积极治疗原发病,加强饲养管理。

(二)治疗方法

【治疗方案1】

采取直肠整复术。

(1)整复前用0.1%高锰酸钾温热溶液1 000 mL清洗脱出部分,也可用2%明矾热溶液清洗。

(2)用油类润滑黏膜,小心地将其推入肛门内,肠管若水肿严重,可用针扎刺水肿的黏膜后用纱布包起,挤出水肿液,使肠管缩小而后整复,肛周作烟包缝合,注意打结不可过紧,以免妨碍排粪。

(3)整复后用10%氯化钠注射液20 cm直肠周围疏松结缔组织内注射。也可用2%普鲁卡因30 mL后海穴、肛脱穴注射。

【治疗方案2】

采用中药疗法。炙黄芪90 g,党参60 g,白术60 g,当归60 g,陈皮60 g,炙甘草45 g,升麻30 g,柴胡30 g, 煎汤。

【治疗方案3】

采用黏膜下层切除术,此方法适用于单纯性直肠脱。

(1)环形切开。距肛门周缘约1 cm处。

(2)剥离、翻转、剪除黏膜层。

(3)黏膜缝合:顶端黏膜边缘与肛门周缘黏膜边缘结节缝合。

(4)肛周缝合:整复后,肛门口荷包缝合。

知识拓展

直肠脱的鉴别诊断及治疗

一、鉴别诊断

1. 脱肛　直肠末黏膜层脱出，呈圆球形，淡暗红的肿胀。

2. 直肠脱　直肠一部分、甚至大部分向外翻转脱出肛门，肛门内突出呈圆筒状下垂的肿胀物。

3. 直肠炎　体温升高，食欲减退，精神沉郁，并且频频努责，做排粪姿势。黏膜下层水肿，肛门括约肌箍压导致血循障碍，水肿加剧，外界污染使表面污秽不洁，甚至出血、糜烂、坏死。

二、直肠切除术

若直肠脱出过多、整复困难，或坏死严重，发生穿孔等，可施行直肠切除手术。

(1)取两根细编织针或兽用麻醉针头固定。紧贴肛门外的健康肠管上相互垂直成十字形刺穿脱出的肠管将其固定。

(2)直肠环形横切。在固定针后方约 2 cm 处做一个环形切口。

肠管缝合：细丝线和圆针，二层缝合。

结节缝合：浆膜层肌层＋浆膜层肌层。

单纯连续缝合：内黏膜层＋外黏膜层。

缝合后用药：0.25%高锰酸钾溶液、碘甘油、抗生素药物，除去固定针，还纳余下的直肠于肛门内。

子项目四　前胃疾病的诊治

◈知识目标：

1. 掌握常见瘤胃疾病的临床特征性表现。
2. 掌握前胃弛缓、瘤胃积食等常见瘤胃疾病的治疗方法。

◈能力目标：

1. 培养分析病例的能力，能够快速做出诊断、建立合理的治疗方案。
2. 能对常见瘤胃疾病的症状及治疗措施作出合理的解释。

任务一　前胃迟缓的诊治

案例分析：

主诉：三头黑白花奶牛出现如下症状：初期饮欲减少，反刍不足（低于40次），嗳气酸臭，口色淡白，舌苔黄白，常常磨牙，粪便迟滞，其中混有消化不全的饲料，被覆黏液。以后排稀粪、味臭，食欲反刍停止。有的表现时轻时重，病程较长的，则逐渐形体消瘦、被毛粗乱、眼球凹陷、卧地不起、瘤胃触诊松软等。

一、临床诊断

（一）临床检查

1. **问诊**　食欲减少，现在不吃食，泌乳量下降。

2. **视诊**　患牛精神差，目光呆滞，形体消瘦。

3. **触诊**　体温无变化，脉搏正常；病情重的瘤胃松软。

4. **听诊**　病情较轻牛呼吸音正常，病情重的那头牛呼吸急促，瘤胃音弱、蠕动次数减少。

（二）实验室检查

1. **瘤胃液pH值的测定**　瘤胃液pH下降至5.5以下（正常的变动范围为6.5～7.0）。

2. **瘤胃内的纤毛虫数量及活力的测定**　纤毛虫活力降低，数量减少至7.0万/mL左右。

3. **葡萄糖发酵实验**　葡萄糖发酵实验，糖发酵能力降低，60 min时，产气低于1 mL甚至产生的气体仅有0.5 mL（正常牛、羊，60 min时，产气1～2 mL）。

4. **瘤胃沉淀物活性实验**　瘤胃沉淀物活性实验，其中微粒物质漂浮的时间延长（正常为3～9 min）。

二、发病原因分析

（一）原发性前胃弛缓（单纯性消化不良）

1. **饲养方面**

（1）长期饲喂粗硬难以消化的劣质饲料，如豆秸、豆皮、苞米秸等，如饮水不足，这些内容物在胃内缠结，形成难以移动的团块，影响微生物正常活动，影响消化。

（2）长期饲喂柔软或粉碎过细的饲料或饲草，不足以引起瘤胃的兴奋，蠕动减弱。

（3）喂饲变质、酸败、发霉的饲料，都易导致消化障碍而发生本病。

(4)矿物质维生素缺乏:特别是低钙,影响到神经体液调节机能,成为前胃弛缓主要发病因素之一。

(5)应激作用:严寒、酷暑、饥饿、疲劳、断乳、离群、恐惧、感染与中毒等因素的影响,引起应激系统的复杂反应,发生前胃弛缓现象,较为普遍。

2. 管理方面

(1)过度使役或运动不足。

(2)畜舍环境卫生不良或过度拥挤。

(3)缺乏日光照射。

(二)继发性病因

1. **牛的其他前胃病** 瘤胃积食、瘤胃鼓气和真胃病都会继发。

2. **某些炎症性及热性病** 如口腔炎、肠炎及子宫炎等。

3. **某些营养代谢病** 如Ca、P代谢障碍病、生产瘫痪及酮病等。

4. **某些传染病和寄生虫病** 如布病、结核及肝片吸虫病。

5. **长期大量使用磺胺类和抗生素制剂**

三、诊断结论

本病初步诊断为前胃弛缓。通常根据发病原因,临床病征,即食欲、反刍障碍,消化机能障碍和病畜精神沉郁,全身无力,走路摇摆。等病情分析和判定。同时结合实验室检查即可确诊。前胃迟缓是由各种原因所致的前胃兴奋性降低,蠕动机能减弱,瘤胃内容物迟滞,所引起的消化障碍,食欲、反刍减退以及全身机能紊乱现象的一种疾病。

四、治疗

(一)治疗原则

恢复前胃的运动机能,制止腐败发酵及防止中毒,加速内容物的排除,促进食欲反刍的恢复。

(二)治疗方法

根据动物的病情采取不同的治疗方法。着重改善饲养管理,排除病因,增强神经体液调节机能,依照防腐、止酵、消导、健胃。同时,也采取强心、输液、防止脱水和自体中毒的综合性治疗措施。

【治疗方案1】

(1)清理胃肠。可用硫酸钠(或硫酸镁)300~500 g,鱼石脂 20 g,酒精50 mL,温水 600~1 000 mL,一次内服。

(2)对于采食多量精饲料而症状又比较重的病牛,可采用洗胃的方法。用内径25~28 mm 的长胶管冲洗瘤胃。其操作方法是,将胶管经口插入瘤胃内,尽量排出胃内液体和食糜，而后注入石灰水或1%氯化钠溶液，注入后再排出，如此反复多次，直至瘤胃液变为碱性为止。所用液体量为10 000～20 000 mL，但建议洗胃液体不宜用碳酸氢钠溶液，因碳酸氢钠在瘤胃内能与乳酸化合形成乳酸钠，吸收入血液，如果用量过大，可引起碱中毒。

(3)5%葡萄糖生理盐水注射液500～1 000 mL，10%氯化钠注射液100～200 mL，5%氯化钙注射液200～300 mL，20%苯甲酸钠咖啡因注射液10 mL，一次静脉注射。同时，肌肉注射维生素B_1。

【治疗方案2】

(1)用液体石蜡1 000～3 000 mL，苦味酊20～30 mL，一次内服。

(2)在洗胃后，可静脉注射10%氯化钠注射液150～300 mL，20%苯甲酸钠咖啡因注射液10 mL，每日1～2次。

(3)调节瘤胃内容物的pH值，改善瘤胃内环境，恢复正常微生物区系，增进前胃功能。在应用前，必须测定瘤胃内容物的pH值，然后再选用缓冲剂。

【治疗方案3】

伴发瓣胃阻塞时，除按前胃弛缓处治外，还应按瓣胃阻塞处理，如向瓣胃内注射液体石蜡300～500 mL或10%硫酸钠2 000～3 000 mL。必要时，采取瓣胃冲洗疗法即施行瘤胃切开术，用胃管插入网—瓣孔，冲洗瓣胃。

【治疗方案4】

当病畜呈现轻度脱水和自体中毒时，应用25%葡萄糖注射液500～1 000 mL，40%乌洛托品注射液20～50 mL，20%安钠咖注射液10～20 mL，静脉注射；并用胰岛素100～200 IU，皮下注射。此外还可用樟脑酒精注射液(或撒乌安注射液)100～200 mL，静脉注射；并配合应用抗生素药物。

知识拓展

前胃迟缓的发病机理及症状

一、发病机理

(1)在各种病因作用下影响机体植物性神经和中枢神经机能紊乱，导致前胃机能改变，前胃机能紊乱是前胃弛缓的基础。

(2)当反刍动物吃了含木质素多，质地坚韧难以消化的饲料或冰冻饲料或饮冷水过多，使前胃处于兴奋状态，蠕动机能增强，前胃兴奋达到一定程度后，转为抑制状态，食物郁积，后送困难。

(3)长期饲喂单一粉碎过细、柔软的饲料，不足以引起前胃的兴奋，前胃感受器反应性降低。

(4)如前胃感受器受到中毒性损伤，消化道的反射活动受到抑制，神经机能发生改变，特别是第三胃过度充满时，由于刺激压力感受器，可以反射引起瘤胃和网胃运动机能减弱呈抑制状态，导致前胃弛缓。

(5)如果真胃和胃肠内容物停滞或幽门阻塞，也可导致前胃弛缓，内容物在胃内蓄积过多，瘤胃发酵腐败，产生有毒物质和各种挥发性脂肪酸，瘤胃内容酸度升高，pH值降低，引起瘤胃渗透压改变，出现脱水，严重时引起瘤胃炎，使病情恶化，衰竭死亡。

二、症状

前胃弛缓按其病情发展过程，可分为急性和慢性两种类型。

1. 急性型

(1)初期食欲减退，反刍缓慢、无力，反刍次数减少，瘤胃收缩力减弱，蠕动次数减少，全身症状不明显，体温、呼吸、脉搏无大变化。

(2)随病情发展，经1～2天，食欲废绝饮水停止，反刍停止，嗳气有酸臭味，奶牛泌乳量下降，精神沉郁，胃肠蠕动机能减弱，蠕动次数减少，蠕动音减弱甚至消失，左侧肷窝平坦或凹陷，触诊瘤胃内容物松软，粪干色深；精神沉郁，黏膜发绀，皮温不整，体温下降，脉率增快，呼吸困难，鼻镜干燥，眼窝凹陷。

(3)后期伴发有瘤胃炎或瘤胃酸中毒时，常排棕褐色有恶臭味粥状软便。

2. 慢性型　常由急性转变而来或继发引起，病情时好时坏，食欲时有时无，常出现鼻镜干燥，有时龟裂、磨牙，甚至出现异嗜现象，还出现慢性瘤胃鼓气，或周期性瘤胃鼓气(习惯性瘤胃鼓气)。

任务二　瘤胃积食的诊治

案例分析：

一头荷斯坦母牛，出现如下症状：食欲废绝，反刍停止，嗳气减少，呆立，呻吟，腹围明显增大，左下腹部膨大，左肷窝隆起，有腹痛症状，后肢踢腹，触诊瘤胃充实，硬固，并有痛感，叩诊呈浊音，听诊瘤胃蠕动音消失。粪便尿量减少。

一、临床诊断

(一)临床检查

1. **视诊**　食欲废绝，反刍停止，嗳气减少，呆立，呻吟，腹围明显增大，左下腹部膨大，左肷窝隆起，有腹痛症状，后肢踢腹。

2. **听诊**　瘤胃蠕动音消失。粪便尿量减少。

3. **叩诊**　叩诊呈浊音。

4. **触诊**　瘤胃充实，硬固，并有痛感。

二、发病原因分析

1. **原发性病因**　贪食过量适口性好的青草、苜蓿、红花草、胡萝卜、马铃薯等，特别是过于饥饿时，采食大量谷草、稻草、豆秸、花生秧等，而又饮水不足，难于消化，引起瘤胃积食；或者是采食了易于膨胀饲料，如玉米、大豆、豌豆、小麦等，又大量饮水。长期舍饲的动物，突然采食了大量适口饲料，或由放牧改为舍饲时，采食了难于消化的饲料，或采食后立即使役，或使役后突然加料，影响了消化机能，或由于饲养管理不当等应激因素如运动不足、长途运输等。

2. **继发性病因**　可继发于其他前胃疾病如前胃迟缓，创伤性网胃心包炎、瓣胃阻塞等。

三、诊断结论

初步诊断为瘤胃积食，按照瘤胃积食治疗后病情好转，最后可确诊。瘤胃积食(瘤胃阻塞)是因前胃收缩力弱采食了大量难消化饲草或易膨胀的饲料所致。它的发生是在前胃弛缓的基础上，瘤胃运转发生障碍，造成瘤胃积食。

(1)病牛食欲减退甚至拒食，有轻度腹痛表现，站立不安，拱背摆尾、回顾腹部、后肢踢腹，起卧时伴有呻吟。

(2)左侧下腹部轻度膨大，左肷部变平坦，触之牛表现疼痛，内容物坚硬，叩诊呈浊音，听诊初期蠕动音增强以后减弱或消失。

(3)排粪迟滞，粪干少色暗，继发肠炎时，排少量稀软恶臭粪便，重症后期，呼吸急速、脉搏增数、结膜发绀，呈现脱水和心力衰竭症状，体温一般无明显变化。

四、治疗

(一)治疗原则

增强前胃运动机能，消食化积(促进瘤胃内容物排出)，防止脱水与自体中毒。

(二)治疗方法

【治疗方案1】

(1)首先应进行绝食。

(2)可进行瘤胃按摩，每次5～10 min，间隔30 min一次，按摩前先灌服大量温水，或内服酵母粉效果更好。

(3)由粗硬饲料引起的用硫酸镁或硫酸钠 300～500 g；由谷物或豆类引起的用液体石蜡或植物油 500～1 500 mL。

(4)新期的明 0.01～0.02 g，皮下注射。

【治疗方案 2】

(1)静脉注射浓盐水、促反刍液（10%NaCl 100 mL+10%CaCl 100 mL+20%安钠咖 10～20 mL），一次静脉注射等。

(2)鱼石脂 15～20 g、75%酒精 50～100 mL、常水6 000～10 000 mL，一次内服。

【治疗方案 3】

(1)苦味酊 60 mL，稀盐酸 30 mL，酒精 100 mL，常水 500 mL，牛 1 次内服，每日 1 次，连用数日。

(2)改善瘤胃的内环境，提高纤毛虫的活力，可内服碳酸氢钠 30 g/次。

【治疗方案 4】

可进行瘤胃切开手术。

1. **术前准备** 准备手术器械和手术用品。

2. **麻醉及保定** 局部浸润麻醉或椎旁、腰旁神经传导麻醉，对性情暴躁的牛可全身镇静。

3. **手术通路**

(1)左肷部中切口是瘤胃积食的手术通路，一般体型的牛还可兼用于网胃内探察、胃冲洗和右侧腹腔探查术。在左侧髋结节与最后肋骨的中点，距离腰椎横突下方 6～8 cm 处垂直向下作 15～25 cm 的腹壁切口。切口的长度可根据手术的需要作适当更改。

(2)左肷部前切口适用于体型较大的牛的网胃内探查与瓣胃梗死、皱胃积食的胃冲洗术。在左侧腰椎横突下方 8～10 cm，距离最后肋弓 5 cm 作一与最后肋骨平行的切口，切口长 15～25 cm。必要时，也可切除最后肋骨作为左肷部前切口。

(3)左肷部后切口为瘤胃积食兼做右侧腹腔探察术手术通路。在左侧髋结节与最后肋骨连线上，在第四或第五腰椎横突下 6～8 cm 处垂直向下作一 15～25 cm 切口。

4. **术式**

(1)打开腹腔。一次性切开皮肤并分离皮下组织；逐层切开腹外、腹内斜肌、腹横肌，显露腹膜。在切开腹膜前要彻底止血。术者左手持手术镊提起一小片折叠的腹膜，轻轻摆动，确信镊子夹持处的腹膜上没有脏器附着时，方可用两把止血钳距其旁 2 cm 处同样夹住腹膜，然后在提起腹膜上切一小口，切开时刀片应倾斜或成小锐角，然后将刀口扩大到能插入二指，用食指和中指伸入切口内，以防扩大腹膜切口时损伤腹膜下脏器。切口两侧创缘用温生理盐水纱布垫隔离。

(2)瘤胃固定与隔离。

①瘤胃浆膜肌层与切口皮肤创缘连续缝合固定与隔离法：

a. 瘤胃固定：显露瘤胃后，牛常用三角缝合针穿 10 号丝线作瘤胃浆膜肌层与皮肤切口创缘之间环绕一周的连续缝合，针距为 1.5～2.0 cm。每缝一针都要拉紧缝线，使瘤胃壁与皮肤创缘紧密贴附在一起。固定瘤胃壁的宽度 8～10 cm。检查切口下角是否严密，必要时作补充缝合。

b. 瘤胃黏膜外翻预置缝合线：用三角针穿 10 号缝线，在瘤胃预切开线两侧通过瘤胃壁全层各作三个水平纽扣状缝合，缝针再在距同侧皮肤创缘 10～12 cm 的皮肤上缝合，暂不抽紧打结，在瘤胃切开线两侧，用温生理盐水纱布垫覆盖。

c. 瘤胃切开与黏膜外翻固定：瘤胃切口长 15～20 cm，在切开线上先用外科刀切一小口，缓慢放出瘤胃内气体，用手术剪扩大手术切口。在瘤胃切开后，助手将两侧的外翻预置线抽紧打结，使瘤胃黏膜外翻。

d. 放置洞巾：洞巾系由 70 cm 正方形的防守材料(如橡胶布、油布、塑料布等)制成，洞巾直径 15 cm，洞孔弹性环是由弹性胶管或弹性钢丝缝于防水洞孔边缘制成。应用时将洞巾弹性环压成椭圆形，把环的一端塞入瘤胃切口下缘，另一端塞入胃壁切口上缘，将洞巾四角拉平，并用巾钳固定在隔离巾上，准确掏取胃内容物及胃腔探查。

②瘤胃六针固定和舌钳夹持黏膜外翻法：显露瘤胃后，在切口上下角于周缘，用三角针穿 10 号丝线，通过瘤胃浆膜肌层与邻近的皮肤创缘作六针纽孔状缝合，打结前在瘤胃与腹腔之间，填入浸有温生理盐水的纱布，纱布一端在腹腔内，一端在腹壁切口外，然后抽紧六针缝合线，使瘤胃壁紧贴在腹壁切口上。胃壁固定后，在瘤胃壁与皮肤切口创缘之间，填以温生理盐水纱布，便在胃壁切口黏膜外翻时，胃壁浆膜能得到保护，减少对浆膜的刺激。

(3)胃壁切口。先在胃切口线上 1/3 处，用外科刀刺透胃壁，并立即用两把舌钳夹住胃壁的创缘，向上向外拉起，防止胃内容物外溢，然后用剪刀扩大瘤胃切口，并用舌钳固定提起胃壁创缘，将胃壁拉起腹壁切口并向外翻，随即用巾钳将舌钳柄夹住，固定在皮肤和创布上，以便胃内容物流出，然后套入橡胶洞巾。

(4)胃腔内探查与各种类型病区处理。瘤胃切开后，可对瘤胃、网胃、网瓣胃孔、瓣胃及皱胃、贲门等部位进行探查，并对各种类型病区进行处理。如由于甘薯藤、花生秧、麦秸等粗纤维饲料引起的瘤胃积食，可取出胃内容物的1/2到2/3。对缠结成团的应尽量取出，剩余部分掏松并分散在瘤胃各部。对泡沫性瘤胃鼓气，应在取出部分胃内容物后，用等渗温生理盐水灌入瘤胃，冲洗胃腔，清除发酵的胃内容物。对饲料中毒病例(有毒饲料、饲料中混有农药、黑斑病甘薯等)，可尽早施行手术，将有毒物质取出，剩余部分用大量等渗盐水冲洗，并放置解毒药。为了加速有毒物质的排出，可对瓣胃和皱胃进行冲洗。

(5)瘤胃缝合，关闭腹腔。除去橡胶洞巾，用生理盐水冲洗净附着在瘤胃壁上的胃内容物和血凝块，拆除纽孔状缝合线，在瘤胃壁创口进行向下而上的全层连续缝合，缝合要平整、严密，防止黏膜外翻。用生理盐水再次冲洗胃壁黏膜上的血凝块，并用浸有青霉素盐酸普鲁卡因的纱布覆盖再已缝合的瘤胃创缘上，拆除瘤胃固定线，再次冲洗瘤胃壁浆膜上的血凝块，除去遗留的缝线头及其他异物，准备第二次缝合。此阶段由污染手术转入无菌手术。手术人员重新洗手消毒，污染的器械不许再用。对瘤胃行连续伦勃特氏或库兴氏缝合。关闭腹腔。

5. **术后治疗与护理** 术后禁食36～48 h。待瘤胃蠕动，出现反刍后，开始给予少量优质饲草，应及时纠正水、电解质及酸碱平衡紊乱；术后4～5天内使用抗生素；积极治疗原发病。

知识拓展

瘤胃积食的发病机理

(1)瘤胃积食是在前胃迟缓的基础上发展来的，这是由于神经体液调节功能紊乱，瘤胃收缩力减弱，瘤胃扩张，乃至麻痹，反射性引起皱胃幽门部痉挛，瘤胃内容物停滞，导致瘤胃积食的病理演变过程。

(2)由于瘤胃积食，瘤胃内容物全部消化过程遭到严重破坏，首先是腐解和酵解过程旺盛，产生大量的有毒物质和气体，刺激瘤胃壁，引起腹痛不安。

(3)其次是瘤胃内菌群失调，产酸菌大量繁殖，利用碳水化合物产生过多乳酸，引起瘤胃内pH值下降至5.0以下，乳酸迅速被机体吸收，瘤胃黏膜也遭到损害，瘤胃内渗透压升高液体回渗，导致瘤胃积液，血液浓缩和机体脱水，病情进一步发展，机体酸碱平衡失调病情急剧恶化，呼吸困难，血液循环障碍，肝脏解毒机能降低，瘤胃内腐解产物不断被机体吸收，导致自体中毒，病畜兴奋、痉挛、血管扩张、血压下降，以及循环虚脱的严重现象。

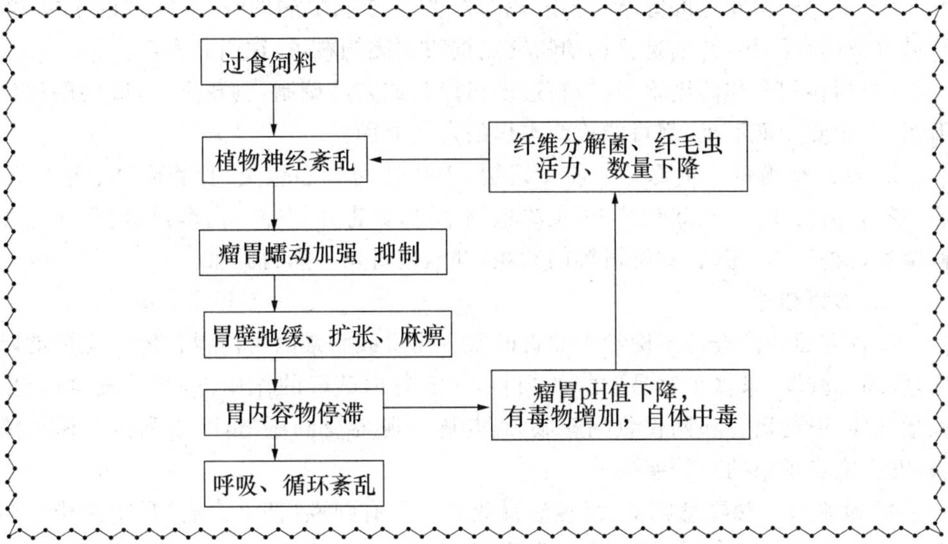

任务三　瘤胃鼓胀的诊治

案例分析：

初春一黄牛放牧回来后即表现不安，回顾腹部，张口呼吸，反刍、嗳气停止。腹部迅速膨大，左肷部显著突起，叩诊呈鼓音，瘤胃蠕动音消失。胃管检查，仅排出少量气体。

一、临床诊断

1. **问诊**　清晨放牧患畜采食大量含露水的青草后发病。

2. **视诊**　患牛表现不安，回顾腹部，张口呼吸，反刍、嗳气停止。腹部迅速膨大，左肷部显著突起。

3. **触诊**　瘤胃有弹性。

4. **听诊**　听诊瘤胃蠕动音消失。全身体温无明显变化、呼吸加快、脉搏亢进。

5. **叩诊**　叩诊瘤胃呈鼓音。

二、发病原因分析

1. ***原发性原因***

(1)采食幼嫩牧草，如苜蓿、紫云英、三叶草、紫豌豆等豆科植物，或鲜萝卜缨、白菜叶、甘薯蔓和青草等，在瘤胃内迅速发酵产生气体而引起。

(2)采食堆积发热的青草，经霜、露、冰、雪冻结或雨淋的牧草，霉败的干草，多汁易发酵的青贮料，特别是舍饲动物突然饲喂这类饲料，往往引起发病。

(3)饲料配合和调制不当，精料过多、过细、或未经调制，饲草不足，或钙磷比例失调，矿物质元素不足，都可能成为本病的发病原因。

2. **继发性病因** 主要见于前胃迟缓、创伤性网胃心包炎，食管阻塞、痉挛、麻痹，膈疝、前胃积沙、毛球和结石，某些植物中毒，如毒芹、乌头、白藜芦、白苏和毛茛科植物，或桃、李、梅、杏和栎树等的幼嫩枝叶，也可发生瘤胃膨胀。

三、诊断结论

经各方面的检查初步确诊为瘤胃鼓胀。瘤胃鼓胀是因为前胃神经反应性能降低，收缩力减弱，采食了容易发酵的饲料，在瘤胃内菌群的作用下，异常发酵，产生大量气体，引起瘤胃和网胃急剧膨胀，膈与胸腔脏器受到压迫，呼吸和血液循环障碍，发生窒息现象的一种疾病。

1. **原发性** 腹围急剧膨大，触诊胃壁紧张而有弹性(甚至高起)呼吸困难。初春、夏季多发。多于采食后或采食后不久突然发病，病牛食欲废绝，反刍、嗳气很快停止，腹痛不安，拱背摇尾，顾腹踢肚，时而起卧。

左腹部急剧膨大，左肷部突出，按压有弹性，叩诊有鼓音，听诊瘤胃蠕动音消失。

呼吸高度困难呼吸数达 60～80 次/min，张口呼吸，黏膜发绀、脉搏高达 140 次/min，体表静脉怒张，眼球突出，后期呻吟，站立不稳或卧地不起，窒息而死。

2. **继发性** 发展慢有间歇性 。

四、治疗

(一)治疗原则

排气消胀，缓泻止酵，强心输液，健胃解毒。

(二)治疗方法

【治疗方案 1】

病初症状较轻者，用松节油 50 mL，鱼石脂 15 g，酒精 50 mL，加水适量，1 次灌服。

【治疗方案 2】

对急重症病例发生窒息危象时，应立刻采取瘤胃穿刺术，放气进行急救。但放气不能过快，以免因大脑贫血而昏迷。

【治疗方案 3】

泡沫性鼓气，可用豆油 300 mL 加温水 500 mL 用套管针注入瘤胃，或用液体石蜡 500～1 000 mL，松节油 40～50 mL 加温水内服。

【治疗方案 4】

气体性鼓气，可用鱼石脂 30 g 酒精 100～150 mL 用套管针注入瘤胃内。

如用药无效时，应立即采取瘤胃切开术，取出其中内容物。（瘤胃切开术见瘤胃积食的治疗）

知识拓展

瘤胃鼓胀的发病机理及预防

一、发病机理

由于产气与排气平衡失调。瘤胃壁过度扩张，腹围急剧鼓胀、腹压升高，膈前移，压迫胸腔，使循环、呼吸发生障碍。瘤胃内容物腐败、酵解产物刺激瘤胃壁发生痉挛性收缩，而呈疼痛不安现象，病的末期，瘤胃壁张力完全丧失，气体排出更为困难，血液中二氧化碳含量显著升高，碱贮下降，最终发生窒息和心脏麻痹而死亡。

二、预防

首先要加强饲养管理，避免突然到豆科草地去放牧；发病后要立即中止给予能促进产气多的豆饼类饲料；加强牛的运动量，避免多给精料；在更换多汁饲料时一定要逐渐更换，避免突然改变饲料。

任务四　瘤胃酸中毒的诊治

案例分析：

某养殖户饲养的奶牛有数头出现如下症状。

轻症：精神沉郁，食欲减退，反刍停止，饮欲消失，轻度脱水，瘤胃涨满，腹泻，下痢物多混有消化不全的玉米颗粒和黏液。

重症：站立不稳，眼半闭半睁，结膜发绀，眼球凹陷，体温偏低，脉搏增数无力，食欲废绝，瘤胃蠕动音减弱或消失，瘤胃内充满稀软的内容物，用广泛试纸测定导出的瘤胃液 pH 为 4～5。一般于 32 h 后开始腹泻，下痢物酸臭，个别病例粪便的表面有血液；危症：卧地不起，头颈侧屈，瞳孔散大，呼吸加深加快，昏睡，甚至昏迷。

一、临床诊断

1. **问诊**　偷食大量玉米面后发病。

2. **视诊** 患牛精神沉郁，食欲减退，反刍停止。有的站立不稳，眼半闭半睁，结膜发绀，眼球凹陷。其中一头头颈侧屈，瞳孔散大，呼吸加深加快。

3. **触诊** 瘤胃内容物稀软。

4. **听诊** 瘤胃蠕动音减弱或消失，听—叩结合检查有明显的钢管叩击音。

5. **全身变化** 体温偏低，呼吸增数，每分钟 60 次以上，脉搏每分钟 80～100 次。瘤胃液 pH 为 3～5。

(二)实验室检查

(1)瘤胃液 pH 值的测定及瘤胃内的纤毛虫数量及活力的测定：瘤胃 pH 3～5，纤毛虫明显减少或消失，有大量的革兰氏阳性细菌。

(2)血液中 pH 值的测定：血液 pH 降至 6.9 以下(pH 计测)。

(3)红细胞压积的测定：红细胞压积容量上升至 50%～60%

(4)血液中 CO_2 结合力的测定：血液 CO_2 结合力显著降低。

(5)血液中乳酸含量的测定：乳酸含量升高。

(6)血液中无机磷酸盐含量的测定：血液乳酸和无机磷酸盐升高。

(7)尿液 pH 值的测定：尿液 pH 降至 5 以下(试纸测)。

二、发病原因分析

1. **采食过量或误食大量易产酸发酵的精料** 若大量饲喂小麦、大麦、玉米、大豆和面粉等富含碳水化合物的精饲料，这些饲料在牛瘤胃微生物的作用和分解下，能形成生物胺并产生大量乳酸等有机酸，从而降低瘤胃液 pH 值，使消化功能紊乱，并引起全身代谢性酸中毒。

2. **饲料单纯，配比不合理** 优质青干草不足或长期过量饲喂块根类饲料，如马铃薯和甜菜等，以及饲喂酸度过高的青贮料、糟粕料，如酒糟、啤酒糟等，均易引起奶牛瘤胃酸中毒。

3. **饲养管理不善** 突然变换饲料或长期饲喂低劣精料也能诱发该病。

三、诊断结论

经各方面的检查初步确诊为瘤胃酸中毒。瘤胃酸中毒又称反刍兽乳酸酸中毒，是瘤胃积食的一种特殊类型。是由于突然采食了大量含碳水化合物丰富的谷物饲料，从而引起瘤胃内发生以生成乳酸为主的异常发酵，使瘤胃内微生物的活性降低的一种急性消化不良综合征。

本病可发生于各种反刍兽。瘤胃内充满稀软的内容物，重度脱水，食欲废绝和瘤胃蠕动停止，高乳酸血症和病程短急。

因该病多发生于分娩后，有瘫痪卧地症状，极易与产后瘫痪相混淆。产后瘫痪的奶牛颈部呈 S 状弯曲，末梢知觉减退，通常无躯卧、腹泻和神经兴奋症状，用钙制剂治疗效果显著，多于治疗后 1～2 天痊愈，死亡率较低。

四、治疗

（一）治疗原则

尽快彻底清除有毒的瘤胃内容物，制止继续产酸纠正脱水和酸中毒，提高肝脏解毒能力，恢复胃肠机能。

（二）治疗方法

【治疗方案 1】

（1）用碱性溶液洗胃，最好用石灰水（石灰：常水 ＝1：5 的上清液）。其操作方法是，将粗口径（内径 25～28 mm ）胶管经口插入瘤胃内，尽量排出胃内液体和食糜，后注入石灰水，注入后再排出，如此反复多次，瘤胃液 pH 值呈中性或碱性为止。最后灌服豆油1 000～1 500 mL，每天 1～2 次。

（2）可用等渗糖盐水，调整酸碱平衡。剂量为牛6 000～8 000 mL，羊 500～1 000 mL。一般先从低剂量开始，同时观察病畜的表观。如果在输液后，病畜精神好转，心跳数逐渐减少，心音有力且节律好转，开始排尿，表示输液合适，否则表示输液不足，还应补加液量。如果病畜表观呼吸困难，心跳数增加。肺出现湿性啰音，甚至有泡沫样鼻液，且无尿，应停止输液。

（3）对症疗法：心衰时，强心可用 10％安钠咖 20 mL，或樟脑磺酸钠 20 mL。有明显神经症状时，降脑压使用 20％甘露醇或山梨醇 500～1 000 mL 静脉注射。为防止感染应用抗生素，如庆大霉 100 万 IU 或四环素 200 万～250 万 IU，一次静脉注射，每天 2 次。

【治疗方案 2】

（1）清洗瘤胃，排除瘤胃内产酸发酵的内容物，可用 1％氯化钠溶液。其操作方法同治疗方案 1。

（2）用复方氯化钠溶液或生理盐水。剂量为牛 6 000～8 000 mL，羊 500～1 000 mL。

（3）对症疗法：对体温下降且有昏睡表现的病例，及时应用低分子右旋糖酐注射液 500～1 000 mL 和三磷酸腺苷注射液 30～40 mL。其他同治疗方案 1。

【治疗方案 3】

纠正酸中毒可静脉注射 5％碳酸氢钠溶液。剂量，奶牛2 000～4 000 mL，奶山羊 200～500 mL。一般先注射半量，然后再根据二氧化碳结合力和尿液 pH 值变化情况决定增注的量，当尿液 pH 值达到 6.6 时，停止注射。

【治疗方案 4】

严重者，心跳数 110 次/min 以上，瘤胃 pH 值 5.0 以下，瘤胃大量积液，腹围增大，体温下降，极度衰弱，卧地不起，应进行瘤胃切开术，取空瘤胃内容物，而后放入拌有健康牛瘤胃液的切碎干草，并注入适量清水。放入的草量约为瘤胃内容物的1/3即可，术后每天灌服健康牛新鲜瘤胃内容物500～3 000 mL，连续灌服3天。这样可除去大量乳酸及其他有毒物质，可解除机体继续酸中毒。（瘤胃切开术见瘤胃积食的治疗）

知识拓展

瘤胃酸中毒的症状及预防

一、症状

1. 最急性型　精神高度沉郁，极度虚弱，侧卧而不能站立，双目失明，瞳孔散大，体温下降，脱水，腹部显著膨胀，瘤胃停滞，内容物稀软或水样，瘤胃pH值低于5，无纤毛虫存活，循环衰竭，心跳110～130次/min，微血管再充盈时间延长，通常死于内毒素中毒引起的休克。

2. 急性型

(1)结膜潮红，微血管在充盈的时间延长，一般2～3 s。

(2)全身症状重剧，体温多正常或下降，脉搏增数，脉细弱，心跳加快(100次/min)。

(3)食欲废绝，精神沉郁，瞳孔轻度散大，反应迟钝。

(4)磨牙虚嚼不反刍，瘤胃膨满蠕动音消失，触诊瘤胃(左侧)有弹性，冲击性触诊有震荡音，瘤胃液的pH值在5～6之间，无存活的纤毛虫。排稀软酸臭粪便，有的排粪停止。

(5)脱水明显，眼窝凹陷，血液黏滞，尿少色浓或无尿。

(6)后期出现明显的神经症状，步态蹒跚，或卧地不起，头颈侧屈曲，或后仰呈角弓反张样，昏睡或昏迷。若不及时救治，多在24 h内死亡。

3. 亚急性型

(1)结膜潮红。

(2)体温正常，脉搏加快(80次/min)。

(3)食欲减退或废绝，瞳孔正常，精神委顿。

(4)微血管再充盈时间延长。

(5)瘤胃中等充满，收缩无力，触诊瘤胃内容物呈生面团样或稀软，pH值在5.5～6.5之间，有一些活动的纤毛虫。常继发或伴发蹄叶炎或瘤胃炎而使病情恶化，病程 24～96 h 不等。能行走而无共济失调，轻度脱水(4%～6%)全身症状明显。

二、预防

1. 控制干奶期的营养标准

干奶期奶牛的营养标准不应过高，禁止采用以增加精料达到催膘、催奶目的的做法。精料饲喂量每日每次不超过 4 kg，同时要多种饲料合理调配，防止饲喂单纯和低劣的精料。

2. 加强饲养管理，合理调配饲料

不要单纯饲喂大量易发酵产酸的碳水化合物类饲料及酸度高的青贮料和糟粕料，每天保证供给奶牛 4～5 kg 干草，并给予充足的饮水和适当的运动。另外，要加强对精料堆放和贮存的管理，防止奶牛偷吃精料。

3. 加喂碳酸氢钠

在日粮中添加 2%碳酸氢钠、0.8%氧化镁等(按混合料量计算)，以促进瘤胃正常的消化功能，预防酸中毒的发生。

任务五　创伤性网胃腹膜炎的诊治

案例分析：

主诉：某一农户饲养 5 头奶牛，其中一头放牧归来后，突然不吃，不反刍。

临床检查：精神沉郁，体温 40.0℃，呼吸 35 次/min，心跳 78 次/min，听诊瘤胃蠕动音弱，瓣胃蠕动音消失。拳头冲击触诊，牛只躲避，有疼痛反应，肘关节开张、弓背、呻吟等。

一、临床诊断

(一)临床检查

1. **问诊**　不吃，不反刍。

2. **视诊**　精神沉郁，肘关节开张、弓背、呻吟。

3. **触诊**　拳头冲击触诊，牛只躲避，有疼痛反应。

4. **听诊**　听诊瘤胃蠕动音弱，瓣胃蠕动音消失。

5. **其他**　体温 40.0℃，呼吸 35 次/min，心跳 78 次/min。

（二）实验室检查

血常规检查，每立方毫米白细胞总数增至10 000～14 000个，嗜中性白细胞增至50%～70%。而淋巴细胞则可由正常的56%降至30%～45%。淋巴细胞与嗜中性白细胞的比例呈现倒置。

二、发病原因分析

牛采食时，食入铁钉、铁丝、别针、发卡、注射针头、玻璃片、硬质木条、竹针等尖锐的异物，从瘤胃进入网胃或直接到达网胃，因为网胃的结构特殊，异物很容易沉积在网胃底部，有的长期嵌留在网胃壁上，逐渐被氧化分解而消失。有的则由于网胃强有力的收缩，穿过胃壁而导致胃壁穿孔。从而导致创伤性网胃腹膜炎。

三、诊断结论

本病例初步诊断为创伤性网胃腹膜炎。由于本病临床特征不突出，一般病例都具有顽固性消化机能不良现象，容易与胃肠道其他疾病混淆。唯有反复临床检查，结合病史进行论证分析，予以综合判定，才能确诊。创伤性网胃腹膜炎是由于混杂在饲料内的金属异物（针、钉、碎铁丝）被奶牛采食吞咽落入网胃，而导致急性或慢性前胃弛缓，瘤胃反复膨胀，消化不良等，同时因金属异物极易穿透网胃刺伤膈和腹膜，而引起急性弥漫性或慢性局限性腹膜炎。

病牛呈现顽固性的前胃弛缓症状，久治不愈。随着病情的进展，逐渐呈现网胃炎的症状。病牛的行动和姿势异常，站立时，肘头外展。多取前高后低姿势；运步时，步样强拘，愿走软路而不愿走硬路，愿上坡而不愿下坡；卧地时，表现非常小心；起立时，多先起前肢（正常情况下先起后肢）。网胃触诊，疼痛不安，抗拒检查。体温多升高到40～41℃，脉搏增数。

四、治疗

（一）治疗原则

排气消胀，缓泻止酵，强心输液，健胃解毒。

（二）治疗方法

【治疗方案1】

采取保守疗法。将病牛立于斜坡上或斜台上，保持前驱高后躯低的姿势，减轻腹腔脏器对网胃的压力，促使异物退出网胃壁。青霉素400万IU与链霉素300万IU，分别肌肉注射，连续用药3天。此外加强饲养和护理，使病牛安静，先绝食1～2天，其后给予易消化的饲料，其间适当补充糖盐水静脉注射，增进治疗效果。

【治疗方案2】

可用特别磁铁经口投入网胃中，吸取胃中金属异物，同时青链霉素肌肉注射，效果更好。用高渗葡萄糖或葡萄糖酸钙溶液静脉注射，可提高疗效。

【治疗方案 3】

采取瘤胃切开术，探查网胃，从网胃壁上摘除金属异物，同时加强护理措施。(瘤胃切开术见瘤胃积食的治疗)

知识拓展

创伤性网胃心包炎的诊治

一、病因

反刍动物特别是牛，采食快，不咀嚼，极容易将混在草料中的铁丝、钉子、缝针、别针等异物吞入，尖锐的金属异物刺伤网胃壁中部的前下方进而透穿膈肌到心脏而导致创伤性网胃心包炎。

二、症状

异物向前方穿通膈肌进入心包或刺伤心肌时形成心包炎或心肌炎，心跳突然加快，全身状况恶化，呆立不动，头下垂，眼半闭，肩肘后方胸壁及臀部肌肉震颤，体温 41℃以上，脉初期充实，后期弱细微小，甚至不感脉，呼吸为腹式浅而快，黏膜潮红后发绀，心区触诊疼痛，有心包摩擦，随着积液增多会出现拍水音，心音微弱，心浊音区扩大，最后因衰竭或败血症而死亡。如症状缓解，炎症被限制或刺伤不甚严重，可转为慢性，表现为消化紊乱反复无常，病畜消瘦奶量不易恢复，产犊时可能突然发病而死亡。

三、防治

1. 治疗　大剂量应用抗生素或磺胺类药物，同时应用可的松制剂，控制炎症发展。心包积液时，可在左侧第六肋骨前缘，肘突水平线上进行心包穿刺，排出积液。抽空后，用生理盐水反复冲洗，再灌注抗生素。同时尚需对症治疗。最好在早期，采用手术摘除异物。

2. 预防　严格防止饲料中混有金属异物，所有饲料应通过电磁吸引器清除金属异物，建立清净的饲料供应基地。养牛地区要严格控制铁丝和铁钉的使用，对碎铁丝要随时清理。给 18 月龄左右的牛投喂磁棒，以吸着金属异物，并定时用金属探测器检查。

任务六　瓣胃阻塞的诊治

案例分析：

某养殖户饲养的奶山羊出现如下症状：瘤胃蠕动减弱，瓣胃蠕动消失，瘤胃积食。排粪干少，色泽暗黑，后期排粪停止。触压病羊右侧 7～9 肋间，肩关节水平线，羊表现痛苦不安，有时可以在右肋骨弓下摸到阻塞的瓣胃。

一、临床诊断

1. **问诊**　食欲，反刍消失，产奶量减少，病初排粪干少，色泽暗黑，后期排粪停止。

2. **视诊**　精神沉郁反应迟钝，鼻镜干燥，空嚼磨牙。

3. **触诊**　体温无变化，呼吸浅表，疾速，脉搏增数。触压病羊右侧 7～9 肋间，肩关节水平线，羊表现痛苦不安，右肋骨弓下摸到阻塞的瓣胃。

4. **听诊**　瘤胃音弱、蠕动次数减少，心机能亢进。

二、发病原因分析

1. **原发性阻塞**

(1)饲料品质不佳，长期喂麸糠、粉渣、酒糟等含泥沙的饲料。

(2)粗纤维坚硬的豆秸、花生秧、豆荚、铡短的干草等。

(3)饲料中缺乏蛋白质、维生素、矿物质维生素 A、维生素 B、Se、Cu、Zn、Fe、Co 等。

(4)突然换料、缺乏饮水、运动不足。

2. **继发性阻塞**　继发于前胃弛缓、皱胃阻塞，皱胃变位、生产瘫痪、产后血红蛋白尿症，腹腔脏器粘连和创伤性网胃腹膜炎等。

三、诊断结论

结合饲养管理情况诊断为瓣胃阻塞。与某些前胃病及肠道病症状相似，诊断困难，有些病例，死后剖检时才发现。

瓣胃阻塞是由于前胃运动机能障碍，瓣胃收缩力下降瓣胃内容物不能顺利排入真胃而停滞于小叶间，水分被吸收，内容物干涸，以致形成阻塞的一种病。

1. **病初**　前胃弛缓，食欲不振，粪干，色暗，呈算盘珠样，表面附有黏液，瘤胃慢性鼓气或积食，瓣胃蠕动凌晨减弱或消失，触诊瓣胃区(右侧 7～9 肋间)疼痛，叩诊浊音区扩大。呻吟，产奶量下降。

2. **中期**

(1)全身症状加重(精神沉郁、心跳 80～100 次/min，呼吸急速，反刍和食欲消失)。

(2)鼻镜干燥,龟裂,磨牙,虚嚼。

(3)瓣胃穿刺阻力加大,无收缩运动。

(4)直检,直肠与肛门痉挛性收缩,直肠内空虚,有黏液和少量暗褐色粪便。

3. 晚期

(1)体温40℃上,食欲废绝,排粪停止,或仅排少量褐色粥状粪便,附黏液,恶臭。

(2)心跳100～140次/min,尿少,深黄色,酸性反应,比重增高含大量蛋白、尿酸盐。

(3)百叶坏死,伴发肠炎和全身败血症。皮温不整,末梢发凉,结膜发绀,眼球下陷,卧地不起,死亡。

四、治疗

(一)治疗原则

增强前胃运动功能,促进瓣胃内容物软化与排出。

(二)治疗方法

【治疗方案1】

病的初期:可用硫酸钠或硫酸镁400～500 g,加水8～10 L,(或石蜡油500～1 000 mL,)一次内服。同时静脉注射促反刍注射液200～300 mL,增强前胃神经兴奋性,促进前胃内容物的运转与排出。

【治疗方案2】

顽固性瓣胃阻塞:可用瓣胃注射疗法。具体方法是:于右侧第九肋间隙和肩关节水平线交界处,选用12号7 cm长针头,向对侧肩关节方向刺入约4 cm深,刺入后可先注入20 mL生理盐水,感到有较大压力,并有草渣流出,表明已刺入瓣胃,然后注入25%硫酸镁溶液30～40 mL,石蜡油100 mL(交替注入瓣胃),于第2天再重复注射1次。

瓣胃注射后,可用10%氯化钙10 mL、10%氯化钠50～100 mL、5%葡萄糖生理盐水150～300 mL,混合1次静脉注射。待瓣胃松软后,皮下注射0.1%氨甲酰胆碱0.2～0.3 mL,兴奋胃肠运动机能,促进积聚物排出。

【治疗方案3】

内服中药:大黄9 g,枳壳6 g,二丑9 g,玉片3 g,当归12 g,白芍2.5 g,番泻叶6 g,千金子3 g,山栀2 g,煎水一次内服。

【治疗方案4】

采用手术方法。切开瘤胃,胃管插入网瓣孔冲洗瓣胃。

知识拓展

瓣胃阻塞的发病机理及预防

一、发病机理

本病是在前胃弛缓的基础上发生发展来的，前胃弛缓时，瓣胃收缩力减弱，内容物停滞，造成瓣胃过度扩张，瓣胃受到机械性刺激和压迫，并因内容物腐败分解，产生大量有毒物质，引起胃壁发炎和坏死，神经肌肉装置受到破坏，胃壁陷于麻痹，有毒物质被机体吸收，导致肠炎和败血症变化，引起脱水和自体中毒。

二、预防

加强饲养管理，减少坚硬的粗纤维饲料，增加青饲料和多汁饲料，保证足够饮水，适当运动。避免长期单喂精饲料（如麸皮、谷糠、谷粉、酒糟、饼粕等），同时保证适度劳役。

子项目五　皱胃疾病的诊治

◆**知识目标：**

1. 掌握皱胃阻塞、皱胃变位发生的病因和临床特征性表现。
2. 掌握皱胃阻塞、皱胃变位的常用治疗方法。

◆**能力目标：**

1. 培养分析病例的能力，能够确定诊断要点、建立合理的治疗方案。
2. 能对皱胃阻塞、皱胃变位的症状及治疗措施作出合理的解释。

任务一　皱胃阻塞的诊治

案例分析：

主诉：患牛已病20余天，不吃，不反刍，临床检查：精神沉郁，被毛粗乱，营养差,可见黏膜苍白。瘤胃蠕动音消失,肠蠕动音微弱,心跳慢而弱;瘤胃大量积液,冲击性触诊有波动。触诊右侧上腹壁较软,下腹壁较硬,用力压下腹壁时病牛有退让动作,从右侧肋弓下方到膝皱壁都较硬。

一、临床诊断

1. **问诊**　食欲废绝,反刍减退,产奶量减少,病牛排粪少、色黑,粪便呈糊状、恶臭。

2. **视诊**　精神沉郁,眼球凹陷,机体脱水严重。

3. **触诊**　触诊右腹中下部皱胃轮廓明显。

4. **听诊**　左肷部叩诊呈现钢管音,但音调低。

二、发病原因分析

1. **饲料与饲养管理及使役不当**　如长期饲喂单一而且营养价值低的粗硬难消化饲料,如玉米秸;饮水不足及劳役过度。

2. **机械性阻塞**　如误食破布、木屑、塑料布、毛发、胎盘等异物。

3. **继发性原因**　前胃弛缓、创伤性网胃腹膜炎(腹腔脏器粘连)皱胃炎、皱胃溃疡,小肠便秘等疾病过程中。

三、诊断结论

本病例属于皱胃阻塞。皱胃阻塞是由于皱胃积滞大量干硬饲料,致使皱胃体积增大,胃壁扩张的一种病。临床上表现为前胃弛缓,排粪迟滞、瘤胃积液、右腹侧中下部局限性膨隆,左右肋弓部听—叩诊结合检查呈钢管音,触诊内容物较硬并敏感。

四、治疗

(一)治疗原则

消积化滞,防腐止酵,缓解幽门痉挛,促进皱胃蠕动,排出积食,防止脱水和自体中毒。

(二)治疗方法

【治疗方案1】

发病初期,皱胃运动机能尚未完全消失时,采用以下治疗。

(1)25% $MgSO_4$ 1 000 mL、乳酸 20 mL、稀盐酸 20 mL,皱胃或瓣胃注射(病的后期发生脱水时忌用泻剂)。

(2)应用促反刍液。

(3)脱水时,5%糖盐水 5～10 L、20%CNB 10 mL 静脉注射。

(4)防止自体中毒及败血症撒乌安 100～200 mL ,也可适当应用抗生素。

【治疗方案 2】

采用左肷部做瘤胃切开进行瓣胃和皱胃冲洗。病畜站立保定于六柱栏,尾拴于一侧,左肷部剃毛消毒;腰旁传导麻醉配合局部浸润麻醉。在瘤胃预定切开线两侧各做 2～3 个水平纽扣缝合线;用生理盐水纱布充分隔离后切开瘤胃,拉紧水平纽扣线,使瘤胃黏膜外翻,套入橡皮洞巾,用手掏出瘤胃内多余的内容物,伸入网胃取出其中异物,探查网瓣胃口,用手指固定将一导管插入网瓣胃口,导管另一端抬高连接漏斗,用大量温水冲洗,一边冲洗,一边用手轻轻松动瓣胃叶,瓣胃冲洗完,将水管通过瓣皱胃口插入皱胃内冲洗皱胃,冲洗一定时间,将导管的另一端放低,将冲洗的胃内容物导出,如果皱胃阻塞物因水分吸收已经干硬,可以配合体外皱胃区节律性撬杠按摩和瘤胃腔内隔胃壁按压相结合的方法,促使皱胃内容物脱落,然后手指伸入皱胃掏松;反复冲洗 3～5 次,手伸入皱胃内,感受其冲洗程度,冲洗至皱胃内容物全部导出;最后将瘤网胃内多余液体导出。缝合瘤胃,将瘤胃用大量青霉素生理盐水冲洗干净后,常规缝合腹壁切口。

【治疗方案 3】

进行皱胃切开冲洗。病畜左侧卧保定。用速眠新注射液全身麻醉,同时在预定切开线处用 0.5%盐酸普鲁卡因局部浸润麻醉。在距右侧最后肋骨末端 25～30 cm处,定为平行肋骨弓斜切口的中点,在此中点上作一 20～25 cm 平行肋骨弓的切口。术者经组织切开后,将手伸入腹腔探查,感觉阻塞的皱胃,并将阻塞的皱胃向腹壁切口处移动,尽量使皱胃大弯充分暴露,将两块 40 cm×40 cm 的无菌防水塑料布紧紧贴附于皱胃壁上,用弯圆针 4 号丝线将其与皱胃壁上的浆膜肌层进行连续缝合;在预定切开线两侧,两块塑料布之间预定切开线显露区为 2 cm×15 cm,塑料布四角伸展固定于患畜腹壁上;隔离完毕,在皱胃预定切开线上切开胃壁 12～15 cm,套入洞巾,将洞巾伸展开,然后用手指轻轻松动并用手指掐取切口附近胃腔内的阻塞物,取出一定阻塞物;然后术者持胃导管一端插入胃腔内,另一端连接漏斗,向内灌水,一边灌水,一边松动胃腔内的阻塞物,一直将皱胃内的阻塞物全部冲出,然后再通过瓣皱胃口将瓣胃叶充分冲洗干净,但注意网瓣胃口不能冲洗,导出冲洗的液体,最后将皱胃的幽门部冲开。冲洗完毕,拆除洞巾,用两把舌钳将切口合拢,用 0.1%的新洁尔灭冲洗皱胃切口,将挫灭组织切除,再用大量青霉素生理盐水冲洗;用肠线进行第一层全层连续缝合,缝合完毕,再用生理盐水冲洗,转入无菌手术;第二层采用连续伦巴特缝合,缝合完毕,撤去隔离纱布,用生理盐水将皱胃冲洗干净后还纳回腹腔,常规缝合腹壁切口。

知识拓展

皱胃阻塞的症状及预防

一、症状

(1)本病发展较慢,病初呈现前胃迟缓,食欲减退,反刍减弱或消失,瘤胃蠕动音减弱,皱胃音低沉,肚腹无明显异常。

(2)随病情发展,食欲废绝,反刍停止,肚腹显著增大,腹部膨胀或下垂,瘤胃慢性鼓气或积液瘤胃与瓣胃音消失,肠音微弱。排粪迟滞,有时呈排粪姿势,但仅排出少量糊状棕褐色带恶臭味粪便,混有少量黏液或紫黑色血丝和血凝块(伴发皱胃炎)尿少而浓。

(3)重剧病例视诊中腹部向右下方局限性隆起,触诊真胃显著扩张而坚硬,听叩结合检查有钢管音(听诊器放置在左侧或右侧肷窝处,以手指轻轻叩击左侧倒数1～5肋弓或右侧倒数1～2肋弓)右腹底充实部穿刺为真胃液。

(4)病牛精神不振,虚弱,皮肤弹性减退,鼻镜干燥,眼球下陷,结膜发绀,血液黏稠,呈现严重的脱水和自体中毒症状,如治疗不当多在2～3周内死亡。

二、预防

(1)加强饲养管理,去除致病因素。

(2)定时定量饲喂,供给优质饲料和清洁饮水。

(3)要科学搭配日粮,给予全价饲料,防止因营养物质缺乏而发生异嗜癖。

(4)保证畜舍、运动场及饲草饲料的卫生洁净,严防异物混入草料中。

任务二　皱胃变位的诊治

案例分析:

一成年高产奶牛,分娩后呈现前胃迟缓症状,逐渐表现为精神沉郁,迅速消瘦,颌下、胸垂水肿,鼻镜湿润,粪便稀软、色暗、恶臭。左腹膨大,在左侧后3个肋骨区域内指弹或叩诊,可听到清晰的钢管音。在该区域进行穿刺检查,穿刺液棕褐色,pH值为4。

一、临床诊断

(一)临床检查

1. *问诊* 病初期食欲波动,现在不吃食。

2. *视诊* 患牛精神差,左侧胸壁,特别最后肋骨处比右侧突出。

3. *听诊* 左侧后 3 个肋骨区域内指弹或叩诊,听到清晰的钢管音。冲击触诊膨大部有振水音。

4. *穿刺检查* 左腹膨大区域进行穿刺检查,穿刺液棕褐色,pH 为 4。

(二)实验室检查

穿刺液无纤毛虫。

二、发病原因分析

1. *皱胃弛缓所致* 吃了大量的精料,皱胃机能不良,形成扩张和充气,容易因受压而被迫游走,往往先游走到瘤胃左方,然后再移到瘤胃左上方。

2. *皱胃机械性转移* 主要发生在产犊后,特别是高产奶牛多发,妊娠后胎儿在子宫内逐渐增大和沉重,压迫瘤胃向前上方移动,皱胃乃趁机向左方移走,而当母牛分娩时,由于腹腔一部分的压力骤然逝去,于是瘤胃恢复原位而下沉,致使皱胃被压到瘤胃左方,置于左腹壁与瘤胃之间,同时由于皱胃含有相当多的气体,很容易进一步跑到左腹腔上方。

三、诊断结论

经过各种检查可初步诊断为皱胃变位。皱胃的正常解剖位置改变称为皱胃变位。变位有左右前方变位之分。有人习惯上将左方变位称变位,右方变位称扭转。

四、治疗

(一)治疗方法

【治疗方案 1】

采用滚转法。左侧横卧→转成仰卧→以背为轴心,向左滚转 45°→回到正中,向左转 45°;再回到正中,如此摇晃 3 min 最后→左侧横卧→俯卧式→站立。

用此法前应使患牛饥饿数日,限制饮水,使瘤胃变小,成功率高。

【治疗方案 2】

采用手术疗法。左侧腹壁切开术:有利于整复皱胃,不利于瘤胃的固定。右侧腹壁切开术:有利于固定不利于整复;两侧腹壁切开术:有利于整复和固定,但两侧有创口。

知识拓展

皱胃变位的症状及鉴别诊断

一、症状

1. 左方变位

(1)高产奶牛,分娩之后,食欲减少,个别病牛伴有腹痛和腹胀,食欲逐减或间断变化,保留食欲,但采食几口便退回不食,有时腹泻和便秘交替出现。产奶量下降,瘦弱,腹围缩小。

(2)有时有酮病症状;左腹壁最后三个肋弓区与右侧相对部位比较明显膨大。左、右侧腰旁窝下陷。

(3)左侧听不到瘤胃蠕动音,但随瘤胃蠕动压迫皱胃而疼痛。

2. 右方变位

(1)急性型。突然发病,腹痛不安,呻吟踢腹常拒食,贪饮,瘤胃蠕动音消失,粪软色暗,后变血样及黑色柏油样粪便,可发生重剧腹泻,视诊右腹肋弓部膨大,该部听诊并结合叩诊可听到钢管音。冲击触诊可听到振水音,该部穿刺可得到褐色血样液体 pH 为 1～4,无纤毛虫,直检可触及充满气体和液体的皱胃,脉搏增数达 100 次/min 以上,体温下降或正常。

(2)亚急性型。发病缓慢,无剧烈腹痛,脉搏达 90 次/min 左右,体温一般正常,瘤胃蠕动音下降,有时轻度鼓胀,粪呈糊状色暗,冲击式触诊可听到振水音,该部穿刺液 pH 为 1～4 直检摸到膨满的皱胃,病程为 10～14 天。

二、鉴别诊断

1. 皱胃变位

(1)分析是否分娩,酮体气味,腹泻,两侧腰旁窝均不饱满,左侧最后 3 个肋间膨大。

(2)听诊皱胃蠕动音弱→瘤胃蠕动音弱,叩诊含气皱胃钢管音,必要时穿刺胃液呈酸性(pH 1～4)。棕褐色,无纤毛虫(确定是皱胃而不是瘤胃)。

(3)直肠检发现瘤胃左上方的皱胃。

2. 原发性酮病　饲料原因:对葡萄糖诊疗反应较好。

3. 创伤性网胃炎　特殊的姿势,白细胞检查诊断意义。

子项目六　其他胃肠疾病的诊治

◆知识目标：

1. 掌握胃肠炎、肠阻塞等肠道疾病发生的病因和临床特征性表现。
2. 掌握胃肠炎、肠阻塞等肠道疾病的常用治疗方法。

◆能力目标：

1. 培养分析病例的能力，能够确定诊断要点、建立合理的治疗方案。
2. 能对胃肠炎、肠阻塞等肠道疾病的症状及治疗措施作出合理的解释。

任务一　胃肠炎的诊治

案例分析：

一只5月龄杂交狼犬出现如下症状：食欲废绝，呕吐、腹泻、粪便呈水样，有恶臭味，并混有血液。眼球下陷，尿量减少、色黄。犬瘟热和犬细小病毒诊断试纸检测呈阴性反应。

一、临床诊断

1. **问诊**　发病前喂给猪骨头（含肉比较多），现食欲废绝，呕吐、腹泻、粪便呈水样，有恶臭，并混有血液。尿量减少、色黄。

2. **视诊**　体况消瘦，眼球下陷，鼻镜干燥。

3. **触诊**　皮肤弹性消失，体温39.5℃。

4. **试纸检测**　犬瘟热和犬细小病毒诊断试纸检测呈阴性反应。

二、发病原因分析

1. **原发性胃肠炎**　主要是由于饲养不当、饥饱不均、采食难以消化、污染变质的食物、不洁的饮水、刺激性的药物、异物等所致。大多数病例是在暴食动物内脏、骨、肉后发病。

2. **继发性胃肠炎**　某些传染病（如犬瘟热、犬细小病毒性肠炎等）及寄生虫病（如钩虫病、弓形体病等）的病程中常并发胃肠炎。

三、诊断结论

根据主要症状可以作出初步诊断，但应注意与肠道寄生虫，食物中毒等病鉴别。

四、治疗

（一）治疗原则

抑菌消炎，缓泻止泄，补液、解毒和强心。

（二）治疗方法

【治疗方案 1】

专人看护，防止撞伤，避免一切刺激。

(1)抑菌消炎。黄连素，0.005～0.01 g/kg 体重/天，分 2～3 次内服。

(2)缓泻应在排粪迟滞，粪便恶臭，肠道内有大量内容物时使用，病初可用盐类泻剂，后期宜用油类泻剂；止泄，适用于肠内积粪基本排尽，粪便的臭味不大，而剧烈不止的非传染性腹泻时，要应用吸附剂和收敛剂。如药用碳，马 100～200 g，加水 2～4 L，内服并以 25%山梨醇，静脉注射。

(3)补液、解毒和强心，脱水、自体中毒和心力衰竭是胃肠炎的直接致死因素，因此，补液、解毒和强心是抢救危重胃肠炎的关键措施。补液首选药物是复方氯化钠注射液。

【治疗方案 2】

(1)口服抗菌消炎药物。如庆大霉素、新霉素、阿莫西林等。

(2)缓泻与止泄。用鞣酸蛋白（大动物 20 g，小动物 5 g）水适量灌服。

(3)补液、解毒和强心。5%～10%葡萄糖注射液。

【治疗方案 3】

(1)磺胺类药物如磺胺脒、磺胺嘧啶等，0.2～0.3 g/(kg/天)，分 2～3 次内服。

(2)缓解中毒一般应用维生素 C，5%碳酸氢钠注射液。

知识拓展

胃肠炎的发病机理及症状

一、发病机制

机体在病因作用下，引起胃肠黏膜发生卡他性炎症，或黏膜表层乃至深层组织的重剧性炎症。

(1)由于胃肠黏膜受病因作用和炎症刺激，引起胃肠蠕动增强，排出稀软乃至水样粪便。

(2)由于胃肠内容物腐败、发酵及细菌毒素的作用,产生大量有毒物被吸收,引起机体自体中毒,便血。

(3)循环障碍,特别是重剧胃肠炎,引起的心力衰竭,同时由于腹泻使机体明显脱水,也使心脏负担加重,促进心衰的发生。

(4)胃肠卡他时,黏膜表层损伤,症状轻微,重剧胃肠炎有毒物被吸收,机体症状加剧,全身症状明显,特别是体温升高。

二、症状

(1)病畜精神沉郁,食欲废绝,饮欲增加,眼结膜初期潮红,后期转为黄染,口腔干燥有恶臭味,舌面皱缩,有多量舌苔,四肢末梢冷凉。

(2)持续重剧腹泻是胃肠炎的主要症状,不断排稀软或水样恶臭或腥臭粪便,粪内混有数量不等的黏液、血液、脓液及坏死组织碎片,腹泻时肠音增强,病至后期,则肠音减弱或消失,肛门松弛,排粪失禁或病畜不断努责而无粪便排出,呈现里急后重现象。

(3)全身症状明显,眼球塌陷,皮肤弹性降低,脉搏快而弱,体温升高,但随着病情恶化而逐渐下降。当严重脱水时,尿量减少,可发生尿毒症。被毛无光泽,不同程度的腹痛。

(4)血液学变化:白细胞增加核,红细胞压积升高,尿呈酸性。

任务二　肠阻塞的诊治

案例分析:

一只10月龄格力母犬发病,体重25 kg。主诉:3天前偷食了生牛肉,第二天呕吐,里急后重。当地兽医院肌注健胃消食药,补液止泻效果不佳。于2010年3月19日到我校兽医院就诊。临床症状:患犬精神沉郁,体乏无力,肌肉震颤,食欲废绝,饮后呕吐,皮肤弹性降低,体温36.9℃,口干舌燥,舌苔厚腻,形成裂痕,口臭,口腔黏膜潮红,齿龈边缘青紫色,眼结膜发绀。心跳每分钟135次,呼吸每分钟45次,听诊无肠音,触诊腹壁硬胀,疼痛,腹内有大小不等的结块。

一、临床诊断

1. **问诊**　3天前偷食了生牛肉,第二天呕吐,里急后重。当地兽医院肌注健胃消食药,补液止泻效果不佳。现食欲废绝,饮后呕吐。

2. **视诊** 患犬精神沉郁，体乏无力，肌肉震颤，口干舌燥，舌苔厚腻，形成裂痕，口臭，口腔黏膜潮红，齿龈边缘青紫色，眼结膜发绀。

3. **听诊** 心跳135次/min，呼吸45次/min，听诊无肠音，

4. **触诊** 皮肤弹性降低，体温36.9℃，触诊腹壁硬胀，疼痛，腹内有大小不等的结块。

5. **X线摄片检查** X摄片可检查肠管内有异物。

二、发病原因分析

1. **饲料方面** 饲喂难消化饲料。

2. **饲养方面** 喂饲不定时，饲料突然更换，役饲关系失调，饮水不足，食盐不足。

3. **饲养管理方面** 运动不足或长期休闲。

4. **气候突变**

5. **机体本身的因素** 如老龄、牙齿疾病，慢性胃肠病等。

三、诊断结论

根据主诉和临床症状，诊断为犬过食继发肠阻塞。当内容物在肠道内的正常运行发生障碍不能顺利通过时称为肠梗阻。本病由物理性和功能性所致，临床上以呕吐、腹痛及明显的全身症状为特征。由于肠腔内容物运行障碍，使机体的胃肠功能发生改变，造成水、电解质平衡失调，酸碱平衡紊乱，肠内毒素积聚，还可能出现休克。该病可根据发病史、症状、临床检查及X摄片的结果作出诊断。

肠梗阻的典型症状有腹痛，呕吐，腹部膨大，肠蠕动音先亢进后减弱，排出煤焦油样粪便。十二指肠乳头部阻塞则出现黄疸。随病程发展，病犬最后停止排便。阻塞部肠管充血、淤血坏死甚至穿孔，穿孔时，发生肠坏死并伴有腹膜炎症状，腹部压痛。物理性肠梗阻的症状与病程较功能性肠梗阻更剧烈和持久，感染和毒血症出现较早；麻痹性肠梗阻的腹痛轻微或消失。

四、治疗

（一）治疗原则

以解除肠阻塞为主，辅以镇痛止泻，解除酸中毒，增强机体抵抗力。

（二）治疗方法

【治疗方案1】

（1）当患犬呕吐症状减轻时用石蜡油50 mg，鱼石脂20 g，食醋1 g，加温水200 mL，一次口腔灌服。

（2）肌注30%安乃近，以加强大脑皮层的抑制，有利于大脑皮层对全身机能的

调节。

(3)5%葡萄糖氯化钠注射液 300 mL,5%碳酸氢钠 30 mL,静脉滴注,每日2次。

【治疗方案2】

(1)芒硝 50 g,液体石蜡 100 mg,大黄酊 9 mL,鱼石脂 2 g,加温水 700 mL,一次深部灌肠,牵遛半小时后排出少量胶性黏便。

(2)青霉素 160 万 IU,地塞米松 2 mL,利巴韦林 4 mL,混合,肌肉注射,每日 2 次,连用 3 天。

(3)复方氯化钠注射液 300 mL,维生素 C 6 mL,三磷酸腺苷 2 mL,辅酶 A 2 mL,一次缓慢滴注,每日 2 次。

知识拓展

肠套叠的诊治

肠套叠是一种临床上比较多见的疾病,指一段肠管伴随肠系膜套入邻近的肠管内,导致肠腔闭塞并引起消化机能障碍的疾病。多发部位是小肠向后套入结肠,也发生在空肠与回肠之间。

一、临床特征

肠套叠是由肠管蠕动过度或逆蠕动引起的。饮凉水,吃凉的食物刺激肠管使其蠕动旺盛,或者跳跃、剧烈运动也可引起肠套叠的发生。所以平时要加强对犬的饲养管理,注意饮食卫生。本病常可继发胃肠道疾病、寄生虫病、传染病等,因此,要做好定期的免疫和驱虫工作,及时治疗原发病,饲喂要定时定量,减少本病的发生。

动物突然发生剧烈的腹痛,高度不安,甚至卧地打滚,应用镇静剂也不能使之安静。病初排稀粪,常混有多量黏液或血丝,严重时可排出黑红色稀便;后期排粪停止。至发生肠管坏死时,腹痛似乎消失,但精神仍然委顿,出现虚脱症状。当小肠套叠时,常发生呕吐。触摸腹部,有时可摸到套叠的肠管如香肠样,压迫该肠段,疼痛明显。如无并发症,体温一般正常,如继发肠炎、肠坏死或腹膜炎时,则体温升高。

可根据突然发生剧烈腹痛,排出黏液或暗红色血便,腹壁触摸时,可摸到香肠样、有疼痛感的肠段,应用镇静剂无效等,诊断为本病。如能做 X 射线检查,有利于本病的确诊。

二、治疗

常采用手术治疗。将动物麻醉后，放置于手术台上，腹部剪毛，常规消毒处理，术部隔离。在左肷部作一个 7 cm 左右的切口，常规打开腹腔，将手指伸入，触摸到如香肠状的肠段，将其拉出体外，用生理盐水润湿肠管，在套叠腔内注入适量的液体石蜡，一手挤捏套叠部的钝端，一手缓慢的拉被套住的肠管，将套叠肠管拉出，发现肠管未坏死，用温生理盐水清洗后还纳腹腔。在腹腔内撒入适量的氨基苄，然后缝合腹膜、肌肉、皮肤。擦适量碘酊防止术部感染。手术时注意肠管的整复，分离套叠的肠管时手法要轻，慢慢使其复位。术后注意保暖，避免外界侵扰，防止术后感染。

子项目七　肝脏疾病的诊治

◆知识目标：

1. 掌握肝炎发生的病因和临床特征性表现。
2. 掌握肝炎的常用治疗方法。

◆能力目标：

1. 培养分析病例的能力，能够确定诊断要点、建立合理的治疗方案。
2. 能对肝炎的症状及治疗措施作出合理的解释。

任务一　肝炎的诊治

案例分析：

一只 8 月龄雌性藏獒犬突然发病，临床症状：病犬精神沉郁，厌食，嗜睡，体温 39.2℃；眼、鼻有黏性分泌物；病犬有呕吐症状、粪便稀软、色淡。尿少色黄；可视黏膜和皮肤出现不同程度的黄疸，肝脏肿大，在右侧肝区可触到肿大的肝脏达肋弓之外，触压时表现疼痛。

一、临床诊断

(一)临床检查

1. **问诊** 病犬食欲废绝,粪便稀软、色淡;尿少色黄。

2. **视诊** 病犬精神沉郁;眼、鼻有黏性分泌物;可视黏膜和皮肤出现不同程度的黄疸。

3. **触诊** 体温39.2℃,在右侧肝区可触到肿大的肝脏达肋弓之外,触压时表现疼痛。

(二)实验室检查

1. **生化检验** 谷草转氨酶增多,测定值为97(正常值为10～75);谷丙转氨酶增多,测定值为42(正常值为10～30);碱性磷酸酶增加,测定值为482(正常值为10～35)。

2. **其他测定** 谷氨酰转肽酶6,总胆红素11.1,直接胆红素10.80,间接胆红素0.30;总蛋白59.1,白蛋白8.7,球蛋白50.4。

二、发病原因分析

1. **毒物刺激及药物刺激** 如食入砷、汞、氯仿、四氯化碳、磷、植物性生物碱酚等毒物;反复服用氯丙嗪、睾酮、氟烷等药物。

2. **传染性疾病** 胃肠炎、尿毒症、沙门氏菌病。

3. **寄生虫病** 华支睾吸虫、后睾吸虫寄生于肝脏胆管内,虫体释放毒素损伤肝细胞造成肝炎。

三、诊断结论

根据临床出现黄疸、消化不良,触诊肝肿大、敏感均可怀疑为本病。确诊需实验室肝功化验及尿液化验和临床症状相结合。

1. **急性肝炎** 由中毒、微生物感染以及药物过敏等原因所致。临床上可见黄疸,急性消化不良和神经症状等。

2. **慢性肝炎** 多由急性肝炎转化而来或其他致病因素所致。可分为慢性持续性肝炎和慢性活动性肝炎。临床可见食欲不振、消瘦和轻度黄疸等症状。

四、治疗

(一)治疗原则

1. **急性肝炎** 治疗以除去病因、促进肝细胞再生、恢复肝功能为原则。

2. **慢性肝炎** 治疗以抑制炎症和保肝为原则。

(二)治疗方法

【治疗方案1】

(1)25%葡萄糖注射液3～4 mL/kg体重,三磷酸腺苷注射液2～3 mg/kg体重，辅酶A 10单位/kg体重，维生素C 20 mg/kg体重，复方盐水30 mL/kg体重混合静脉滴注，每日1次。

(2)5%维生素B_1注射液2 mL一次肌肉或肝俞穴注射，每天1次，连用3～5天。

【治疗方案2】

林格氏液50～200 mL，25%葡萄糖注射液50～300 mL，复合氨基酸注射液20～100 mL依次静脉注射，每天1次，连用3～5天。不可用于有神经症状犬。

【治疗方案3】

生地3 g，白茅根15 g，木通3 g，败酱草5 g，大青叶15 g煎汤去渣，1次内服，每天1剂，连用5～6剂。

知识拓展

犬传染性肝炎的防治

犬传染性肝炎是由犬腺病毒Ⅰ型所引起的犬科动物的一种急性败血性传染病。

主要侵害1岁以内的幼犬，常引起急性坏死性肝炎，在临床上常与犬瘟热混合感染，使病情更加复杂严重。

诊断要点

1. 流行特点　犬不分品种、性别、季节都可发生，但以1岁以内的幼犬和冬季多见。

2. 临床特征　初期症状与犬瘟热很相似。病犬精神沉郁，食欲不振，渴欲明显增加，甚至出现两前肢浸入水中狂饮，这是本病的特征性症状。病犬体温升高达40℃以上，并持续4～6天。呕吐与腹泻较常见，若呕吐物和粪便中带有血液，多预后不良。多数病犬剑状软骨部有痛感。急性症状消失后7～10天，部分犬的角膜混浊。齿龈有出血点。该病虽叫肝炎，但很少出现黄疸。若无继发感染，常于数日内恢复正常。

任务二 肝硬化的诊治

案例分析:

主诉:一只母犬6岁,2周前开始腹围明显增大,拉稀,排黑色水便,带有腥臭味,食欲下降,现已不吃东西,排尿呈黄色,偶尔呕吐。

临床检查:精神沉郁,体温39.6℃。触诊腹部有波动感,眼结膜苍白,听诊有心杂音,心跳100次/min。呼吸急促,35次/min。

一、临床诊断

1. **问诊** 拉稀,排黑色水便,带有腥臭味,食欲下降,现已不吃东西,排尿呈黄色,偶尔呕吐。无免疫。

2. **视诊** 精神沉郁,眼结膜苍白,体温39.6℃。

3. **触诊** 触诊腹部有波动感。

4. **听诊** 听诊有心杂音,心跳100次/min。

5. **其他** 呼吸急促,35次/min。

二、发病原因分析

1. **营养不良** 长期饲喂低蛋白或缺乏胆碱和甲硫氨酸食物时,可使脂肪在肝脏中的代谢紊乱,导致肝细胞变性或坏死,最后导致肝硬化。

2. **中毒** 铜、磷、砷 、汞、四氯化碳、黄曲霉毒素等慢性中毒,可发生肝细胞坏死,继而引起肝硬化。

3. **胆汁长期滞留于肝内** 胆管炎、胆道阻塞、胆道狭窄等引起肝硬化。

4. **心脏疾病** 特别是淤血性心功能不全时,可使肝内淤血,肝细胞索萎缩、纤维化,发生肝硬化。

5. **一些慢性病毒性肝炎** 可缓慢发展成肝硬化。

三、诊断结论

本病例属于肝硬化。诊断早期临床症状不明显,诊断很困难。疑是肝硬化必须做肝功能试验。早期血浆球蛋白增高,晚期白蛋白降低,腹腔穿刺流出大量透明黄色液体,含有上皮细胞、红细胞和白细胞。

肝硬化症是肝实质细胞增生、变性,坏死与再生,导致肝脏变形,变硬,失去正常生理功能的一种犬病。

本病病程较长,呈慢性发展。病初慢性消化不良、便秘和腹泻交替出现。有时呕吐出黄色液体，可视黏膜轻度黄染，舌色黄白。触诊：肝脏肿大，有痛感，病犬逐渐消瘦，精神沉郁，戗毛；并发腹水时腹围膨大，手触之有波动感；后期肝缩小变硬，多数病犬死于肝昏迷。

四、治疗

（一）治疗原则

强心保肝，对症治疗。

（二）治疗方法

【治疗方案1】

对早期肝硬化可采取以下治疗。

（1）饲料要配合低蛋白、高碳水化合物和含维生素高的菜类食物，禁食脂肪类食物。

（2）促进肝细胞再生，内服肝泰乐50 mg，每日3次。

（3）为调整犬机体代谢失调，缓慢静滴5%葡萄糖50～100 mL加强心保肝注射液20 mg，每日2次。肌注0.2 mg维生素B_{12}，隔日1次。肌注维生素C 50 mg，每天3次。

【治疗方案2】

（1）静注40%葡萄糖5～10 mL以增加肝组织的糖原储存。

（2）甲硫氨酸、半胱氨酸等氨基酸有嗜脂功能，可保护肝。

（3）给予大剂量的复合维生素B和维生素C。应用类糖皮质激素也有效。

知识拓展

腹膜炎的诊治

腹膜炎是腹膜壁层和脏层各种炎症的统称，以腹壁疼痛和腹腔有炎性渗出物为特征的一种疾病。

一、症状

1. 急性型　表现为精神沉郁，体温升高，眼窝凹陷，四肢集于腹下，弓背而立，强迫行走，步态小心，有时表现疼痛，呻吟。食欲减退或废绝，瘤胃蠕动音消失，轻度鼓气，便秘。腹部膨大，腹部穿刺液混浊，混有纤维蛋白絮片、红细胞或脏器内容物。直肠检查发现在直肠中宿粪较多，腹壁紧张。腹腔积液时肠管呈浮动状。

2. 慢性型　表现症状稍轻，逐渐消瘦。

二、治疗

治疗原则为抗菌消炎，制止渗出，增强病畜抵抗力。腹壁穿孔或腹腔内脏器破裂时，应立即实施手术。

(1)注射用青霉素钠、0.25%普鲁卡因注射液、0.9%氯化钠，按一定比例一次腹腔注射，连用2～3天即可。

(2)增强机体抵抗力，可用10%氯化钙注射液、40%乌洛托品注射液、5%葡萄糖生理盐水注射液，静脉注射。

在治疗腹膜炎的同时应加强护理肠道，出现痢疾时加庆大霉素有腹痛时可加安乃近、盐酸吗啡等药物。有肠道鼓气可内服鱼石脂、缓泻剂。

三、预防

平时避免各种不良因素的刺激和影响，特别注意防止腹腔及骨盆腔脏器的破裂和穿孔。直肠检查、清洗子宫等都要小心进行，以免引起穿孔。腹腔穿刺以及腹壁手术均应按照操作规程进行防止腹腔感染。母畜分娩子宫整复、难产手术以及子宫内膜炎的治疗都要谨慎进行操作，防止本病的发生。

子项目八　肾脏、膀胱疾病的诊治

◆知识目标：

1. 掌握肾炎发生的病因和临床特征性表现。
2. 掌握肾炎的常用治疗方法。

◆能力目标：

1. 培养分析病例的能力，能够确定诊断要点、建立合理的治疗方案。
2. 能对肾炎的症状及治疗措施作出合理的解释。

任务一　肾炎的诊治

案例分析：

某羊场的一头1岁绒山羊，体温升高，食欲、反刍减退，按感冒治疗2天。停药

2天后，发现病情再次加重。临床检查：体温为40.8℃，精神沉郁，食欲废绝，反刍停止，鼻镜干燥，瘤胃蠕动音减弱，排粪较干；咳嗽明显，呈干、痛短咳，胸壁受刺激或叩诊表现频繁咳嗽并躲闪，呼吸快而浅表，呈腹式呼吸。叩诊呈水平浊音区，听诊呈胸膜摩擦音；腹腔穿刺流出黄色或含有脓汁的液体，含有大量纤维蛋白，易凝固。

一、临床诊断

1. **问诊**　体温升高，食欲、反刍减退

2. **视诊**　精神沉郁，食欲废绝，反刍停止，鼻镜干燥，排粪较干；咳嗽明显，呈干、痛短咳，呼吸快而浅表，呈腹式呼吸。穿刺流出黄色或含有脓汁的液体，含有大量纤维蛋白，易凝固。

3. **听诊**　瘤胃蠕动音减弱，听诊呈胸膜摩擦音。

4. **叩诊**　胸壁受刺激或叩诊表现频繁咳嗽并躲闪，叩诊呈水平浊音区。

二、发病原因分析

(1)毒素、微生物。如犬瘟热、病毒性肝炎、钩端螺旋体、肠内容发酵产生的吲哚及粪臭素等有毒的代谢产物，大面积烧伤时产生的组织分解毒素。

(2)汞、砷制剂、松节油、木溜油酚、斑蝥、煤焦油等毒物的直接刺激均可引起。

(3)变态反应。

三、诊断结论

本病例属于肾炎。根据临床症状可作出初步诊断。经实验室尿液检查，出现尿蛋白、尿管型就可确诊。肾炎是指肾脏皮质和髓质的炎症。临床上以肾区敏感、疼痛，尿量减少，尿液中出现尿蛋白、尿管型等病理产物为特征。若无继发感染时体温变化不明显，表现精神沉郁，食欲减退，消化不良，站立时往往弓背，后腿叉开，常呆立，不愿走动和受干扰。肾区触诊时，病犬表现不安，抗拒检查。急性的排尿次数增多，每次排尿少，尿色较暗而混浊，有出血时，尿为红色。病的末期部分病例在眼睑、胸腹下、阴囊、关节等部位发生水肿。

四、治疗

(一)治疗原则

消除炎症，制止渗出，促进炎性产物的吸收和排出。

(二)治疗方法

【治疗方案1】

(1)消除和预防感染可用青霉素、链霉素等。

(2)肾上腺皮质激素有抗炎、抗过敏的作用。

【治疗方案2】

(1)呋喃坦啶钠的疗效也较好。

(2)利尿消肿可用利尿剂双氢克尿酸、利尿酸、氨茶碱等。

【治疗方案3】

归芍散　当归30 g、白芨30 g、桔梗20 g、贝母25 g、寸冬20 g、百合25 g、黄芬20 g、天花粉25 g、滑石30 g、木通25 g。用法：共为细末，开水冲调，一次灌服。

说明：热盛加双花、连翘、栀子，喘者加杏仁、葶苈子、杷叶，痰液多者加前胡、半夏、陈皮。

知识拓展

尿毒症的诊治

尿毒症　尿毒症是肾病的晚期表现。

一、临床表现

神情疲惫，呆滞，皮肤无弹性，消瘦，极渴（甚至喝泥坑里的水和自己的尿）。由于肾脏不能排除机体的代谢产物而发生中毒，呼吸和皮肤、黏膜散发出尿味。口腔和舌上有溃疡。溃疡糜烂的表面附灰绿色的渗出物。尿毒症的另一症状是持续呕吐。酸中毒时，呼吸慢而深，晚期肌肉痉挛或抽搐，最后昏迷死亡

二、治疗

同肾病。口腔用鼠尾草茶冲洗，溃疡涂碘甘油，用碳酸氢钠调整酸毒血症，用炭末吸收肠内的分解产物等对症疗法。

任务二　尿石症的诊治

案例分析：

某养殖户饲养的绒山羊出现下列症状：病羊步样紧张，回顾腹部，腹肌收缩，弓背努责，摇尾，后肢张开，排尿疼痛，排尿姿势异常，尿呈点滴状。

一、临床诊断

(一)临床检查

1. **问诊**　排尿疼痛，排尿姿势异常，尿呈点滴状，无冲力。

2. **视诊**　病羊腹围增大，步样紧张，回顾腹部，腹肌收缩，弓背努责，摇尾，后

肢张开。

3. **触诊**　沿尿道径路触诊，在“S”弯曲部和龟头部感觉膨大硬固，压迫时有疼痛感。下腹部触诊膀胱充盈，弹性降低。

4. X **线检查**　可见致密与透明组织层相间排列而出现多层结石的影像。发现尿道内有白色团块，故证明尿结石部位在“S”状弯曲部和龟头部。

(二)实验室检查

在实验室可进行尿液检测。尿液检查见有肾盂上皮细胞、尿路上皮细胞、血液和砂石样沉渣。

二、发病原因分析

1. **饲料因素**　饲喂棉饼；麸皮，或饲料钙磷比例不当。

2. **饮水不足**　大量饮水可以增加尿液，降低结石盐类的过饱和度，并可冲刷小结石的滞留，而减少结石的形成。饮水不足则引起尿液浓缩，盐类浓度过高而促进结石的形成。

3. **其他因素**　肾和尿路感染，甲状旁腺机能亢进、维生素 A 缺乏、长期过量应用磺胺类药物。

三、诊断结论

本病例属于尿石症。尿石症的诊断，一般根据膀胱充盈、尿频、血尿、尿闭等临床症状结合腹壁触诊可以怀疑为本病，然后通过 X 光摄影、B 超检查进行触诊。尿石症是动物体内营养物质尤其是矿物质代谢紊乱，使尿液中析出的盐类结晶，并以脱落的上皮细胞等为核心，凝结成大小不均数量不等的矿物质的凝结物则称为尿结石或尿石。尿结石刺激黏膜并导致出血，炎症和阻塞，是造成尿路阻塞的重要原因之一。

四、治疗

(一)治疗原则

促进尿石排出，抗菌消炎，预防继发感染。

(二)治疗方法

【治疗方案 1】

(1)保证充分饮水。尤其在夏季和夜间，为避免夜间尿液过分浓缩，必须强调睡前饮水，在半夜再饮水一次。最好饮用含矿物质的磁化水，使每日尿量维持在 2～3 L，可稀释尿液、减少晶体沉淀、冲洗尿路和排出微小结石。

(2)饮食。饮食成分应根据结石种类和尿液碱度而定。对于特发性高钙尿应限制钙摄入，以减少尿钙含量。对非高尿钙的复发性草酸盐结石，无须低钙饮食。如因低钙饮食致使尿草酸盐排泄增加而形成结石者，也不宜采用低钙饮食。控制钠摄入，钠摄入过多可使尿钙排泄增多。高尿酸血症和高尿酸尿时要吃低嘌呤饮食，避免进食动物内脏，少食肉。

【治疗方案2】

(1)利尿：双氢克尿噻等。

(2)溶解结石：可用氯化铵，稀盐酸内服和膀胱内注射。

(3)排石：可用中药金砂散、消石散、滑石散。

(4)镇静止痛。盐酸吗啡，安乃近肌注。

(5)防止细菌感染可使用青霉素，水杨酸乌洛托品。

【治疗方案3】

犬可采取手术治疗。

(1)术前准备和麻醉。患犬称重，自耻骨前缘到肋骨后缘剃毛，使用1∶1 500的新洁尔灭液稀释清洗已剃毛部位及包皮、阴茎(母犬则需清洗阴部)。皮下注射硫酸阿托品0.05 mg/kg，待15 min后静脉缓慢推注氯胺酮(5 mg/kg)加安定(0.5 mg/kg)诱导麻醉，然后插入气管插管使用吸入麻醉维持麻醉，在气管插管与上下腭之间垫入纱布绑定，犬仰卧保定，用新洁尔灭酊常规消毒，覆盖创巾。最后术者及助手自身消毒并穿戴手术衣、灭菌手套及灭菌口罩和灭菌手术帽。

(2)手术术式。

①膀胱切开术术式：在耻骨前缘到脐后2～3 cm之间，沿腹中线切开皮肤(如为公犬则将阴茎推至一旁)，切口4～8 cm，用分离剪分离脂肪层暴露腹中线，将腹中线两旁腹膜用镊子夹住提起，用剪刀在提起的腹中线上做一小切口，然后沿腹中线向两旁剪开，剪开时用手指垫入腹腔，防止剪刀伤到内脏及肠道。暴露膀胱后，将其牵引至切口外，用灭菌生理盐水纱布隔离。在膀胱底无血管处做一小切口，用50 mL灭菌吸管吸出膀胱内尿液，术者使用灭菌小药勺尽可能掏出结石。然后助手用一根消毒导尿管经犬尿道口插入，边插入边用灭菌生理盐水冲洗尿道，将尿道中的结石冲入膀胱，从膀胱取出结石。反复几次，直至尿道和膀胱中无结石排出。确诊尿路中无结石后，用含硫酸庆大霉素的灭菌生理盐水冲洗尿道及膀胱。沿尿道再插入一根灭菌导尿管至膀胱颈，用4号灭菌丝线将导尿管固定于阴唇内侧(公犬则固定于龟头)。膀胱的缝合材料选用可吸收的酪制“0”号或“1”号肠线和较细的圆组针，将膀胱黏膜全层连续缝合，再结节缝合膀胱浆膜肌层，最后常规缝合腹腔。

②肾脏切开术术式：从胸骨后缘向后沿腹中线作6～10 cm切口，暴露肾脏。用灭菌纱布将肾脏与肠胃隔开，用血管钳夹住肾脏动静脉，助手帮助固定肾脏位置并将肾脏大弯面向术者，术者沿大弯切开被膜，稍做分离然后继续切开肾脏外围皮

质和深部的髓质至肾盂，用镊子取出结石，如结石较小可使用灭菌棉花球粘出，然后用常温的灭菌生理盐水冲洗肾盂及输尿管。用可吸收线贯穿皮质做结节缝合，最后常规缝合腹腔。

(3)术后护理。术后前 3 天静脉滴注抗生素及营养剂，并根据具体情况使用强心、利尿等药物支持。3 天后如状况基本正常则可口服消炎药，直至伤口愈合。期间应使用伊利纱白圈防止狗舔咬伤口，每日对伤口进行消毒清理以防止伤口感染。一般 4～5 天可撤去导尿管，7～10 天可拆线。

知识拓展

尿石症的发病机制及预防

一、发病机制

1. 尿内晶体浓度增高　正常情况下，尿中常含有多种晶体盐类，如草酸盐、磷酸盐等。这些盐类与尿中的胶质物质维持相对平衡。若晶体盐类浓度增高或黏多糖类发生量或质的异常，乃造成晶体与胶体的平衡失调，晶体物质即可析出沉淀，形成结石。当脱水，尿量减少，尿浓缩时，尿中晶体盐类浓度增高，尿结石的发生率增加。

2. 膀胱炎、尿路炎、肾炎时，积聚的脓液，脱落的尿路上皮或其他碎屑样物增多，围绕着这些核心物质，一些不溶性的盐类不断沉积于其上，逐渐就形成了尿石。

3. 尿液的 pH 值　磷酸盐性和碳酸盐性尿石在碱性尿液中较之酸性尿液中更易于析出沉淀。

4. 盐类在尿液中的相对的浓度的高低对尿石生成关系　动物饮水不足的条件下，更容易使矿物盐在尿液中析出沉淀形成尿石。

二、预防

(1)平衡其日粮的营养成分，减少高蛋白质含量食物所占比例，调整食物中钙、磷含量。

(2)给予充足的饮水，可添加适量盐以增加尿量，这种“内洗涤”有利于体内盐类和矿物质的排出。

子项目九　阴道疾病的诊治

◆知识目标：

1. 掌握阴道脱出的病因和临床特征性表现。
2. 掌握阴道脱出的常用治疗方法。

◆能力目标：

1. 培养分析病例的能力，能够确定诊断要点、建立合理的治疗方案。
2. 能对阴道脱出的症状及治疗措施作出合理的解释。

任务　阴道脱出的诊治

案例分析：

某养殖场饲养的母猪妊娠后期，尾根下脱出约拳头大，呈红色半球形物体，初发时，卧地阴门张开，黏膜外露呈半球形，当猪站立时，脱出部分自行收回。

一、临床诊断

1. **问诊**　病猪精神、食欲正常。

2. **视诊**　脱出约拳头大，呈红色半球形物体。当猪站立时，脱出部分自行收回。

3. **触诊**　脱出物柔软。

二、发病原因分析

怀孕母畜老龄经产、衰弱、饲养不良（如单纯喂以麸皮、钙盐缺乏等）及运动不足，常引起全身组织紧张性降低。怀孕末期，因胎盘分泌较多雌激素，使骨盆内固定阴道的组织、阴道及外阴松弛，再伴有腹压持续增高的情况，如胎儿过大、胎水过多、双胎怀孕、瘤胃鼓胀、便秘、下痢、产前截瘫、严重骨软症、卧地不起，或奶牛长期拴于前高后低的厩舍内，以及产后努责过强等，压迫松软的阴道壁，使其一部分（部分脱出）或全部（完全脱出）突出于阴门之外。犬发生阴道脱出可能与遗传因素及雌激素过多有关。牛患卵泡囊肿病时，也常继发阴道脱出。

三、诊断结论

本案例属于阴道脱出。阴道壁的一部分或全部突出于阴门之外时称为阴道脱出。本病多发生于怀孕末期舍饲的牛及羊，但驴、马、水牛在发情时或发情后偶尔亦能发生。饲养的犬尤其是丹犬、麦町犬常有发生，且多发生在非怀孕期或发情后，其他品种的犬少见。

四、治疗

（一）治疗原则

整复、固定。

（二）治疗方法

【治疗方案1】

整复脱出的阴道。

(1)冲洗消毒，可选用0.1%雷弗诺尔、0.1%高锰酸钾液，将脱出的阴道冲洗干净。

(2)除去水肿和坏死组织，用毛巾浸2%明矾水，轻轻挤压排除水肿液，除去坏死组织。

(3)整复脱出阴道，用双手慢慢将脱出的阴道推回阴门内。

(4)阴门缝合，可选用圆枕缝合或纽扣缝合或双内翻缝合，但阴门要留有排尿口。5～7天拆线。

(5)阴门组织药物封闭，可选用75%医用酒精40 mL或0.5%普鲁卡因20 mL，在阴门两侧部组织，分两点注射封闭。

(6)护理治疗期间，不要喂食过饱，加强饲养护理。

【治疗方案2】

采用内固定法，适用于顽固性阴道脱出。经上述方法治愈后，未过多久，遇有腹压增大时又复发，或经上述方法治疗失败时可选用该法。选择腹白线作切口，术部除毛、消毒，自近耻骨前缘处切开腹壁，暴露子宫并由此向前牵引阴道，用缝线将两侧阴道壁分别与对应的盆腔壁软组织缝合固定。如遇子宫积脓时，则顺便摘除子宫。然后闭合手术切口。

知识拓展

犬阴道炎的诊治

阴道炎指的是阴道或前庭的炎症。

一、临床症状

阴道炎的共同临床症状包括：尿频，舔阴道区域，阴道分泌物血性、黏液性或脓性，阴道通常红肿。任何年龄的母犬（卵巢切除或卵巢子宫全切除）都可以发生阴道炎。公犬通常诱发母犬阴道炎。

二、治疗

首先要防止犬分娩时造成外伤和遵守授精操作规程，避免细菌的侵入。其次在治疗方面，对轻型阴道炎，用0.1%高锰酸钾溶液或0.01%～0.05%的新洁尔灭溶液冲洗阴道。

阴道水肿严重时，用2%～5%的氯化钠溶液冲洗，有大量浆液性渗出物时用1%～2%明矾液冲洗。

阴道冲洗后局部涂抹消毒剂或抗生素类软膏，如10%的碘甘油、抗生素软膏、磺胺软膏、氯霉素栓、洗必泰栓等。另外要根据病情的轻重给予静注或肌注抗生素。

子项目十　子宫疾病的诊治

◈知识目标：

1. 掌握流产、难产等子宫疾病发生的病因和临床特征性表现。
2. 掌握子宫疾病的常用治疗方法。

◈能力目标：

1. 培养分析病例的能力，能够确定诊断要点、建立合理的治疗方案。
2. 能对流产、难产、胎衣不下等疾病的症状及治疗措施作出合理解释。

任务一　流产的诊治

案例分析：

主诉：某养牛场的一头母牛怀孕5个月，有一天，突然从阴道分泌大量的液体，预兆不像正常分娩。2～3天后乳房突然膨大、阴唇稍微肿胀、乳头内可挤出清亮液体，阴门内有清亮黏液排出。

一、临床诊断

1. **问诊**　母牛怀孕5个月。

2. **视诊**　阴道分泌大量的液体，乳房突然膨大、阴唇稍微肿胀、乳头内可挤出清亮液体，阴门内有清亮黏液排出。

二、病因

流产的原因极为复杂，可以概括为三类，即普通性流产（非传染性流产）、传染性流产和寄生虫性流产，每类流产又可分为自发性流产与症状性流产。自发性流产是胎儿及胎盘发生反常或直接受到影响而发生的流产，症状性流产则是孕畜某些疾病的一种症状或者是饲养管理不当导致的结果。

三、诊断结论

本案例属于早产（流产的一种）。流产是由于胎儿或母体的生理过程发生紊乱，或它们之间的正常关系受到破坏，而导致的妊娠中断。流产可发生在妊娠的各个阶段，但以妊娠早期较为多见，各种家畜均可发生。流产不仅使胎儿夭折，而且危害母畜的健康，使奶畜的乳产量减少，役畜的使用能力降低，繁殖效率也常因并发生殖器官疾病而受到严重影响，使畜群的繁殖计划不能完成，因此必须特别重视对流产的防治。

四、治疗

首先应确定属于何种流产以及妊娠能否继续进行，在此基础上再确定治疗原则和措施。

（一）先兆性流产的处理

1. **治疗原则**　治疗原则为安胎，使用抑制子宫收缩药。

2. **治疗方法**

【治疗方案1】

孕畜出现腹痛，起卧不安，呼吸、脉搏加快等临床症状，即可能发生流产。措施为肌注孕酮，马、牛50～100 mg，羊、猪10～30 mg，每日或隔日1次，连用数次。

【治疗方案2】

为防止习惯性流产，也可在妊娠的一定时间试用孕酮。还可注射0.1%硫酸阿托品1～3 mL（马、牛）。必要时给以镇静剂，如溴剂、氯丙嗪等。禁止进行阴道检查，尽量控制直肠检查，以免刺激母畜。还要进行牵蹓，以抑制努责。

（二）无可挽回的流产处理

先兆性流产经上述处理，病情仍未稳定下来，阴道排出物继续增多，起卧不安加剧，阴道检查，子宫颈口已经开放，胎囊已进入阴道或已破水，流产已难避免时，应尽快促使子宫内容物排出，以免胎儿死亡腐败引起子宫内膜炎，影响以后受孕。

（三）延期流产的处理

胎儿干尸化时，首先应用雌激素、米非司酮，继之使用前列腺素制剂或催产素，溶解黄体并促使子宫颈扩张及子宫收缩，在子宫及产道内灌注已消毒的润滑剂，以便于胎儿排出。由于干尸化胎儿头颈及四肢蜷缩在一起，如子宫颈开放不大时，须预先截胎才能将胎儿取出。

胎儿浸溶时，如软组织已基本液化，应尽可能将胎骨逐块取净。分离骨骼有困难时，须根据情况先将其破坏后再取出，然后用0.1%新洁尔灭或其他消毒液，也可用10%盐水冲洗子宫，并注射子宫收缩药，促使液体排出。还须在子宫内膜涂布大量抗生素，并进行全身治疗，以免发生不良后果。操作过程中，术者须防止自己受到感染。

知识拓展

流产的种类及症状

一、隐性流产

发生于妊娠初期，胎儿的大部分或全部被母体吸收。配种后转情，周期延长30天左右；发情排卵均正常，但呈习惯性久配不孕；多胎动物除非全部死亡，否则临床上难于发现。

二、早产

排出不足月的活胎儿。多数在无分娩征兆的情况下排出胎儿。常在排出胎儿前2～3天乳腺及阴唇稍肿胀。

三、小产

排出未经变化的死胎。胎儿死亡时临床无明显症状。胎儿死亡后，母体作为一种异物，引起子宫收缩而排出。数天内将死胎及胎衣排出。

四、胎儿干尸化性流产

胎儿死在子宫中因黄体存在，子宫颈闭锁。胎儿未排出体外，水分被吸收，体积缩小变硬。发情周期停止。随时间增长。腹部并不增大。直检无胎动，子宫内无胎水，但有干固胎儿。

五、胎儿浸溶性流产

胎儿死亡后，黄体萎缩，子宫颈部分开放，微生物从阴道侵入子宫及胎儿，胎儿的软组织分解液化而排出。母畜常努责、不安。努责时流出红褐色或棕褐色的黏稠恶臭液体。流出的液体带有小的骨片，最后排出脓液。脓液粘在尾巴或后腿上，干后成为黑痂。严重时，并发子宫炎症。母畜表现败血症及腹膜炎的全身症状。阴道检查：子宫颈开放，子宫颈内或阴道内可摸到胎骨。直肠检查：子宫壁厚，可摸到胎儿的参差不平的骨片，触摸时还能感到骨片相互摩擦。卵巢黄体发生萎缩。

六、胎儿气肿性流产

胎儿死亡后，侵入产气菌，胎儿腐败并产生气体，积于胎儿皮下、胸腹腔、阴囊腔等处。在炎热天气，6～12 h即可产生气肿。胎儿及子宫极度膨大。子宫体积超过实际怀孕月龄。子宫无收缩能力。阴门中流出污红色、恶臭液体。卧地呻吟、磨牙、食欲废绝。后期体温可能很快升高。

七、胎水过多性流产

正常牛的羊水(1.5～5 L)和尿水(3.5～15 L)平均为9.5 L；患病牛可达100～200 L。绵羊可达18.5 L，常发生在怀双胎、子宫疾病、缺乏维生素A或内膜抵抗力降低。母畜患心脏病、肾病、贫血或遗传因素时也可发生。

任务二　难产的诊治

案例分析：

2009年8月，某一农户一头怀孕奶牛羊水已经破裂6个多小时，病牛趴在地上，精神沉郁，四肢居于腹下，阴门水肿、经驱赶不能站立。对奶牛产道进行检查发现：产道水肿，犊牛两个前肢屈曲，头颈向后背，伸手无法摸到头部。向内推送犊牛，母牛向外怒责。

一、临床诊断

首先要注意产畜全身状况的检查，如体温、心跳、呼吸、精神状况、努责程度及能否站立等。借以判断产畜能否经受住助产手术的刺激。

1. **外阴部检查**　触查阴门及尾根两旁的荐坐韧带是否松软，能否从乳头挤出初乳。以推断妊娠是否足月，软产道是否能够扩张。

2. **产道及胎儿的检查**　消毒手臂，伸入产道，检查软产道的松软程度及骨盆的大小、形状等，进而判定胎儿的生死，胎向、胎位及胎势，以便决定助产的方法。

3. **胎儿生死的判定**　正生时，术者手指伸入胎儿口内刺激舌头，或压迫眼球或牵拉前肢，感知其有无反应，也可触诊胸壁，感觉有无心跳；倒生时，手指伸入胎儿肛门内感知其有无收缩，或触摸脐带，感其是否搏动。但应注意，虚弱的胎儿反应很弱，应耐心细致的从多方面进行检查，综合判定。

4. **胎向、胎位、胎势的判定** 胎向是指胎儿在子宫内的方向，即母体纵轴与胎儿纵轴的关系，两者纵轴如果是平行的则为纵向，是正常的胎向，胎头向着产道时为正生，臀尾向着产道时为倒生。如果胎儿的纵轴与母体的纵轴呈水平垂直或竖向垂直，则为横向或竖向，二者均是异常的胎向，其中有横向或竖向的背部前置或腹部前置的异常状况。

胎位指胎儿在子宫内的位置，即胎儿的背部与母体的背部或腹部的关系。胎儿的背部靠于母体的背部时为上位，为正常的胎位。胎儿的背部靠于母体的腹部及耻骨时称为下位，靠于母体的髂骨时称为侧位，二者均为异常胎位。难产时有正生下位、侧位，倒生下位，侧位的状况。

胎势指胎儿在子宫内的姿势，即胎儿本身各部分之间的关系，是屈曲的，还是伸直的。胎儿呈纵向、正生、上位时，其两前肢应该是伸直的，胎头及颈部也应该是伸直，并且胎头在两前肢之间之上；倒生上位时，两后肢应该是伸直的。否则即为异常胎势。常见的异常胎势有头颈侧弯、下弯、仰弯、腕关节屈曲，肩关节、髋关节、跗关节屈曲等。

前置是指胎儿的某些部分与产道的关系，哪一部分向着产道就叫哪一部分前置。如正生时可叫前躯前置，倒生时叫做后躯前置。临床上常用“前置”这一术语来说明胎儿的反常情况。例如胎儿的前肢没有伸直，腕关节向着产道，叫做腕部前置，还有跗部前置，臀部前置等。

二、发病原因分析

分娩过程正常与否，取决于产道、产力和胎儿三个方面的因素，每一种因素异常，都可引起难产。

1. **产力异常** 孕畜营养不良，疾病、疲劳、分娩时外界因素的干扰等，使孕畜产力减弱或不足。不适时的给予子宫收缩剂，也可引起产力异常。

2. **产道异常** 骨盆狭窄、畸形、骨折，子宫颈、阴道及阴门的瘢痕，粘连、肿瘤以及发育不良等，均可造成产道狭窄或变形而致难产。

3. **胎儿异常** 胎儿过大、畸形，胎位、胎向、胎势异常等，致胎儿难以通过产道。

三、诊断结论

本案例属于难产。分娩时，胎儿不能由产道顺利产出即为难产。若助产不及时或助产不当，可能造成母体及胎儿的死亡，即使母体存活下来，也常常发生生殖器官疾病，导致繁殖障碍。因此，积极有效地防止及处理难产。

四、治疗

(一)治疗原则

对胎儿存活的,要采取保胎护母的治疗原则;对胎儿死亡的,采取保母排胎的治疗原则,及时将死胎取出母牛体外。

(二)治疗方法

【治疗方案 1】

胎儿头颈侧弯难产的助产。对胎儿头颈弯曲程度不大,仅头部稍弯,助产者用手握住胎儿唇部把胎头扳正;如果胎头弯曲程度大,要先尽力推动胎儿,使母牛骨盆入口的前方腾出空间,然后用手握住胎儿唇部把胎儿扳正,如果扳胎有困难,可用产科绳打一活结,套在胎儿下颌骨之后并拴紧,术者用拇指和中指掐住胎儿唇舌部向对侧压迫胎儿,助手拉绳,将胎头扳正。

【治疗方案 2】

胎儿腕部前置难产的助产。若是一侧腕关节前置,术者先用手把胎儿前推,勾住胎儿蹄尖向上抬,使胎儿蹄尖伸入母牛骨盆腔;如果是双侧腕部前置,可按上述方法逐步去做。

【治疗方案 3】

母牛骨盆腔狭窄、胎儿过大的治疗。若是活胎采取剖腹产手术;若是死胎不让其在腹内留置,要迅速用长柄钩钩住胎儿眼眶,拉住胎头,取出母牛体外;取不出时施行截胎术。

1. 术前准备

(1)人员　必须了解母畜生殖器官解剖特点和分娩时胎儿的向、位、势及难产救助的基本程序。

(2)场地　施术场地要求具备宽敞、平坦、明亮、清洁、安静、温暖、用水方便等条件。

(3)器具、药品　腹腔手术器械一套,大纱布块两张。保定器具、药物(抗生素、肾上腺素、普鲁卡因、土霉素及维生素 B、维生素 C 等)和常规消毒药物。

2. 术部选择

(1)腹下切开法　可供选择的切口部位有 5 处:乳房前中线;中线与右乳静脉之间;中线与左乳静脉之间;右乳静脉右侧 5～8 cm 处;左乳静脉左侧 5～8 cm 处。

(2)腹侧切开法　髋结节至脐部连线的中部,沿腹内斜肌走向。

3. 保定　术前应检查动物体况;地面垫草,使其左侧卧或右侧卧,分别绑住前后腿,并将头保定确实。

4. 手术操作

(1)将胎儿和子宫角大弯引出腹壁切口,在子宫和腹壁间用大块消毒的生理盐水纱布隔离。

(2)避开子叶,切开子宫,拉出胎儿。

(3)剪去游离胎衣。

(4)分别连续和内翻缝合子宫。

(5)缝合腹膜、腹内斜肌和腹外斜肌。

(6)缝合皮肤。

(7)打结系绷带,防止感染,解除保定。

5. 术后护理

保持通风、透光和卫生、常规饲养,抗菌消炎5天,12~13天拆线。

6. 注意事项

(1)注意人畜安全。

(2)选准皮肤,子宫切口位置。

(3)加强术后护理。

(4)清理器具。

(5)监测生理常数。

知识拓展

各种难产的诊断及助产方法

一、难产的诊断

1. 胎儿正生或倒生　若胎儿正生,在产道检查时,手可摸到胎儿的口腔、舌、脑部和前肢;手伸到胎儿口腔内有口吸吮动作,触动眼睛或肢体有生理反应,说明是活胎。若胎儿倒生,手可摸到胎儿的脐带或肛门、尾巴和后肢;倒生时触动胎儿脐部、肛门、后肢有生理反应,说明是活胎。

在产道检查时,手触动胎儿各部位没有任何生理反应,证明是死胎。

2. 胎儿头颈侧弯难产　胎儿前腿伸入产道,而头弯于躯干一侧没有伸直,因此不能产出。头颈侧弯在临床上占母牛难产的50%以上。难产初期,胎儿头颈位于骨盆一侧,没有进入产道,头颈侧弯程度不大,在母牛阴门口只能看到胎儿的蹄子。随着母牛子宫收缩,胎儿胎体继续向阴门前进,胎儿头颈侧弯程度就越来越加重,此时胎儿两前腿部以上伸出阴门以外,不见头和唇部。胎儿头颈侧弯的方位在胎儿腿伸出阴门端的一侧,术者的手顺其方向可摸到胎儿头部位于自身胸部侧面。

3. 胎儿腕部前置难产 腕部前置是由于胎儿前腿没有伸直，腕关节以上部分顶在母牛耻骨前沿，由于胎儿腕关节的屈曲伴发肘关节屈曲，整个前腿呈折叠姿势，增加了肩胛围的体积而发生难产。如果两侧腕关节部被顶在母牛耻骨前沿，在母牛阴门部位什么都看不见；若是一侧腕关节某部被顶在母牛耻骨前沿，在母牛阴门可看到胎儿的一个前蹄，在产道检查时，手可以摸到胎儿一个或两个前腿，屈曲的腕关节位于母牛耻骨前沿附近。

二、助产方法

1. 无力分娩 术者将手伸入产道，按照助产注意事项，强行将胎畜拉出。或用催产办法，注射催产素注射液或垂体后叶激素，必要时 20～30 min 后可重复注射一次。

2. 产道开张不良，子宫颈紧张 可用普鲁卡因在子宫颈口处分点注射，再慢慢将胎儿拉出，刺激子宫颈，使其扩张良好。

3. 胎畜姿势不正 头颈侧弯、胎畜两腿已伸出产道，而头颈弯向一侧，不能产出，术者将手伸入产道检查即可摸到。如果胎小，产道润滑扭转不严重时，可用手将其头矫正。反之，胎儿过大，产道干燥，扭转严重时，应先将已伸出的两肢推回，同时将弯向一侧的头颈矫正。

头颈下弯，头颈弯于两前肢之间或侧面，不能顺利产出。助产时，将伸出产道的胎肢送回子宫后，术者的手沿着胎儿的腹侧深入，至胎儿嘴唇端时以手兜着胎儿嘴唇的下颌，然后用助产叉顶住胎畜的肩部，此时，术者的手在将胎儿头部拉出伸直的同时，另一手用助产叉将胎畜躯干顶进，使作用力相反才能扳正胎头。

头向后仰或头颈扭转，造成的难产，如胎头稍偏，用手握住唇部将头拉正即可。如胎头后仰或扭转严重，先将胎儿推进子宫，并进行矫正后，再以正位拉入产道。前肢以腕关节屈曲伸向产道引起难产时，将胎畜推回子宫，术者手伸入产道，握住不正前肢的蹄子，尽力向上抬，再将蹄子拉入骨盆腔内，就可拉直前肢。

后肢姿势不正，多发于倒生胎儿的后腿髋关节屈曲，伸向前方，称坐生，此时，和前肢的矫正方法相同，如果胎儿不大，可不矫正，强行拉出，但不要拉尾巴，最好拉大腿根。当上述各种不正胎位，姿势矫正后再慢慢将胎儿拖出，如一人拉出有困难，可用消毒的产科绳套住胎儿的某一部位，令助手顺产道方向牵拉。

三、助产注意事项

(1)矫正时应先将胎儿送回产道或子宫腔内,再矫正胎畜的方向、位置、姿势。

(2)强行牵拉胎儿时,术者要配合母牛努责的节律,告诉并指导助手牵拉胎儿的力量、方向和时间,以免损伤产道。

(3)为了滑润产道和保护黏膜,对难产母畜的产道可注入消毒的石蜡油。

(4)矫正胎位无望以及子宫颈狭窄、骨盆狭窄,应及时进行剖腹取胎手术;对胎儿已死拉出确有困难,可用隐刃刀或绞胎器肢解分块取出。

四、助产后的护理

(1)预防感染。拉出胎畜后,用1%高锰酸钾溶液冲洗产道及阴户周围,还可用青霉素粉或土霉素粉撒入产道。

(2)如有出血,可肌注止血剂,并进行补液。

(3)内服:桃仁64 g,芒硝、大黄各130 g,桂皮、甘草各32 g,水煎一次灌服,可防止产后子宫痉挛性疝痛。

(4)胎衣滞留时,应按胎衣不下治疗。

(5)产后多喂给易消化,营养丰富的青料。

任务三　胎衣不下的诊治

案例分析:

某养殖户饲养的奶牛产后有部分胎衣垂于阴门之外,不能排出。出现拱背努责现象。患牛精神正常,体温、呼吸正常。

一、临床诊断

1. **问诊**　产后出现

2. **视诊**　患牛精神正常,体温、呼吸正常。

二、发病原因分析

原因很多,主要与产后子宫收缩无力、胎盘炎症和胎盘结构有关。

(1)产后子宫收缩无力。怀孕期间饲料单纯,缺乏矿物质,微量元素和维生素,特别是缺乏钙盐与维生素A,孕畜消瘦、过肥、运动不足等,都可使子宫弛缓,收缩无力;胎儿过多,单胎畜怀双胎,胎儿过大,胎水过多等,使子宫肌过度扩张,产后子宫收缩无力致胎衣不下;流产、早产、难产、子宫捻转时,产出或取出胎儿后子宫收缩力往往很弱，因而发生胎衣不下。

（2）胎盘炎症。怀孕期间子宫受到感染（如布氏杆菌病、沙门氏杆菌病、胎儿弧菌等），发生轻度子宫内膜炎及胎盘炎，导致结缔组织增生，胎儿胎盘与母体胎盘炎性粘连而造成胎衣滞留。维生素A缺乏，可使胎盘上皮的抵抗力降低而易于感染。

（3）胎盘组织构造。牛、羊胎盘属于上皮绒毛膜与结缔组织绒毛膜混合型，胎儿胎盘与母体胎盘结合紧密，形式上又是子叶型，故易发生胎衣不下。子叶少而大时，更易发生。

（4）高温季节胎衣不下发生率升高，产后子宫颈收缩过早，也可致胎衣不能排出。

三、诊断结论

本病例属于产后胎衣不下。母畜分娩后胎衣在正常的时限内不能排出时，称为胎衣不下或胎衣滞留。产后排出胎衣的正常时间奶牛为12 h。各种动物均可发生胎衣不下，以乳牛最为多见。本病可引起子宫内膜炎而致不孕，给乳牛业带来极大经济损失。临床症状有全部不下和部分不下两种。

（1）全部胎衣不下。整个胎衣未排出，仅见一部分已分离的胎衣悬吊于阴门之外，呈土红色、灰红色或灰褐色的绳索状。牛、羊露出的胎衣部分有大小不等的胎儿子叶。如子宫严重弛缓，胎衣则可能全部滞留于子宫内；有时悬吊的胎衣可能断离；在这些情况下，只有进行阴道或子宫触诊，才能发现。

经过1～2天，滞留的胎衣就会腐败分解，从阴道内排出恶臭污红色液体，内含腐败的胎衣碎片，卧地时排出较多。由于感染和分解产物的刺激，发生急性子宫内膜炎。腐败分解产物被吸收后，出现体温升高，精神不振，食欲及反刍减少，弓背努责。胃肠机能扰乱时，可能出现腹泻、前胃弛缓、积食、鼓气等症状。羊的症状与牛大致相同，绵羊较轻，山羊较敏感。

（2）部分胎衣不下。胎衣大部分已排出，只有一部分或个别胎儿胎盘残留在子宫内，从外部不易被发现。诊断的依据主要是恶露排出的时间延长，其中有胎衣碎片，恶臭。

四、治疗

（一）治疗原则

正确整复，合理固定，促进愈合，恢复机能。

（二）治疗方法

【治疗方案1】

采用药物治疗。采用促使子宫收缩的药物，使胎儿胎盘与母体胎盘分离，或防止胎衣腐败，让其自行脱落。

增强子宫收缩，让胎衣自行排出。用垂体后叶素40～80 IU，肌肉注射或皮下注射，2 h 再注射 1 次；或用新斯的明 20～30 mg，肌肉注射；或用 10％高渗氯化钠 500 mL，子宫灌注，隔日 1 次，连用 4～5 次，可促使胎儿胎盘从母体胎盘上脱落下来；或注入 50～70 mL 双氧水，也有同样效果。

【治疗方案 2】

土霉素或四环素 5～10 g，蒸馏水 500 mL，子宫灌注，每日或隔日 1 次，连用 4～5次（不能用青霉素，因其易吸收排泄，作用时间短），可防胎衣腐败，一般一星期左右胎衣即可排出。

【治疗方案 3】

采用中药治疗。可用益母草膏。母牛产后 4～6 h 胎衣不下者，用益母草膏 1 000 g，温水适量送服。服药后 6～10 h 即可排出胎衣，并能使产后淤血排出，数小时未下者可再灌 1 次；或用中药煎剂：食盐 150 g，益母草 200 g（鲜品 500 g），煎汤，取液4 000～5 000 mL，待温，于产后 24 h 内子宫灌注；归戟散：当归、川芎、滑石、海金沙、大戟、芫花、甘遂各 30 g，益母草 50 g，共研细末，开水冲调，候温灌服，服 1～2 剂；穿山甲、海金沙、滑石各 50 g，大戟 20 g，水煎去渣，加猪油 200 g，混合灌服。

【治疗方案 3】

采取手术剥离。药物治疗无效时，须在产后 2 天左右，子宫口尚未缩小到手不能通过以前行术，效果确实，但易受污染。术者先将指甲剪平磨光，洗净消毒，涂石蜡油，同时把阴道外部洗净，再向子宫内灌入 0.1％高锰酸钾溶液或生理盐水2 000～3 000 mL。然后术者用左手将垂脱在阴门外的胎衣拉住，右手顺着胎衣伸入产道，用手指慢慢分离粘连处，同时左手逐渐向一个方向扭转并向外轻拉胎衣。在取出胎衣后，为了避免感染，可向子宫内灌注抗菌消毒药物，如用土霉素 5～10 g，蒸馏水 500 mL，每日 1 次，连用 4～5 天；或用青霉素 320 万 IU，链霉素 4 g，注射用水适量，肌肉注射，每日 2 次，连用 4～5 天。

知识拓展

产后阴门炎及阴道炎的诊治

在正常情况下，母牛的阴门关闭，阴道黏膜将阴道腔封闭，阻止外界微生物的侵入，激素发生作用时，阴道黏膜上皮细胞内贮存大量糖原，在阴道杆菌作用及酵解下，糖原分解为乳酸，使阴道保持弱酸性，能抑制细菌的繁殖，因此阴道有一定的防卫机能。当这种防卫机能受到破坏时，如阴门及阴道擦伤、上皮剥脱和黏膜发生损伤时，则为细菌的侵入开放了门户，细菌侵入阴门及阴道组织，引起发炎。本病主要发生于牛，尤其是乳牛。

一、病因

排出胎儿或助产时，阴门及阴道黏膜受到损伤，发生感染，这是引起产后阴门炎及阴道炎的主要原因。病原菌经助产人员的手，助产器械和产科绳带入阴道，特别是在复杂的难产和消毒不严的情况下，更易发生损伤而感染。

母牛分娩后，由子阴门松弛外翻，黏膜与尾根和地面泥水直接接触，病原沿黏膜上行漫延或经伤口侵入，同时创伤也为原来存在于阴道中大量的微生物繁殖和侵入创造了致病条件。

有时其他疾病，如阴道脱出、子宫脱出和胎衣不下等也可并发本病。某些原虫感染，如滴虫病也可发生阴门及阴道炎。

二、症状及诊断

由于损伤和发炎部位不同，表现的临床症状也不完全相同。黏膜表层受到损伤而引起的发炎，病势较轻，无全身症状，仅阴门内流出黏液性或黏液脓性分泌物；尾根及外阴周围常附有这种分泌物及其干燥以后形成的干痂。阴道检查，可见黏膜微肿，充血或出血。黏膜上常有分泌物黏附。黏膜深层受到损伤时，病势较重，患牛常弓背、举尾，努责作排尿状态，但每次排出的尿量不多，而且排尿后常弓背片刻。有时在努责之后从阴门中排出污红色腥臭的液体。插入阴道开张器时病牛拱背努责、疼痛不安，甚至引起出血。视诊往往可以发现阴道黏膜充血、肿胀，上皮缺损、创伤，糜烂和溃疡。阴道前庭发炎时，其黏膜上可以见到结节、疱疹及溃疡。全身症状表现为精神抑郁、体温稍升高、食欲及泌乳量稍降低。

三、治疗

首先应以消毒液清洗尾部及母牛外阴部，将尾部缠上绷带并且系于一侧，以免刺激阴门。

对浅表炎症，可用防腐消毒药液（如0.05%～0.1%高锰酸钾、0.1%雷佛奴尔、0.05%～0.1%新洁尔灭、0.1%洗必泰等）冲洗阴道及阴门。

任务四　子宫内膜炎的诊治

案例分析：

某牛场的一头奶牛产后体温上升、反刍、食欲减少、精神不振、弓背、努责、常作排尿姿势。从阴门排出黏液性或黏液脓性渗出物，卧下时排出量较多，常附着于阴门下角及尾根上。阴道检查时，子直肠检查可感到子宫角粗大肥厚。

一、临床诊断

1. **问诊**　病牛反刍、食欲减少。

2. **视诊**　精神不振、弓背、努责、常作排尿姿势。从阴门排出黏液性或黏液脓性渗出物。

3. **阴道检查**　宫颈外黏膜充血肿胀，阴道底部积有炎性分泌物。

4. **直肠检查**　子宫角粗大肥厚，触摸子宫有痛感。

二、发病原因分析

1. **病原微生物**　病原性细菌在牛子宫内膜炎的发生中起着最重要的作用。主要有葡萄球菌、链球菌、大肠杆菌、棒状杆菌、假单胞菌、变形杆菌、坏死杆菌、绿脓杆菌、生殖器杆菌、嗜血杆菌等，但在不同地区和不同情况下引起牛子宫内膜炎的细菌种类和各种细菌所占的比例不同。

病原性真菌如念珠菌、毛霉菌、酵母菌、支原体。

2. **感染途径**

(1)外源性感染。即病原微生物经阴道和子宫颈进入子宫内而感染。胎衣不下、难产、阴道和子宫脱出、产后子宫颈开张和外阴松弛，输精、助产时器械或手臂及母畜外阴部消毒不严，阴道炎、子宫颈炎等都为病原微生物侵入子宫内创造了条件。其中胎衣不下和难产是引起子宫感染的主要原因。

(2)内源性感染。即条件性病原微生物在母牛分娩时产道损伤、产后抵抗力降低的情况下，迅速繁殖或通过淋巴及血液进入子宫而表现出致病作用。

(3)诱因。饲养管理不当，日粮营养价值不全，维生素、微量元素及矿物质缺乏或不足，矿物质比例失调时，母牛的抗病力降低，容易发生子宫内膜炎。

三、诊断结论

本病例属于产后急性子宫内膜炎。本病主要根据分娩史、阴道排出分泌物的性状及直肠和阴道检查结果，并结合临床症状进行确诊，有条件还可以结合实验室病理组织学诊断。

子宫内膜炎为子宫内膜的急性炎症，是奶牛生殖疾病的常见病，发病率高达20%～40%，占不孕症的70%左右。奶牛患子宫内膜炎使受精卵不能着床或胚胎早期死亡，延长了产犊间隔，严重地影响了奶牛的繁殖力和生产性能，降低了奶牛养殖业的经济效益，阻碍了奶牛业的发展。根据病程可分为急性和慢性两种，临床上以慢性较为多见。

1. **急性子宫内膜炎**　一般发生于流产后或产后胎衣不下时。体温升高，食欲减退，精神沉郁。严重时弓背，努责，常做排尿姿势，从阴道流出黏性或黏脓性分泌物，在夏季由于分泌物的不良气味更易吸引蚊蝇，加重感染和引起传染病的传播。直肠检查，发现子宫角粗大而肥厚，下沉，子宫收缩反应微弱，触摸时有波动感。

2. **慢性脓性子宫内膜炎**　经常由阴门流出脓性分泌物、特别是在发情时排出较多，阴道和子宫颈黏膜充血，性周期紊乱或不发情。

3. **隐性子宫内膜炎**　无明显症状，性周期、发情和排卵均正常，但屡配不孕，或配种受孕后发生流产，发情时从阴道中流出较多的混浊黏液。

四、治疗

（一）治疗原则

消除炎症、防止扩散、促进子宫机能恢复是治疗本病的总体原则。

（二）治疗方法

【治疗方案1】

采用子宫局部用药。土霉素粉2 g；四环素粉2 g；金霉素1 g，青霉素80万～100万IU；青霉素100万IU和链霉素0.5～1 g，溶于蒸馏水100～200 mL，一次注入子宫。每日或隔日1次，直至排出的分泌物量变少而洁净清亮为止。

【治疗方案2】

激素配合治疗。治疗子宫内膜炎，一方面要通过子宫清除炎症，另一方面还要通过内外环境的改善提高子宫抗感染能力，因此在炎症得到缓解之后，在发情周期的第16～17天，给患牛注射己烯雌酚20 mg，其目的是使子宫上皮细胞增生，黏膜充血，宫肌蠕动加强，有利于发情行为的充分体现和子宫炎症的充分清除，然后再分别进行一次清洗和子宫灌注青霉素。

知识拓展

产后败血症及产后脓毒血症的诊治

一、产后败血症的诊断

产后败血症是一种严重的产后或流产后的疾病，是由局部炎症(子宫颈炎、坏死性子宫炎、坏疽性子宫炎、子宫浆膜炎、子宫内膜炎和产道创伤等)而继发的。本病的特点是细菌及其毒素进入血液，使病牛迅速表现严重的全身症状。

1. 病因　本病通常是由于难产及助产不当，软产道受到损伤及感染而发生的，或由严重的子宫炎、子宫颈炎而继发的。胎儿腐败分解、胎儿浸溶、胎衣不下、子宫脱出、子宫复旧不全、坏死性乳腺炎等也可引起本病。

产后败血症的病原体主要是溶血性链球菌、金黄色葡萄球菌、化脓性棒状杆菌、大肠杆菌、肺炎球菌，多数病例为几种细菌混合感染，由其他细菌引起的比较少见。

产前饲养管理与本病的发生有密切的关系，不合理的饲养管理，运动不足或缺乏，母牛极度消瘦，特别是在夏天牛舍温度很高(38～39℃)的情况下，母牛的食欲剧减，抵抗力减弱，这也都是本病发生的诱因。

2. 症状　产后败血病以亚急性居多。亚急性病例，如能及时治疗一般可以痊愈，但通常遗留慢性子宫炎及其他实质器官疾病。患牛精神极度沉郁，食欲废绝，反刍停止，泌乳减少或完全停止。患牛站立不稳，起卧困难。脉搏快而弱，每分钟可达90～120次，呼吸浅表。

产后败血症整个病程中的体温曲线是本病一种示病特征，往往是病初体温骤然上升达40～41℃，并稽留在41℃左右，温度的变动范围一般不超过0.5～1℃。触诊四肢末端及两耳感到发冷。临近死亡时，体温急剧下降，且常发生痉挛。体温升高的同时，病牛常卧下，呻吟，头颈弯于一侧，呈昏睡状态，似生产瘫痪症状，反应迟钝，但喜饮水。眼结膜充血，且微带黄色，病的后期黏膜发绀，有时可见小点出血。

病牛一般常有腹膜炎的症状。腹壁收缩，触诊敏感，排粪和排尿有疼痛表现。随着疾病的发展，病牛常出现腹泻，粪便带血，味腥臭；有时则发生便秘。因腹泻而脱水，眼球凹陷，表现极度衰竭。

生殖器官有急性化脓性炎症过程、子宫复旧不全或极度弛缓，往往从阴道排出少量的污红色或褐色恶臭的液体，内含组织碎片。阴道检查时，母牛疼痛不安，黏膜干燥，肿胀，呈污红色，可见的伤口上盖有一层灰黄色分泌物或薄膜。直肠检查可发现子宫弛缓、壁厚，触之波动感。

血液检查，病初白细胞减少，血象显著左移，红血细胞减少。病的恢复期，红血细胞及白血细胞开始增多，血象右移。

在产气性细菌感染时，一般无局部炎症现象，因为机体的全部防御能力受到抑制，所以化脓过程停止。触诊感染的部位时，可感到捻发音。

二、产后脓毒血症的诊断

产后脓毒血症是由局部炎症而继发的严重全身性疾病。木病的特征是静脉中有血栓形成，以后血栓化脓软化，随血液循环而流入其他器官和组织中，发生迁徙性脓性病灶或脓肿。有时二者混合存在。

1. 病因　产后脓毒败血症的发生通常是单独由葡萄球菌所引起的，有时它和链球菌共同致病。其他的化脓性细菌，如肺炎球菌、大肠杆菌，甚至产气杆菌感染，在机体抵抗力减弱时，也可能产生典型的脓毒血症的症状。

产后脓毒血症常常是由生殖器官深重的创伤、坏死性子宫炎、假膜性子宫炎及胎衣不下等疾病发展而来的。有时原发性病灶可能不在生殖器官，而在远离生殖器官的其他部位，如胸腔、腹腔的脏器和乳腺等组织的化脓性疾病，由于分娩而恶化，都可引起此病。有个别病例其原发病灶可能极不明显，不能检查出来，这种情况称为隐性脓毒血症。

2. 症状　在母牛生殖器官内能够发现程度不同的化脓腐败过程和明显的子宫弛缓。本病的全身症状常不一样，依迁徙性病灶所在的部位不同而异，但常常是突然发生的。在大多数病例，患病后6～8天，患牛的后肢关节（跗关节、膝关节，髋关节、球关节，腱鞘）、肺、肝和乳房（乳房多为大肠杆菌所引起）常常发生迁徙性脓肿。四肢关节出现迁徙性病灶时，病牛跛行、起卧困难。主要被侵害的关节为跗关节，往往发生肿胀，触诊感觉发热，且有疼痛。

血液检查时可发现红血细胞减少，白血细胞增加。白血细胞增多是机体与病原菌进行积极斗争的象征，为一种良好的征兆，临床症状严重时，则白血细胞减少，意味着机体斗争能力削弱，为不良的预兆，主要见于机体抵抗力衰弱或濒死之时。由于溶血毒素使红血细胞大量分解，而发生溶血性黄疸、血红蛋白血症及血红蛋白尿时，临床检查可发现可视黏膜黄染。

三、治疗

产后败血症和产后脓毒血症的治疗原则和方法大体上相同。其原则是处理生殖道的病灶，抑制和消灭侵入血液中的细菌以及维护和增强机体的抵抗力。

1. 局部疗法　当子宫内积聚有腐败的胎衣或渗出物时，禁止冲洗和按摩子宫，以免感染扩散，病情恶化。可以皮下注射垂体后叶素，催产素和肌肉注射雌激素，以促进子宫收缩，使其内容物排出，为制止炎症，可将盛有抗生素的胶囊投入子宫。在发现阴道内有创伤时，应涂擦抗生素或磺胺软膏。

2. 全身疗法　为了抑制病原菌的繁殖和消灭侵入血液的病原菌，必须及早应用足够剂量的抗生素或磺胺类药物。为了争取时间，可先用青霉素和链霉素混合肌肉注射，但其剂量必须比正常量大，且需连续注射直至体温下降至正常为止。也可静脉注射四环素。磺胺类药物中，可选用磺胺二甲基嘧啶，如能同时使用青霉素效果更好。

为了增强机体的抵抗力，中和毒素，促进血液中有毒物质排出和维持循环血容量及组织中所需的水分，可用氢化可的松 150～200 mg，加5%葡萄糖盐水 2 000～3 000 mL 静脉滴注。对脓毒血症，如有条件，反复多次输血效果更好。

练　习　题

1. 试述前胃弛缓、瘤胃积食、瘤胃鼓胀和瓣胃阻塞的鉴别诊断。
2. 创伤性网胃炎的诊断要点有哪些？
3. 瘤胃酸中毒的诊断要点及治疗措施？
4. 胃肠炎的治疗原则及方法有哪些？
5. 前胃弛缓的发病原因与治疗措施是什么？
6. 简述外伤性腹壁疝的诊断要点。
7. 如何诊断和治疗乳房炎？
8. 论述膀胱炎病因与治疗原则。
9. 难产的助产方法有哪些？
10. 试述急性肾炎的症状。

项目任务单

<table>
<tr><td colspan="8">项目六　腹部疾病的诊治</td></tr>
<tr><td rowspan="2">任务一</td><td colspan="3" rowspan="2">瘤胃疾病的诊治</td><td>子任务一</td><td>不同种类瘤胃疾病的诊断</td><td rowspan="2">学时</td><td rowspan="2">8</td></tr>
<tr><td>子任务二</td><td>不同种类瘤胃疾病的治疗方案设计与实施</td></tr>
<tr><td>实训场地</td><td></td><td>指导教师</td><td></td><td>实训班级</td><td></td><td>时间</td><td></td></tr>
<tr><td>组别</td><td></td><td>组长</td><td></td><td>组员</td><td></td><td></td><td></td></tr>
<tr><td>学习目标</td><td colspan="7">学生掌握瘤胃疾病的种类及其发病原因和临床表现，合理设计治疗方案，提高治疗能力。而且，在实际操作过程中发现问题、解决问题</td></tr>
<tr><td>相关知识准备</td><td colspan="7">1. 瘤胃疾病的种类和发病原因
2. 不同种类瘤胃疾病的临床表现和诊断方法
3. 不同种类瘤胃疾病的治疗方法和预防措施</td></tr>
<tr><td>相关技能准备</td><td colspan="7">1. 能准确说出不同种类瘤胃疾病的发病原因和临床表现
2. 能准确详细描述不同种类瘤胃疾病的临床检查方法和治疗方法</td></tr>
<tr><td>实施</td><td colspan="7">观察动物病例 →分析发病原因和诊断要点 → 实施临床检查 → 确诊疾病 → 设计治疗方案并实施→ 设计预防措施 → 组内组间交流</td></tr>
<tr><td rowspan="4">操作要求</td><td>观察病例</td><td colspan="6">通过动物病例，正确判断疾病</td></tr>
<tr><td>用品准备</td><td colspan="6">根据临床检查方法正确选择临床检查用品</td></tr>
<tr><td>现场操作</td><td colspan="6">1. 以组为单位，组长组织，组员分别操作
2. 每人能分析发病原因和临床表现，并对临床检查方法和治疗方法进行准确描述
3. 要求每组准确判断疾病，正确操作临床检查和治疗过程，并以文字材料写出该任务的操作过程</td></tr>
<tr><td>问题分析</td><td colspan="6">以组为单位，讨论在准备与操作过程中出现的各种问题，提出合理的解决办法，鼓励学生课余查阅其他相关治疗方法资料</td></tr>
<tr><td>注意事项</td><td colspan="7">组长负责，统筹安排，组员协作</td></tr>
</table>

操作方案设计与实施	小组任务： 发病原因和临床表现分析： 临床检查用品和方法： 治疗方案设计与实施： 预防措施设计：
操作过程中发现的问题	

分析总结						
考核体系	考核项目	考核细则	优秀	良好	合格	不合格
	素质考核（20分）	出勤情况（5分）	满勤（5分）	迟到（3分）	早退（3分）	旷课（0分）
		预习报告（10分）	内容详尽、实用，包括了试验所需的应知应会的知识点（10分）	内容详尽，实用。包括试验所需的应知应会的主要知识点（8分）	内容较简单，能包括试验所需的部分知识点（6分）	内容简单，试验所需的应知应会的知识点包括在内（6分以下）
		提问情况（5分）	回答问题完全正确，专业术语使用正确（5分）	回答问题较正确，部分专业术语使用不当（4分）	在老师或同学的提示下，回答问题基本正确，专业术语使用不当（3分）	回答问题错误，在老师或同学的提示下依然无法答出问题（3分以下）
	技能考核（50分）	正确说明病例发病原因（10分）	根据任务正确说明病例发病原因（10分）	根据任务基本正确说明病例发病原因（8分）	在教师的提示下，基本正确说明病例发病原因（6分）	在老师或同学的提示下依然无法完成任务（6分以下）
		正确分析病例的诊断要点（15分）	根据任务正确分析病例的诊断要点（15分）	根据任务基本正确分析病例的诊断要点（12分）	在教师的提示下，基本正确分析病例的诊断要点（9分）	在老师或同学的帮助后，仍无法完成任务（9分以下）
		治疗方案设计与实施完全合理实用（25分）	根据案例所设计的治疗方案和实际操作完全合理实用（25分）	根据案例所设计的治疗方案和实际操作基本合理实用（20分）	在教师的提示下根据案例所设计的治疗方案和实际操作合理实用（15分）	在老师或同学的帮助后，仍无法完成任务（10分以下）

<table>
<tr><td rowspan="2">考核体系</td><td rowspan="2">综合能力考核(30分)</td><td>理论支撑知识考核(15分)</td><td colspan="3">1. 瘤胃积食 2. 瘤胃鼓气</td></tr>
<tr><td>应用能力考核(15分)</td><td colspan="3">1. 试述瘤胃积食、瘤胃鼓胀和瓣胃阻塞的鉴别诊断
2. 瘤胃酸中毒的诊断要点及治疗措施?</td></tr>
<tr><td rowspan="4">评价体系</td><td>评价环节</td><td colspan="4">评价方法</td></tr>
<tr><td>组内互评(30分)
互评一:
互评二:
互评三:</td><td>组织协调能力强,能够及时完成所分担的任务,与组员沟通顺畅(30分)</td><td>与组员沟通协调较好,能及时完成所分担的任务(24分)</td><td>能与组员沟通协调,未能及时完成所分担的任务(18分)</td><td>不能与组员沟通协作,不去完成所交给的工作任务(18分以下)</td></tr>
<tr><td>组间互评(30分)
互评一:
互评二:
互评三:</td><td>该组整体沟通协调合作能力强,能优秀完成工作任务,经验总结好(30分)</td><td>该组能进行沟通协调合作,能完成工作任务,经验总结较好(24分)</td><td>该组能进行沟通协调合作,基本完成工作任务,经验总结一般(18分)</td><td>该组缺乏沟通协调合作能力,未能完成工作任务。经验总结较差(18分以下)</td></tr>
<tr><td>教师对小组整体评价(40分)</td><td colspan="4"></td></tr>
<tr><td rowspan="12">每个组员综合成绩</td><td>学号</td><td colspan="2">姓名</td><td colspan="2">成绩</td></tr>
<tr><td></td><td colspan="2"></td><td colspan="2"></td></tr>
<tr><td></td><td colspan="2"></td><td colspan="2"></td></tr>
<tr><td></td><td colspan="2"></td><td colspan="2"></td></tr>
<tr><td></td><td colspan="2"></td><td colspan="2"></td></tr>
<tr><td></td><td colspan="2"></td><td colspan="2"></td></tr>
<tr><td></td><td colspan="2"></td><td colspan="2"></td></tr>
<tr><td></td><td colspan="2"></td><td colspan="2"></td></tr>
<tr><td></td><td colspan="2"></td><td colspan="2"></td></tr>
<tr><td></td><td colspan="2"></td><td colspan="2"></td></tr>
<tr><td></td><td colspan="2"></td><td colspan="2"></td></tr>
<tr><td></td><td colspan="2"></td><td colspan="2"></td></tr>
</table>

项目七　四肢疾病的诊治

子项目一　跛行的诊断

◆**知识目标：**

1. 了解引起跛行的原因，掌握跛行的种类和跛行的程度。

2. 掌握跛行的诊断方法。

◆**能力目标：**

能应用所学知识进行跛行的诊断。

跛行是动物的肢蹄或其邻近部位因病态而表现出的四肢运动机能障碍。跛行不是一种独立的疾病，而是四肢机能障碍一种的综合症状。许多外科病，特别是四肢病和蹄病常可引起跛行。除了外科病，有些传染病、寄生虫病、产科病和内科病也可引起跛行。

一、跛行的原因

(1)四肢的运动及支柱器官的疼痛性疾患，如关节、肌腱、腱鞘、骨骼等急性炎症，均可引起跛行。

(2)由于慢性炎症过程，形成关节粘连、腱及韧带挛缩等，可引起跛行。

(3)神经麻痹和肌肉萎缩时，则四肢肌肉功能障碍，影响四肢运动，出现跛行。

(4)某些疾病过程，常可引起机能障碍，如骨软症、风湿病、布氏杆菌病、睾丸炎等均可引起跛行。

二、跛行的种类

四肢在运动的时候，每条腿的动作可分为两个阶段：空中悬垂阶段和地面支柱阶段。在空中悬垂阶段，由提举、伸扬两个步骤组成。在地面支柱阶段可分为着地、负重和离地三个步骤。蹄从离开地面到重新到达地面，为该肢所走的一步，这一步被对侧肢的蹄印分为前后两半，前一半为各关节按顺序伸展在地面所走的距离，后一半为各关节按顺序屈曲在地面所走的距离。健康动物一步的前一半和后一半基本是相等的，如图 7-1 所示。而在运步有障碍时，绝大多数是有变化的，某一半步出现延长或缩短。患肢所走的一步和相对健肢所走的一步是相等的、不变的，而只是一步的前一半或后一半出现延长或缩短，以调节其运步。

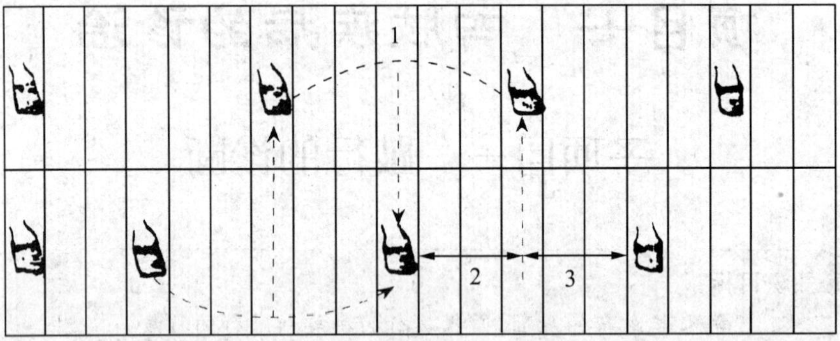

1. 一步幅　2. 后半步　3. 前半步

图 7-1　健康动物的步幅

跛行根据运步过程中，患肢在悬垂或支柱阶段所表现的运动机能障碍而分为悬跛、支跛、混合跛和特殊跛行。

1. **支跛(踏跛)**　患肢在支柱阶段表现机能障碍，被称为支柱跛行。其特征是患肢因疼痛而缩短负重时间，使对侧健肢提前落地，落地蹄音低，或落地负重时呈减负体重或免负体重，表现系部直立或两肢频频交替负重。侧方视诊呈后方短步。患部多在腕、跗关节以下，即“敢抬不敢踏，病痛腕跗下”如图 7-2 所示。

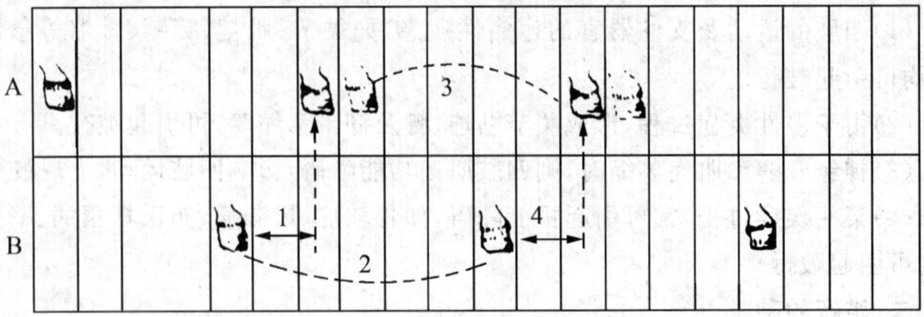

A. 健肢　B. 患肢

1、4. 后半步　2、3. 一步幅

图 7-2　患支跛动物的步样

2. **悬跛(运跛、扬跛)**　患肢在空中悬垂阶段表现明显的机能障碍，被称为悬垂跛行。其特征是患肢提举困难，伸扬不充分，抬不高，迈不远，重者患肢拖拉前进。侧望呈前方短步。患部多在腕、跗关节以上，即“敢踏不敢抬，病痛上段呆”如

图 7-3 所示。

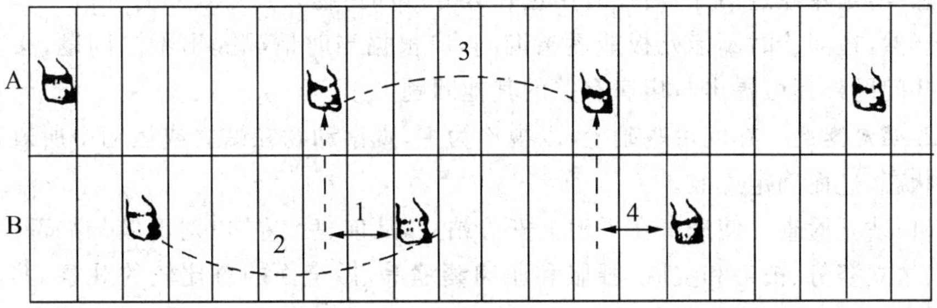

A. 健肢　B. 患肢
1、4. 前半步　2、3. 一步幅
图 7-3　患悬跛动物的步样

3. **混合跛(混跛)**　患肢在悬垂阶段和支柱阶段均表现不同程度的机能障碍称为混合跛行。引起混合跛可能有两种情况:一种是在患肢上有引起支跛和悬跛的两个患部;另一种是在某发病部位负重时有疼痛,运步时也有疼痛。其特征为支跛与悬跛的特征同时存在。

4. **特殊跛行**

(1)紧张步样。呈现急速短步,见于蹄叶炎。

(2)黏着步样。缓慢短步,步态强拘,见于肌肉风湿、破伤风。

(3)鸡步。患肢运步高度举扬,在空间停留片刻后,又突然着地;如同鸡行。

三、跛行的程度

1. **轻度跛行**　患肢驻立时蹄全负缘着地,较健肢着地时间短。运步稍异常,负重运动则出现跛行。

2. **中度跛行**　患肢仅用蹄尖着地,或虽以蹄全负缘着地,但上部关节屈曲,运步时可明显提伸障碍。

3. **重度跛行**　患肢驻立时几乎不着地,运步时有明显的提举困难,甚至呈三肢跳跃前进。

四、跛行诊断方法

1. **病史调查**　采用问诊的形式向畜主或饲养管理人员了解有关动物跛行的情况。问诊时重点注意以下几项:

(1)患畜的饲养管理情况,其他同群动物情况。

(2)跛行发生的时间,是突然发生的,还是缓慢发生的;有无滑倒、冲撞、打击等情况,当时表现如何,有无全身变化等。

(3)目前情况如何,比初发时是减轻还是增重,运动中跛行是减轻还是增重,休息后怎样,是否经过治疗,治疗时用过什么方法和药物以及疗效如何等。

当然,在问诊时不能死板地逐条询问,应根据当时情况提出不同问题,必要时除这些问题外还可提出与疾病有关的其他问题。

2.**确定患肢** 在问诊基础上,以视诊为主,观察动物在站立或运动中所表现的异常状态,进而确定患肢。

(1)站立检查。使病畜在平地上安静站立,从前、后、左、右对四肢的局部、负重状态、站立姿势、被毛和皮肤、肿胀和肌肉萎缩等,做全面的有比较的观察,尤其是对两前肢或两后肢同一部位进行比较。

(2)运动检查。目的在于通过运动检查,观察病牛的跛行种类和程度,以发现患肢和初步判定患部。

①举扬和负重状态:判定是前方短步还是后方短步,听蹄音,以确定跛行种类,找出患肢。

②点头运动:一前肢发生支跛时,健肢着地负重时,头向健侧低下;患病前肢着地负重时,如一肢有疾患时,可从蹄音、头部运动和尻部运动找出患肢。蹄音是当蹄着地时碰到地面发出的声音,健蹄的蹄音比病蹄的蹄音要强,声音高朗,如发现某个肢的蹄音低,即可能为患肢。头部运动是病畜在健前肢负重时,头低下,患前肢着地时,头高举,以减轻患肢的负担,在点头的同时,有时可见头的摆动,特别在前肢上部肌肉有疼痛性疾患,当健前肢负重患前肢高举时,颈部就摆向健侧。由头部运动可找出前肢的患肢。尻部运动是在一后肢有疾患时,为了把体重转向对侧的健肢,健肢着地时,尻部低下,而患肢着地的瞬间尻部相对高举。从尻部运动可找出后肢的患肢。

两前肢同时得病时,肢的自然步样消失,病肢伫立的时期短缩,前肢运步时肢提举不高,蹄接地面而行,但运步较快。肩强拘、头高扬、腰部弓起、后肢前踏、后肢提举较平常为高。在高度跛行时,快速运动比较困难,甚至不能快速运动。

两后肢同时得病时,运步时步幅短缩,肢迈出很快,运步笨拙,举肢比平时运步较高,后退困难。头颈常低下,前肢后踏。

同侧的前后肢同时发病时,头部及腰部呈摇摆状态,患前肢着地时,头部高举,并偏向健侧,健后肢着地时,尻部低下。反之,健前肢着地时,头部低下,患后肢着地时,尻部举起。

一前肢和对侧后肢同时发病时,患肢着地时,体躯举扬,健肢着地时,头部及腰部均低下。

三个肢以上同时得病时,情况更为复杂,运步时的表现根据具体情况有所不同，需仔细分辨。

值得注意的是，在重度跛行时，前后肢互相影响，不要把一个肢的跛行，误认为两个肢的跛行。特别是有些马，在运步时，同侧的前后肢，同时起步和落步，这样如一肢有病时，往往互相影响。例如一前肢蹄部有病时，呈现典型支跛，当患前肢着地时，同时着地的健后肢向前伸出较远，并弓腰，以减轻患肢的负重，没有经验的临床工作者，常常误认为后肢也有病。

用上述方法尚不能确定患肢时，可用促使跛行明显化的一些特殊方法，这些方法不但能够确定患肢，而且有时可确定患部和跛行种类。

③圆周运动：支跛患肢在内圈时跛行明显，悬跛患肢在外圈时跛行明显。

④回转运动：使患畜快步直线运动，趁其不备的时候，使之突然回转，患畜在向后转的瞬时，可看出患肢的运动障碍。回转运动需连续进行几次，向左向右都要回转，以便比较。

⑤乘挽运动：伫立和运步都不能认出患肢时，可行乘骑或适当的拉挽运动，在乘挽运动过程中，有时可发现患肢。

⑥硬地、不平石子地运动：有些疾病患肢在硬地和不平石子地运动时，可显出运动障碍，因为这时地面的反冲力大，可使支持器官的患部遭受更大震动，或蹄底和腱、韧带器官疾患在不平石子上运步时，加重局部的负担，使疼痛更为明显。

⑦软地运动：在软地、沙地运步时，主动运动器官有疾患时，可表现出机能障碍加重，因为这时主动运动器官比在普通路面上要付出更大力量。

⑧上坡和下坡运动：前肢的悬跛和后肢的悬跛，上坡时跛行都加重，后肢的支跛在上坡时，跛行也加重；前肢的支持器官有疾患时，下坡时跛行明显。

3. 寻找患部　患肢确定后，就可以进一步观察跛行的种类和程度。用健肢蹄印衡量患肢所走的一步，观察是前方短步，还是后方短步。肉眼辨不清时，划出蹄印用尺测量。确定短步后，就注意是悬垂阶段有障碍，还是负重阶段有障碍，同时要观察患肢有无内收、外展、前踏、后踏情况。注意系关节是否敢下沉，若不敢下沉，说明负重有障碍。蹄音如何？若蹄音低表明支持器官有障碍。两侧腕关节和跗关节提举时能否达到同一水平，若不能达到同一水平时，表明患肢提举有困难。进一步注意肩关节和膝关节的伸展情况，指关节的伸展情况，若伸展不够或不能伸展，表明蹄前伸有障碍。根据视诊所搜集到的症状，最后确定跛行的种类和程度。

在观察跛行种类程度的同时，就可注意到可疑的患部，因为在运步以前，已在伫立视诊时搜集到一些可疑的部位。在运步时，又因患部疼痛或机械障碍，临床上出现特有表现，如关节伸展不便，呈现内收或外展；肌肉收缩无力，呈现颤抖；蹄的某部分避免负重等等。结合进一步观察，确定悬垂阶段有障碍时，是提举有问题，还是伸展有问题，当伫立阶段有障碍时，是着地有问题，还是离地有问题，或是负重有问题。这样，就可初步发现可疑患部，为进一步诊断提出线索。

4. **X射线诊断** 跛行诊断时，X射线检查不但对诊断有着重要的科学和实践价值，而且对疾病的经过、预后，甚至对合理的治疗也有很大的帮助。

子项目二 骨、关节疾病的诊治

◈**知识目标：**

1. 掌握骨折、关节扭伤、关节脱臼及风湿病发生的常见病因、临床症状、诊断方法。

2. 掌握骨折、关节扭伤、关节脱臼及风湿病的治疗措施。

◈**能力目标：**

1. 能应用所学知识诊治骨、关节疾病。

2. 能使用常用诊疗仪器对骨、关节疾病进行诊断和治疗。

任务一 骨折的诊治

案例分析：

2007年4月25日，深圳市动物园1只7月龄狮虎兽，雌性，体重约40 kg，与另外2只同胎狮虎兽饲养于约150 m^2 笼舍内，其外运动场约80 m^2，白天主要在外运动场活动，无既往病史。4月25日上午发现该狮虎兽运动时右后肢不敢着地，并摇摆。将其麻醉后，触诊患肢感觉股骨近端有摩擦音。

一、临床诊断

（一）临床检查

肢体的全骨折可依据异常体形、异常活动和骨摩擦音，开放性骨折可依创口外露的骨断端而确诊。不全骨折可查找骨折压痛线。

（二）特殊诊断

1. **X射线诊断** 通过进行X射线检查，可清楚了解骨折形状和移位情况。检查时要拍摄前后位、侧位两个方位，必要时加斜位比较。

2. **直肠检查** 骨盆、腰椎部的骨折，进行直肠检查，可以摸到骨折部变形、肿胀等病变。

3. **骨传导音检查**　用听诊器置于骨折的任何一端隆起部作为收音区，以叩诊锤在另一端的骨隆起部轻轻叩打，上下、内外对比，患肢与健肢对比，根据骨传导音的音质和音量的改变，判断有无骨折存在。正常骨的传导音有清脆实质感，骨折后音变钝而浊，有时甚至听不清。

二、发病原因分析

1. 外伤性骨折

(1)直接暴力。由各种机械外力直接打击而发生，如车辆冲撞、重物压轧、蹴踢、角顶等，常发生开放性骨折，甚至粉碎性骨折，大都伴有周围软组织的严重损伤。

(2)间接暴力。指外力通过杠杆、传导或旋转作用而使远处发生骨折。如摔倒、奔跑、跳跃时扭闪、急停、跨沟滑倒等，肢蹄卡于地面的洞穴因身体的旋转造成的骨折等。

(3)肌肉牵引。肌肉突然强烈收缩，可导致肌肉附着部位骨的撕裂。

2. 病理性骨折

病理性骨折是有骨质疾病的骨发生骨折。如患有骨髓炎、骨疽、佝偻病、骨软病，衰老、妊娠后期或高产乳牛泌乳期中，营养神经性骨萎缩，慢性氟中毒等，以及某些遗传性疾病，如牛、猪卟啉症、四肢骨关节畸形或发育不良等，这些处于病理状态下的骨，疏松脆弱，应力抵抗降低，有时遭受不大的外力，也可引起骨折。长期以肝、火腿肠、肉为主的犬，由于食物中缺钙而极易出现病理性骨折。

三、诊断结论

本病例属于骨折疾病。骨折是指由于外伤或病理等原因致使骨质部分或完全断裂的一种疾病。其主要临床表现为：骨折部有局限性疼痛和压痛，局部肿胀和出现淤斑，肢体功能部位或完全丧失，完全性骨折尚可出现肢体畸形及异常活动。

四、治疗

(一)治疗原则

正确整复，合理固定，促进愈合，恢复机能。

(二)治疗方法

1. **骨折急救**　首先使动物安静，不让动物走动，防止断端活动和严重并发症，可用镇静和镇痛剂，再用简易夹板临时固定包扎骨折部，注意止血和预防休克。开放性骨折，创伤内消毒止血、撒布抗菌药物后，固定包扎骨折部创口，以防感染。

2. **治疗措施**

【治疗方案1】

闭合性整复与固定：动物侧卧保定，全身浅麻醉或局部浸润麻醉，必要时还可以同时使用肌肉松弛剂，按“愈合先离，离而复合”的原则，先轻后重，沿着肢体纵轴做对抗牵引，然后使骨折的远端凑合到侧端，采用旋转或屈伸以及提、按、捏、压断端的方法，使两端正确对接，恢复正常的解剖学位置。整复时，术者手持近侧骨折段，助手纵轴牵引远侧段，保持一定的对抗牵引力，使骨断端对合复位。有条件可用X光判断。完成整复后立即进行外固定，常用夹板绷带、石膏绷带、金属支架等。固定部位剪毛、衬垫棉花。固定范围一般应包括骨折部上、下两个关节。

【治疗方案2】

开放性整复与固定：在发生开放性骨折和某些复杂的闭合性骨质时，如粉碎性骨折、嵌入骨折等，通过手术方法暴露骨折段进行复位。根据骨折性质和不同骨折部位，常选用髓内针、骨螺钉、接骨板、金属丝等材料进行内固定。为加强固定，在内固定之后，配合外固定。新鲜开放性骨折或周全性骨折进行开放性处理时，要在良好的麻醉条件下，及时而彻底清除创内完全游离并失去血液供应的小碎骨片及凝血块；大块的游离骨片应在彻底清除污染后重新植入，以免造成大块骨缺损而影响愈合。对陈旧开放性骨折，应按感染创处理，清除坏死组织和死骨片，撒布大量抗菌药物，如青霉素鱼肝油等，按骨折具体情况作暂时外固定。可加用内固定。要保留开放的创口，便于术后的清洗处理。

【治疗方案3】

药物治疗：为了减轻疼痛，可注射安痛定、安乃近。为预防感染，消除炎症，可应用抗菌药物。对开放性骨折动物，应及时注射破伤风抗毒素，预防破伤风的发生。此外，为加速骨痂形成，可在饲料中加喂骨粉、石粉，碳酸钙等钙制剂，补充维生素A、维生素D，必要时可以静脉注射氯化钙或葡萄糖酸钙、维生素C等。

【治疗方案4】

物理疗法：骨折愈合的后期，可增强功能锻炼，局部加强按摩、搓擦，同时配合物理疗法、温热疗法及紫外线疗法等，以促进早日恢复功能。

五、预防

加强饲养管理，改善日粮组成，避免人为打击动物，防止动物到处乱跑动，以免因车辆引起的受伤。

知识拓展

骨折的临床症状

一、骨折的特有症状

(1)肢体变形。骨折两断端因受伤时的外力、肌肉牵拉力和肢体重力的影响等，造成骨折段的移位。骨折部外形和解剖结构发生显著变化，患肢呈弯曲、缩短、延长等异常肢势。

(2)异常活动。正常情况下，肢体完整而不活动的部位，在骨折后负重或作被动运动时，出现屈曲、旋转等异常活动。但肋骨、椎骨、蹄骨、干骺端等部位的骨折，异常活动不明显或缺乏。

(3)骨摩擦音。骨折两断端互相触碰，可听到骨摩擦音，或有骨摩擦感。但在不全骨折、骨折部肌肉丰厚、局部肿胀严重或断端间嵌入软组织时，通常听不到。

二、骨折的其他症状

(1)出血与肿胀。骨折时骨膜、骨髓及周围软组织的血管破裂出血，经创口流出或在骨折部发生血肿，加之软组织水肿，造成局部显著肿胀。

(2)疼痛。骨折后骨膜、神经受损，病畜即刻感到疼痛，疼痛的程度常随动物种类、骨折的部位和性质，反应各异。

(3)机能障碍。骨折后因肌肉失去固定的支架，以及剧烈疼痛而引起不同程度的功能障碍，都在伤后立即发生。如四肢骨骨折时突发重度跛行、脊椎骨骨折伤及脊髓时可致相应区后部的躯体瘫痪等。但是发生不全骨折、棘突骨折、肋骨骨折时，功能障碍可能不显著。

三、全身症状

轻度骨折一般全身症状不明显。严重的骨折伴有内出血、肢体肿胀或者内脏损伤时，可并发急性大失血和休克等一系列综合症状；闭合性骨折于损伤2～3天后，因组织破坏后分解产物和血肿的吸收，可引起轻度体温上升。骨折部若继发细菌感染时，体温升高，局部疼痛加剧，食欲减退。

任务二　关节扭伤的诊治

案例分析：

一只金毛犬，从楼梯上摔下，前腿关节肿胀，踮着脚走路，脚向外撇，躺着能伸能弯，轻轻转动关节没有明显痛感，体温正常，精神与生活不受影响。

一、临床诊断

患病动物在运动或使役中突发跛行，患病关节肿胀，触诊有明显热、痛症状。

二、发病原因分析

由于在不平道路上的重剧使役，急转、急停、转倒、失足登空、嵌夹于穴洞的急速拔腿、跳跃障碍、不合理的保定、肢势不良、装蹄失宜等；在牛、水牛除上述原因外，还有误踏深坑或深沟、跳沟扭闪(跨越沟渠)、跌倒等，使关节的伸、屈或扭转超越了生理活动范围，引起关节周围韧带和关节囊的纤维剧伸，发生部分断裂所致。

三、诊断结论

本病例属于关节扭伤。在外力作用下，关节骤然向一侧活动而超过其正常活动度时，引起关节周围软组织如关节囊、韧带、肌腱等发生撕裂伤，称为关节扭伤。临床上表现有疼痛、跛行、肿胀、温热和骨质增生等症状。

四、治疗

(一)治疗原则

制止出血和炎症发展，促进吸收，镇痛消炎，预防结缔组织增生，恢复关节机能。

(二)治疗方法

【治疗方案 1】

(1)在急性炎症初期 1～2 天内，为了制止关节腔内继续出血和渗出，应进行冷疗和包扎压迫绷带。冷疗可用冷水浴或冷敷。症状严重时，可注射加速凝血剂，如静脉注射 10%氯化钙溶液。

(2)及时使用温热疗法，促进吸收。如温水浴(用 25～40℃温水浴，连续使用，每用 2～3 h 后，应间隔 2 h 再用)、干热疗法(热水袋、热盐袋)促进溢血和渗出液的吸收。

【治疗方案 2】

(1)肌肉注射维生素 K_3 注射液。

(2)关节内出血不能吸收时，可作关节穿刺排出，同时通过穿刺针向关节腔内注入 0.25%普鲁卡因青霉素溶液。

【治疗方案 3】

(1)使用碘离子透入疗法、超短波和短波疗法、石蜡疗法、酒精鱼石脂绷带，或敷中药四三一散(处方：大黄 4 份、雄黄 3 份，龙脑 1 份，研细，蛋清调敷)。

(2)如肢势不良，蹄形不正时，在药物疗法的同时进行合理的削蹄或装蹄，可配合新针疗法或用氦氖激光照射、二氧化碳激光扩焦照射。

五、预防

除重症者外，绝大部分病例预后良好。但是凡发生关节扭伤，常引起关节周围的结缔组织增生，关节的运动范围变窄，多数不能完全恢复功能。

重症者，由于关节内外的病变，留下长期的关节痛，外伤性关节水肿、变形性骨关节病及关节僵直等后遗症。

知识拓展

关节扭伤的症状

1. 疼痛　原发性疼痛，受伤后立即出现，是关节滑膜层神经末梢对机械刺激的敏锐反应。炎性反应性疼痛，根据组织损伤程度和炎症反应情况而异。韧带损伤痛点位于侧韧带的附着点纤维断裂处，触诊可发现疼痛。他动运动有疼痛反应，举起患肢进行关节他动运动，只要使受伤韧带紧张，即使不超过其生理活动范围，立即出现疼痛反应，甚至拒绝检查。同时转动关节向受伤的一方，使损伤韧带弛缓，则疼痛轻微或完全无痛。当做踏动运动检查，有时发现关节的可动程度远远超过正常活动范围，这是关节侧韧带断裂和关节囊破裂的严重表现，此时疼痛明显。

2. 跛行　扭伤后立即出现跛行，上部关节扭伤时为混跛，下部关节扭伤时为支跛。

3. 肿胀　轻度扭伤，基本没有明显肿胀，中等度扭伤有程度不同的肿胀，只在严重关节扭伤时，炎症反应越剧烈，肿胀也越重。

4. 温热　一般伤后经过半天乃至一天的时间，它和炎性肿胀、疼痛、跛行同时并存，并表现有一致性。仅在慢性过程关节周围纤维性增殖和骨性增殖阶段有肿胀、跛行，而无温热。

5. 骨赘　慢性关节扭伤可继发骨化性骨膜炎，常在韧带附着处形成骨赘，因而存在长期跛行。

任务三　关节脱臼的诊治

案例分析：

一只雄性红贵宾犬，体重 5 kg，左前腿一直不能着地走路，而且疼痛越来越明显，拍 X 光片检查，发现是肩关节前方脱位。

一、临床诊断

（一）临床检查

根据关节变形、异常固定、肢势改变及机能障碍做出诊断。

(二)特殊诊断

可以借助X射线检查做出准确诊断。

二、发病原因分析

外伤性脱位最常见。以间接外力作用为主，如蹬空、关节强烈伸曲、肌肉不协调地收缩等，直接外力是第二位的因素，使关节活动处于超生理范围的状态下，关节韧带和关节囊受到破坏，使关节脱位，严重时引发关节骨或软骨的损伤。

在少数情况是先天性因素引起的，由于胚胎异常或者胎内某关节的负荷关系，引起关节囊扩大，多数不破裂，但造成关节囊内脱位，轻度运动障碍，不痛。也可见于先天性关节囊扩大、解剖缺陷及关节炎等。

三、诊断结论

本病例属于关节脱位。由于外力作用，关节骨端的正常的位置发生变化，使关节头脱离关节窝，失去正常接触而出现移位，称为关节脱臼。临床主要以关节变形、肢势改变及机能障碍为主要特征。

四、治疗

(一)治疗原则

整复、固定和恢复机能。

(二)治疗方法

【治疗方案】

整复就是复位，整复越早越好，当炎症出现后会影响复位。整复应当在麻醉状态下实施，以减少阻力，易达到复位的效果。

整复的方法有按、揣、揉、拉和抬。在大动物关节脱位的整复时，常采用绳子将患肢拉开反常固定的患关节，然后按照正常解剖位置使脱位的关节骨端复位；当复位时会有一种声响，此后，患关节恢复正常形态。为了达到整复的效果，整复后应当让动物安静1～2周。

为了防止复发，应实施固定。整复后，下肢关节可用石膏或者夹板绷带固定，经过3～4周后去掉绷带，牵遛运动让病畜恢复。在固定期间用热疗法效果更好。由于上肢关节不便用绷带固定，可以采用5%的灭菌盐水或者自家血液向脱位关节的皮下做数点注射(总量不超过20 mL)，引发周围组织炎症性肿胀，因组织紧张而起到生物绷带的作用。

在实施整复时，一只手应当按在被整复的关节处，可以较好地掌握关节骨的位置和用力的方向。犬猫在麻醉状态下整复关节脱位比马牛相对容易一些。整复后应当拍X片检查。对于一般整复措施整复无效的病例，可以进行手术治疗。

知识拓展

关节脱臼的症状

1. 关节变形　因构成关节的骨端位置改变，使正常的关节部位出现隆起或凹陷。

2. 异常固定　因构成关节的骨端离开原来的位置被卡住，使相应的肌肉和韧带高度紧张，关节被固定不动或者活动不灵活，他动运动后又恢复异常的固定状态，带有弹拨性。

3. 关节肿胀　由于关节的异常变化，造成关节周围组织受到破坏、出血、形成血肿及比较剧烈的局部急性炎症反应，引起关节的肿胀。

4. 肢势改变　呈现内收、外展、屈曲或者伸张的状态。

5. 机能障碍　伤后立即出现。由于关节骨端变位和疼痛，患肢发生程度不同的运动障碍，甚至不能运动。

任务四　风湿病的诊治

案例分析：

一只6月龄的狗，体重7.8 kg，圈内饲养，突然得病，当时连日阴雨、环境潮湿。病狗左前肢跛行，不能着地，行动困难，经常卧地不起，强行驱赶时三只脚跳跃前进。触诊病狗左前肢表现疼痛、敏感、吠叫且挣扎，肩部肌群敏感，肩关节和肘关节稍肿，有温热感。连续几天测体温在38～39.3℃之间，呼吸、脉搏等生理指标均正常。饮食也正常，粪尿无异常。开始2天注射消炎针效果不佳。

一、临床诊断

（一）病史

是否有咽喉扁桃体炎症史和风寒、过劳史，尤其是厩舍是否有贼风。

（二）临床检查

动物患部肌肉僵硬、疼痛，关节伸展不充分。

（三）水杨酸钠皮内试验

用0.1%水杨酸钠10 mL分数点做颈部皮内注射，注射后（30 min、60 min）白细胞总数比注射前减少20%为阳性，急性者检出率达65%。

二、发病原因分析

风湿病的发病原因迄今尚未完全阐明。

近年来研究表明，风湿病是一种变态反应性疾病，并与A型溶血性链球菌感染有关。已知溶血性链球菌感染后所引起的病理过程有两种。一种表现为化脓性感染，另一种则表现为延期性非化脓性并发病，即变态反应性疾病。风湿病属于后一种类型，并得到了临床、流行病学及免疫学方面的支持。

此外，风、寒、潮湿、过劳等因素在风湿病的发生上起着重要的作用。如畜舍潮湿、阴冷，大汗后受冷雨浇淋，受贼风特别是穿堂风的侵袭，夜卧于寒湿之地或露宿于风雪之中，以及管理使役不当等都是易发风湿病的诱因。

三、诊断结论

本病例属于风湿病。

风湿病的主要症状是发病的肌群、关节及蹄的疼痛和机能障碍。疼痛表现时轻时重，部位多固定但也有转移的。风湿病有活动型的、静止型的，也有复发型的。根据其病程及侵害器官的不同可出现不同的症状。

四、治疗

(一)治疗原则

消除病因、加强护理、祛风除湿、解热镇痛、消除炎症，加强饲养管理。

(二)治疗方法

【治疗方案1】

应用解热、镇痛及抗风湿类药物，包括水杨酸、水杨酸钠及阿司匹林等。应用大剂量的水杨酸制剂治疗风湿病，特别是治疗急性肌肉风湿病疗效较高，而对慢性风湿病疗效较差。口服：马、牛10～60 g/次，猪、羊2～5 g/次，犬、猫0.1～0.2 g/次。注射：马、牛10～30 g/次，猪、羊2～5 g/次，犬0.1～0.5 g/次，每日1次，连用5～7次。也可将水杨酸钠与乌洛托品、樟脑磺酸钠、葡萄糖酸钙联合应用。

【治疗方案2】

常用的有氢化可的松注射液、地塞米松注射液、醋酸泼尼松(强的松)、氢化泼尼松(强的松龙)注射液等。

【治疗方案3】

风湿病急性发作期，无论是否证实机体有链球菌感染，均需使用抗生素。首选青霉素，肌肉注射每日2～3次，一般应用10～14天。不主张使用磺胺类抗菌药物，因为磺胺类药物虽然能抑制链球菌的生长，却不能预防急性风湿病的发生。

【治疗方案4】

应用碳酸氢钠、水杨酸钠和自家血液疗法。其方法是：马、牛每日静脉内注射

5%碳酸氢钠溶液 200 mL,10%水杨酸钠溶液 200 mL;自家血液的注射量为第 1 天 80 mL,第 3 天 100 mL,第 5 天 120 mL,第 7 天 140 mL。7 天为一疗程。每疗程之间间隔一周,可连用两个疗程。该方法对急性肌肉风湿病疗效显著,对慢性风湿病可获得一定的好转。

【治疗方案 5】

物理疗法对风湿病,特别是对慢性经过者有较好的治疗效果。局部温热疗法:将酒精加热至 40℃左右,或将麸皮与醋按 4∶3 的比例混合炒热装于布袋内进行患部热敷,每日 1～2 次,连用 6～7 天。亦可使用热石蜡及热泥疗法等。在光疗法中可使用红外线(热线灯)局部照射,每次 20～30 min,每日 1～2 次,至明显好转为止。

【治疗方案 6】

应用针灸治疗风湿病有一定的治疗效果。根据不同的发病部位,可选用不同的穴位。中药方面常用的方剂有通经活络散和独活寄生散。

【治疗方案 7】

局部可应用水杨酸甲酯软膏(处方:水杨酸甲酯 15 g、松节油 5 mL、薄荷脑 7 g、白色凡士林 15 g),水杨酸甲酯莨菪油擦剂(处方:水杨酸甲酯25 g、樟脑油 25 mL、莨菪油 25 mL),亦可局部涂擦樟脑酒精及氨擦剂等。

五、预防

在北方风湿病的发病率较高,对生产危害亦较大,加之其病因至今仍未完全阐明,又缺乏行之有效的预防办法,因此在风湿病多发的冬春季节,要特别注意家畜的饲养管理和环境卫生,要做到精心饲养,注意使役,勿使其过度劳累。使役后出汗时不要系于房檐下或有穿堂风处,免受风寒。厩舍应保持卫生、干燥、冬季时应保温以防家畜受潮湿和着凉。对溶血性链球菌感染后引起的家畜上呼吸道疾病,如急性咽炎、喉炎、扁桃体炎、鼻卡他等疾病应及时治疗。如能早期大量应用青霉素等抗生素彻底治疗,对风湿病的发生和复发起到一定的预防作用。

知识拓展

风湿病的类型

风湿病在临床上常见的分类方法和症状如下:

一、根据发病的组织和器官的不同

1. 肌肉风湿病(风湿性肌炎) 主要发生于活动性较大的肌群,如肩臂肌群、背腰肌群、臀肌群、股后肌群及颈肌群等。其特征是急性经过时发生浆液性或纤维素性炎症，炎性渗出物积聚于肌肉结缔组织中，而慢性经过时则出现慢性间质性肌炎。

2. 关节风湿病（风湿性关节炎） 最常发生于活动性较大的关节，如肩关节、肘关节、髋关节和膝关节等。脊柱关节（颈、腰部）也有发生。常对称关节同时发病。有游走性。

本病的特征是关节囊及周围组织水肿，滑液中有的混有纤维蛋白及颗粒细胞。患病关节外形粗大，触诊温热、疼痛、肿胀。运步时出现跛行。

3. 心脏风湿病（风湿性心肌炎） 主要表现为心内膜炎的症状。听诊时第一心音及第二心音增强，有时出现期外收缩性杂音。

二、根据发病部位的不同

1. 颈风湿病 主要为急性或慢性风湿性肌炎，有时也可能累及颈部关节。表现为低头困难（两侧同时患病时，俗称低头难）或风湿性斜颈（单侧患病）。患病肌肉僵硬，有时疼痛。

2. 肩臂风湿病 主要为肩臂肌群的急性或慢性风湿性炎症。有时亦可波及肩、肘关节。病畜驻立时患肢常前踏，减负体重。运步时则出现明显的悬跛。两前肢同时发病时，步幅短缩，关节伸展不充分。

3. 背腰风湿病 主要为背最长肌、髂肋肌的急性或慢性风湿性炎症，有时也波及腰肌及背腰关节。病畜驻立时背腰稍拱起，腰僵硬，凹腰反射减弱或消失。触诊背最长肌和髂肋肌等发病的肌肉时，僵硬如板，凹凸不平。病畜后躯强拘，步幅短缩，不灵活。卧地后起立困难。

4. 臀股风湿病（后肢风湿） 病变常侵害臀肌群和股后肌群，有时也波及髋关节。主要表现为急性或慢性风湿性肌炎的症状。患病肌群僵硬而疼痛，两后肢运动缓慢而困难，有时出现明显的跛行症状。

三、根据病理过程的经过不同

1. 急性风湿病 发病急剧，疼痛及机能障碍明显。常出现比较明显的全身症状。一般经过数日或1～2周即可好转或痊愈，但容易复发。

2. 慢性风湿病 病程拖延较长，可达数周或数月之久。患病的组织或器官缺乏急性经过的典型症状，热痛不明显或根本见不到。但病畜运动强拘，不灵活，容易疲劳。

子项目三　蹄病的诊治

◆**知识目标：**

1. 掌握腐蹄病、蹄叶炎的常见病因、临床症状、诊断方法。
2. 掌握腐蹄病、蹄叶炎的治疗方法。

◆**能力目标：**

1. 能应用所学知识诊断动物的蹄疾病。
2. 能对蹄病进行治疗，并提出合理的防治措施。

任务一　腐蹄病的诊治

案例分析：

某畜主饲养黑山羊68只，2005年6月先后有16只羊出现跛行，蹄肿痛，走路困难，继而蹄冠、蹄踵、蹄趾间发生肿胀、发热、溃烂，在溃烂处有血水或恶臭的脓性分泌物流出，最后形成脓肿、脓漏，羊采食减少、消瘦。

一、临床诊断

患畜一肢或多肢跛行，蹄间和蹄冠皮肤充血、水肿，蹄底流出恶臭脓液是主要特征。

二、发病原因分析

1. *病原*　在奶牛腐蹄病的病原学方面，意见尚不十分统一，大多数学者认为坏死厌气丝杆菌是该病的主要病因，但脓性棒状杆菌和其他化脓性细菌、结节状拟杆菌等也可以在感染组织涂片中发现。

2. *环境因素*　奶牛长时间站立在坚硬、滑溜的水泥地板上，导致关节受损害发生病变，蹄底出血，加之阴暗潮湿，粪水污染，趾间被腐蚀，形成厌氧环境，造成腐蹄病发生。

3. *营养因素*　饲料营养不平衡，饲料结构不合理。精饲料喂量过多，瘤胃内乳酸蓄积，使瘤胃pH值降低，形成慢性瘤胃酸中毒，释放活性物质(组织胺或类毒素)，引起血管的收缩和膨胀，真皮毛细血管发生病理变化，造成蹄质损伤。

混合精料中，微量元素不足，比例不当，无机微量元素吸收不好，也是发生蹄病的重要原因。

三、诊断结论

本病例属于腐蹄病。

牛腐蹄病最初发生于蹄间裂的后面，逐渐向前扩展至蹄冠的接续部，向后扩延至蹄球，以致整个蹄间隙腐烂。病初期跛行不明显，但随病变扩大和侵害深部组织及关节，即出现严重支跛。早期蹄间发生急性皮炎，潮红、肿胀，切开皮肤可见黄色的脓液和坏死组织，恶臭，常出现疣状物。严重的化脓而形成溃疡、腐烂。

病畜精神沉郁、食欲不振。而后蹄匣角质开始剥离，往往并发骨、腱、韧带的坏死，体温升高，跛行严重，有时蹄匣脱落。

四、治疗

（一）治疗原则

消除病因、加强护理、解热镇痛、消除炎症，加强饲养管理。

（二）治疗方法

【治疗方案1】

(1)蹄部消毒。以10%～30%硫酸铜溶液彻底洗涤患蹄，除去污物，切除坏死组织，再用双氧水冲洗，然后用纱布吸干创面。群发时，可设消毒槽，槽中放入10%硫酸铜溶液，使病畜每天通过2～4次。

(2)患部用药。患部消毒后将高锰酸钾粉撒布于患处，包扎，隔日1次，连用2～3次可痊愈。

(3)全身治疗。出现继发感染的病例需要进行全身治疗，可应用抗菌消炎、解热镇痛作用的药物。

【治疗方案2】

(1)蹄部消毒。以2%来苏儿溶液彻底洗涤患蹄，除去污物。

(2)患部用药。患部消毒后将硫酸铜粉或磺胺粉撒布于患处，包扎，隔日1次，连用2～4次可痊愈。

(3)全身治疗。可应用抗菌消炎、解热镇痛作用的药物。

五、预防

1. **加强饲养管理**　给予正确、合理的日粮配方，补充饲料中的矿物质和其他微量元素。畜舍、运动场要清洁干燥，定期清除污物，冲刷牛舍及牛床，定期消毒，加强运动场管理，及时剔除可能造成奶牛蹄部损伤的砖块、石头、铁丝头、玻璃碎片等异物。

2. **加强护蹄和修蹄**　定期修整牛蹄，减少腐蹄病发生的诱因，发现病例应该及时隔离治疗，同时更应该加强护理，防止交叉感染。

3. **合理运动、增加光照时间**　适当、合理的运动可以促进奶牛蹄部的血液循环；增加光照时间可以增强机体对钙、磷的吸收，减少该病的发生。

知识拓展

蹄叉腐烂的诊治

一、临床诊断

病畜呈支跛，检查蹄叉时，可见蹄侧沟有大小不等的黑色小洞，角质糜烂，溶解，排出污黑色的恶臭分泌物。

二、发病原因分析

蹄叉角质不良是发生本病的因素。

护蹄不良，厩舍和马场不洁潮湿，粪尿长期浸渍蹄叉，都可引起角质软化；在雨季，动物经常作业于泥水中，也可引起角质软化，马匹长期舍饲，不经常使役，不合理削蹄，如蹄叉过削、蹄踵壁留得过高、内外蹄踵壁切削不一致等，都可影响蹄叉的功能。使局部的血液循环发生障碍；不合理的装蹄，如马匹装以高铁脐蹄铁，运步时蹄叉不能着地，或经常装着厚尾蹄铁或连尾蹄铁，都会引起蹄叉发育不良，进而导致蹄叉腐烂。

我国北方地区，在冬季为了防滑，给马匹整个蹄底装轮胎做的厚胶皮掌，到春天取下胶皮掌时，常常发现蹄叉已腐烂。

有人试验，用不同方法破坏肢的淋巴循环，可引起临床上的蹄叉腐烂。

三、临床症状

本病例属于蹄叉腐烂。

前期症状，可在蹄叉中沟和侧沟，通常在侧沟处有污黑色的恶臭分泌物，这时没有机能障碍，只是蹄叉角质的腐败分解，没有伤及真皮。

如果真皮被侵害，立即出现跛行，这种跛行走软地或沙地特别明显。运步时以蹄尖着地，严重时呈三脚跳。蹄底检查时，可见蹄叉萎缩，甚至整个蹄叉被腐败分解，蹄叉侧沟有恶臭的污黑色分泌物。当从蹄叉侧沟或中沟向深层探诊时，患畜表现高度疼痛，用检蹄器压诊时，也表现疼痛。

因为蹄踵壁的蹄缘向回折转而与蹄叉相连，炎症也可漫延到蹄缘的生发层，从而破坏角质的生长，引起局部发生病态蹄轮。蹄叉被破坏，蹄踵壁向外扩张的作用消失，可继发狭窄蹄。

四、治疗

除去病因，改善蹄部卫生，彻底消除腐烂角质，防腐消炎。

患畜放在干燥的马厩内，使蹄保持干燥和清洁。

用0.1%升汞液，或2%漂白粉液，或1%高锰酸钾液清洗蹄部，除去泥土粪块等杂物，削除腐败的角质。再次用上述药液清洗腐烂部，然后再注入2%～3%福尔马林酒精液。

用麻丝浸松馏油塞入腐烂部，隔日换药，效果很好。

可用装蹄疗法协助治疗，为了使蹄叉负重，可适当削蹄踵负缘。为了增强蹄叉活动，可充分削开绞约部，当急性炎症消失以后，可给马装蹄，以使患蹄更完全着地，加强蹄叉活动，装以浸有松馏油的麻丝垫的连尾蹄铁最为合理。

引起蹄叉腐烂的变形蹄应逐步矫正。

五、预防

保持畜舍清洁干燥，按期修蹄和改装蹄铁，注意护蹄。

任务二　蹄叶炎的诊治

案例分析：

某奶牛场的奶牛发病。症状：食欲减退，流涎，出汗，肌肉震颤，四肢频频交替负重，不愿走动，行走时步态强拘，体温39℃，心率103次/min。

一、临床诊断

（一）临床检查

急性型蹄叶炎应根据长期过量饲喂精料，以及典型症状如突发跛行、异常姿势、弓背、步态强拘及全身僵硬，可以做出诊断。

慢性型蹄叶炎，热痛不明显，轻度跛行，病久呈芜蹄。

（二）实验室诊断

可作为诊断参考。红细胞积压可达39%，白细胞特别是中性粒细胞明显增多，核型左移。谷草转氨酶、乳酸脱氨酶活性增高。

（三）特殊诊断

通过X射线检查，依据系部和球节的下沉，指（趾）静脉的持久性扩张，角质消失及蹄小叶广泛性纤维化，可以作为慢性蹄叶炎的依据。

二、发病原因分析

蹄叶炎的病因还不十分清楚。一般认为本病属于变态反应性疾病，但从疾病发生看可能与下列因素有关。

1. **饲养失宜** 当长期饲喂过多的精饲料或饲料骤变而缺乏运动时，可引起消化障碍，产生有毒物质被吸收后造成血液循环紊乱，蹄真皮淤血发炎。

2. **使役不当** 役畜在硬地或不平道路上重度使役或持续使役久不休息，长期休闲突然服重役，均可使组织中产生大量乳酸与二氧化碳，吸收后导致末梢血管淤血，引起蹄真皮的炎症。

3. **蹄形不正** 如高蹄或低蹄，狭窄蹄或过长蹄等，使蹄的机能发生严重障碍，影响蹄部血液循环而发病。

4. **继发于其他疾病** 如胃肠炎或便秘、中毒、感冒、难产、胎衣不下等，可引起本病。

在上述因素作用下，蹄真皮毛细血管扩张、充血，血液停滞，血管壁通透性增强，炎性渗出物沉积于真皮小叶与角质小叶之间，压迫真皮而引起剧痛。炎症继续发展，渗出液大量积聚压迫蹄骨，破坏真皮小叶与交织小叶的结合，造成蹄骨变位下沉乃至蹄底穿孔，蹄前壁凹陷导致蹄轮密集，蹄尖翘起，蹄匣变形而呈芜蹄。

三、诊断结论

本病例属于蹄叶炎。

四、治疗

(一)治疗原则

除去病因，消炎止痛，促进吸收，防止蹄骨变位。

(二)治疗方法

【治疗方案1】

采用放血疗法。为改善血液循环，在病后36～48 h内，可颈静脉放血1 000～2 000 mL(体弱者禁用)，然后静脉注入等量糖盐水，内加0.1%盐酸肾上腺素溶液1～2 mL或10%氯化钙注射液100～150 mL。放蹄头血也可。

【治疗方案2】

采用冷敷及温敷疗法。病初2～3天内，可行冷敷、冷蹄浴或浇注冷水，2～3次/天，每次30～60 min，以后改为温敷或温蹄浴。

【治疗方案3】

采用封闭疗法。用0.5%盐酸普鲁卡因溶液30～60 mL分别注射于系部皮下指(趾)深屈肌腱内外侧，隔日1次，连用3～4次。静脉或患肢上方穴位封闭也可。

【治疗方案4】

采取脱敏疗法。病初可使用抗组织胺药物，如盐酸苯海拉明0.5～1 g内服，每日 1～2 次；10％氯化钙溶液 100～150 mL，10％维生素 C 10～20 mL，分别静脉注射，或皮下注射 0.1％盐酸肾上腺素 3～5 mL，每日 1 次。

用 5％的碳酸氢钠 500～1 000 mL，5％葡萄糖氯化钠注射液 500～1 500 mL，维生素 C 5 g，氯化钙 10 g，静脉注射。为清理肠道和排出毒物，可应用缓泻剂。

慢性蹄叶炎可进行温蹄浴，注意修整蹄形，防止芜蹄。已成芜蹄者，配合矫正蹄铁。

五、预防

改善饲养，合理使役，长期休闲者应减料；长途运输或使役时，途中要适当休息，并进行冷蹄浴。日常注意蹄形和加强护蹄。

知识拓展

蹄叶炎的分类及其症状

1. 急性蹄叶炎　发病突然，症状明显。

(1)姿势变化。患畜步状僵硬，运步疼痛，背部弓起。若后肢患病，有时前肢伸于腹下；若前肢患病，后肢聚于腹下。前肢的内侧蹄趾，后肢外侧蹄趾比其他蹄趾多发本病。严重病例，为了减轻疼痛，病牛两前肢交叉，两后肢叉开，动物不愿站立，趴卧不起。

(2)局部变化。可见病蹄指(趾)动脉亢进，蹄温增高，敲打或钳压蹄壁，有明显疼痛反应，尤以蹄尖壁的疼痛更为显著。

(3)全身变化。由于剧烈疼痛，常引起肌肉颤抖、出汗、体温升高、脉搏增数、呼吸迫促、食欲减退、反刍停止等全身症状。

2. 慢性蹄叶炎　全身症状轻微，站立时以球部负重，蹄底负重不确实。病程长者，全身体况不良，蹄变形，蹄延长，蹄前壁和蹄底形成锐角。由于角质生长紊乱，出现异常蹄轮。

练　习　题

1. 风湿病发生的原因是什么？风湿病的共同症状有哪些？
2. 蹄叶炎的治疗措施有哪些？
3. 跛行的诊断方法是什么？

项目任务单

<table>
<tr><td colspan="8">项目七　四肢疾病的诊治</td></tr>
<tr><td rowspan="2">任务一</td><td colspan="3" rowspan="2">跛行的诊治（蹄病为主）</td><td>子任务一</td><td>案例分析</td><td rowspan="2">学时</td><td rowspan="2">2</td></tr>
<tr><td>子任务二</td><td>案例诊断与防治方案设计</td></tr>
<tr><td>实训场地</td><td></td><td>指导教师</td><td></td><td>实训班级</td><td></td><td>时间</td><td></td></tr>
<tr><td>组别</td><td></td><td>组长</td><td></td><td>组员</td><td></td><td></td><td></td></tr>
<tr><td>学习目标</td><td colspan="7">学生掌握跛行的诊断程序和方法，同时也要掌握不同种类跛行的各种治疗方法。在实际学习过程中提高发现问题、解决问题的能力和设计治疗方案的能力</td></tr>
<tr><td>相关知识准备</td><td colspan="7">1. 跛行的种类及其发生原因
2. 跛行的症状
3. 跛行的诊断方法和治疗方法</td></tr>
<tr><td>相关技能准备</td><td colspan="7">1. 能准确说出跛行发生的原因和临床表现
2. 能准确描述跛行外科治疗方法操作过程</td></tr>
<tr><td>实施</td><td colspan="7">观看录像或幻灯片 → 学生进行案例分析 → 诊断疾病 → 设计治疗方案 →分析讨论治疗方案→ 组内组间交流</td></tr>
<tr><td rowspan="4">实施要求</td><td colspan="2">观看录像</td><td colspan="5">通过录像资料或幻灯片了解案例</td></tr>
<tr><td colspan="2">案例分析</td><td colspan="5">每组详细写出本案例发生的原因和临床表现以及临床检查方法</td></tr>
<tr><td colspan="2">治疗方案设计</td><td colspan="5">1. 以组为单位，组长组织，发挥团结协助精神
2. 每人设计出一套治疗方案，并在组内进行讨论
3. 要求每组根据讨论结果选择最适治疗方案，写出详细的治疗方案设计步骤</td></tr>
<tr><td colspan="2">问题分析</td><td colspan="5">以组为单位，讨论在案例分析、诊断和治疗方案设计过程中出现的各种问题，提出合理的解决办法，鼓励学生课余查阅其他诊断治疗方法资料</td></tr>
<tr><td>注意事项</td><td colspan="7">组长负责，统筹安排，组员协作</td></tr>
</table>

<table>
<tr><td rowspan="4">诊治方案设计</td><td>小组任务：</td></tr>
<tr><td>案例分析：</td></tr>
<tr><td>诊断方法：</td></tr>
<tr><td>治疗方案设计：</td></tr>
<tr><td>实施过程中发现的问题</td><td></td></tr>
</table>

分析总结						
考核体系	考核项目	考核细则	优秀	良好	合格	不合格
	素质考核（20分）	出勤情况（5分）	满勤（5分）	迟到（3分）	早退（3分）	旷课（0分）
		预习报告（10分）	内容详尽、实用，包括了试验所需的应知应会的知识点（10分）	内容详尽，实用。包括试验所需的应知应会的主要知识点（8分）	内容较简单，能包括试验所需的部分知识点（6分）	内容简单，试验所需的应知应会的知识点包括在内（6分以下）
		提问情况（5分）	回答问题完全正确，专业术语使用正确（5分）	回答问题较正确，部分专业术语使用不当（4分）	在老师或同学的提示下，回答问题基本正确，专业术语使用不当（3分）	回答问题错误，在老师或同学的提示下依然无法答出问题（3分以下）
	技能考核（50分）	正确说明案例发病原因（10分）	根据任务正确说明案例发病原因（10分）	根据任务基本正确说明案例发病原因（8分）	在教师的提示下，基本正确说明案例发病原因（6分）	在老师或同学的提示下依然无法完成任务（6分以下）
		正确分析案例的诊断要点（15分）	根据任务正确分析案例的诊断要点（15分）	根据任务基本正确分析案例的诊断要点（12分）	在教师的提示下，基本正确分析案例的诊断要点（9分）	在老师或同学的帮助后，仍无法完成任务（9分以下）
		治疗方案设计完全合理实用（25分）	根据案例所设计的治疗方案完全合理实用（25分）	根据案例所设计的治疗方案基本合理实用（20分）	在教师的提示下根据案例所设计的治疗方案合理实用（15分）	在老师或同学的帮助后，仍无法完成任务（10分以下）

<table>
<tr><td rowspan="2">考核体系</td><td rowspan="2">综合能力考核(30分)</td><td>理论支撑知识考核(15分)</td><td colspan="4">跛行</td></tr>
<tr><td>应用能力考核(15分)</td><td colspan="4">跛行的诊断方法是什么？</td></tr>
<tr><td rowspan="4">评价体系</td><td colspan="2">评价环节</td><td colspan="4">评价方法</td></tr>
<tr><td colspan="2">组内互评(30分)
互评一：
互评二：
互评三：</td><td>组织协调能力强，能够及时完成所分担的任务，与组员沟通顺畅(30分)</td><td>与组员沟通协调较好，能及时完成所分担的任务(24分)</td><td>能与组员沟通协调，未能及时完成所分担的任务(18分)</td><td>不能与组员沟通协作，不去完成所交给的工作任务(18分以下)</td></tr>
<tr><td colspan="2">组间互评(30分)
互评一：
互评二：
互评三：</td><td>该组整体沟通协调合作能力强，能优秀完成工作任务，经验总结好(30分)</td><td>该组能进行沟通协调合作，能完成工作任务，经验总结较好(24分)</td><td>该组能进行沟通协调合作，基本完成工作任务，经验总结一般(18分)</td><td>该组缺乏沟通协调合作能力，未能完成工作任务。经验总结较差(18分以下)</td></tr>
<tr><td colspan="2">教师对小组整体评价(40分)</td><td colspan="4"></td></tr>
<tr><td rowspan="11">每个组员综合成绩</td><td>学号</td><td>姓名</td><td>成绩</td><td colspan="3">备注</td></tr>
<tr><td></td><td></td><td></td><td colspan="3"></td></tr>
<tr><td></td><td></td><td></td><td colspan="3"></td></tr>
<tr><td></td><td></td><td></td><td colspan="3"></td></tr>
<tr><td></td><td></td><td></td><td colspan="3"></td></tr>
<tr><td></td><td></td><td></td><td colspan="3"></td></tr>
<tr><td></td><td></td><td></td><td colspan="3"></td></tr>
<tr><td></td><td></td><td></td><td colspan="3"></td></tr>
<tr><td></td><td></td><td></td><td colspan="3"></td></tr>
<tr><td></td><td></td><td></td><td colspan="3"></td></tr>
<tr><td></td><td></td><td></td><td colspan="3"></td></tr>
</table>

项目八　中毒性疾病的诊治

子项目一　饲料中毒的诊治

◆知识目标：

1. 掌握亚硝酸盐中毒的病因和临床特征性表现。
2. 掌握亚硝酸盐中毒的有效治疗方法。

◆能力目标：

1. 培养分析病例的能力，能够确定诊断要点建立合理的治疗方案。
2. 根据亚硝酸盐中毒的案例，正确诊断和分析的能力。

任务一　亚硝酸盐中毒的诊治

案例分析：

2008 年 9 月 2 日，一养猪户王先生家的猪群突然发病。养猪 80 头，130 日龄左右，大多数体重 50～60 kg，未来得及采取治疗措施，相继死亡 6 头，其他猪出现了呕吐、流涎、精神不振、食欲减退等症状。王先生讲述：发病前一天从蔬菜场地捡回两大箩筐小白菜和潲水一起放在大锅内煮熟后第 2 天早上喂了猪，到中午时全群突然开始发病，死亡的都是食欲旺盛、体质健壮的壮猪。

一、临床诊断

(一)临床检查

1. ***问诊***　猪群突然发病；小白菜和潲水一起煮熟后喂了猪；死亡的都是食欲旺盛的壮猪；病猪表现呼吸困难，流涎，略带口吐白沫，嘴角、鼻盘、皮肤青紫色伴随苍白色。

2. ***视诊***　其他猪精神委靡，食槽中剩下的白菜叶等食物，检查猪体温基本正常，有的略偏低。剖检病死猪皮肤苍白，眼结膜苍白，血液黑红色，呈酱油状，凝固不良,胃鼓胀,心外膜、胃、十二指肠黏膜有不同程度的充血、出血,肺有出血点,肝肾蓝紫色。

(二)实验室检查

本病例经实验室检查,亚硝酸盐检验结果呈阳性。除此之外,还有变性血红蛋白检验。

1. **亚硝酸盐检验** 取胃肠内容物或残余饲料的液汁 1 滴,滴在滤纸上,加 10%联苯胺液 1～2 滴,再加 10%的醋酸 1～2 滴,滤纸变为棕色,则为亚硝酸盐阳性反应。也可将胃肠内容物或残余饲料的液汁 1 滴,加 10%高锰酸钾溶液 1～2 滴,充分摇动,如有亚硝酸盐,则高锰酸钾变为无色,否则不褪色。

2. **变性血红蛋白检验** 取血液少许于试管内振荡,振荡后血液不变色,即为变性血红蛋白。为进一步验证,可滴入 1%氰化钾 1～3 滴后,血色即转为鲜红。

二、发病原因分析

油菜、白菜、甜菜、野菜、萝卜、马铃薯等青绿饲料或块根饲料富含硝酸盐。而在使用硝酸铵、硝酸钠、除草剂、植物生长剂的饲料和饲草,其硝酸盐的含量增高。硝酸盐还原菌广泛分布于自然界,在温度及湿度适宜时可大量繁殖。当饲料慢火焖煮、霉烂变质、枯萎等时,硝酸盐可被硝酸盐还原菌还原为亚硝酸盐,以致中毒。

亚硝酸盐的毒性比硝酸盐强 15 倍。亚硝酸盐亦可在猪体内形成,在一般情况下,硝酸盐转化为亚硝酸盐的能力很弱,但当胃肠道机能紊乱时,如患肠道寄生虫病或胃酸浓度降低时,可使胃肠道内的硝酸盐还原菌大量繁殖,此时若动物大量采食含硝酸盐饲草饲料时,即可在胃肠道内大量产生亚硝酸盐并被吸收而引起中毒。

三、诊断结论

本病例属于亚硝酸盐中毒。

亚硝酸盐中毒在临床上以可视黏膜发绀,呼吸困难等急性贫血性缺氧为特征的中毒性疾病。本病在猪较多见,常于猪吃饱后 15 min 到数小时发病,故俗称"饱潲病"或"饱食瘟"。

四、治疗

(一)治疗原则

下泻、解毒、补液、强心。

(二)治疗方法

【治疗方案 1】

(1)解毒:1%亚甲蓝(美蓝)溶液按 1 mL/kg,1 次静脉注射。(1%美蓝溶液:

美蓝 1 g，纯酒精 10 mL，生理盐水 90 mL）

（2）加强肝脏解毒能力：10%葡萄糖注射液 300 mL、5%维生素 C 10～20 mL、10%安钠咖 5～10 mL 混合后，1 次静脉注射。

【治疗方案 2】

（1）促进肠蠕动：5%硫酸钠 500 mL 灌服。

（2）解毒：1%美蓝液按 1 mL/kg，静脉注射。

（3）促进肝脏解毒：5%葡萄糖 500 mL，维生素 C 20 mL，10 mL 安钠咖混合后静脉注射。

（4）强心：0.1%肾上腺素 1 mL 肌肉注射。

【治疗方案 3】

中药治疗可用解毒汤：绿豆粉 500～750 g，甘草末 100 g，开水冲调，灌服。

五、预防

（1）青菜类作物作猪饲料时，最好鲜喂，若贮存，应摊开敞放，不要堆积，以防止亚硝酸盐的产生。尽量避免饲喂腐烂变质的青绿饲料。

（2）青绿饲料加温时，一定要旺火快速煮熟。煮熟后要打开锅盖，并多次搅拌，以使亚硝酸盐挥发。煮完后最好现喂，不可在锅或容器中过夜，过夜的饲料易产生亚硝酸盐，引起中毒。如果将煮过的青菜再用清水洗一遍，中毒的可能性将减小。

（3）接近收割的青绿饲料，不应施硝酸类的化肥，以免增高其中的硝酸盐或亚硝酸盐含量而导致猪亚硝酸盐中毒。

知识拓展

亚硝酸盐中毒的发病机理及鉴别诊断

一、亚硝酸盐中毒的发病机理

本病是在短期内采食大量含有硝酸盐饲草和饲料引起的亚硝酸盐中毒。其发病机理是随饲草和饲料进入瘤胃内的硝酸盐，由于其中具有硝酸盐还原酶的大肠杆菌和梭状芽孢杆菌等微生物群的还原作用，产生大量的中间代谢产物——亚硝酸盐和羟胺，继而转变为氨。亚硝酸盐等经瘤胃壁吸收进入循环血液中可使其中氧合血红蛋白氧化为高铁血红蛋白，即高铁血红蛋白血症。正由于高铁血红蛋白具有与氧强大的结合力而不能释放出氧，使血红蛋白丧失携带氧的作用，最终导致全身组织细胞急性缺氧，呈现可视黏膜发绀和呼吸困难等重剧症状，结局窒息而死亡。健康牛的高铁血红蛋白限量只保持在全血红蛋白的0.7%～10%，若增加到30%～40%时呈现严重的中毒症状；若增加80%以上时便会发生窒息而死亡。当硝酸盐含量占饲草或饲料干物质量的0.2%以上时可导致中毒，尤其泌乳性能越高的则呈现中毒症状越明显。

二、鉴别诊断

类症鉴别诊断上，应与尿素中毒、氢氰酸中毒以及有机磷农药中毒等，加以区分。

任务二　氢氰酸中毒的诊治

案例分析：

某一养牛户匆忙到当地兽医站说：放牛时，给奶牛吃了田间玉米幼苗，经半小时后，奶牛突然发病，病牛呼吸困难、呕吐、震颤。兽医到现场观察病牛，病牛可视黏膜发绀、全身肌肉震颤、呻吟、体温下降。兽医对病牛进行了抢救，并采取瘤胃内容物，到实验室进行了苦味酸试纸法，结果呈阳性反应。

一、临床诊断

（一）临床检查

1. **问诊**

(1)放牛时，给奶牛吃了田间玉米幼苗。

(2)牛突然发病。

(3)病牛呼吸困难、呕吐。

2. **视诊**　病牛可视黏膜发绀、全身肌肉震颤、呻吟，体温下降。

（二）实验室检查

本病例中，对瘤胃内容物进行了苦味酸试纸法检查。

1. **试剂**　苦味酸试纸（取普通定性滤纸浸入饱和苦味酸乙醇溶液中，数分钟后取出，在空气中阴干，剪成条备用），酒石酸，碳酸钠饱和溶液（临用时，取无水碳酸钠少许，用少量水溶解成饱和状态的溶液）。

2. **操作步骤**　取1支检氰玻璃管，插入一片苦味酸试纸条，在试纸条上滴加1～2滴碳酸钠饱和溶液使试纸条完全湿润，将检氰玻璃管插入带孔胶塞中。称取5 mL(g)样品于反应瓶中，加入20 mL蒸馏水或纯净水，加入1 g酒石酸，立即塞上装有检氰管的胶塞，将反应放入70～80℃水浴中，加热30 min，观察管内试纸变色情况。

3. **判定标准**　氢化物遇酸产生氢氰酸，氢氰酸与苦味酸钠作用生成橘红色异氰紫酸钠。如试纸不变色，表示氰化物含量小于 5 mg/kg；如试纸尖端变为橘红色，表示氰化物含量大于 5 mg/kg，含量越高，试纸变色范围越大，颜色越深。

二、发病原因分析

天然糖甙可以形成氢氰酸(HCN)，在很多植物的叶子中其含量可积累到致毒水平，高粱幼苗、玉米幼苗、木薯、亚麻、豌豆、蚕豆、三叶草等植物含有较多的氢氰酸的衍生物氰甙，霜冻过后，氢氰酸浓度最容易积累到中毒水平。幼嫩而生长快的植物比老化、成熟的植物更容易引起氢氰酸中毒。除草剂可暂时增加氢氰酸水平。

三、诊断结论

本病例属于氢氰酸中毒。

氢氰酸中毒是采食了富含氰甙的植物如高粱幼苗、亚麻籽、杏叶等后，在体内经过酶和胃内盐酸的作用而产生游离氢氰酸，引发中毒。临诊体征主要是发病突然、呼吸困难、震颤、惊厥综合征的组织中毒性缺氧症。

四、治疗

(一)治疗原则

下泻、解毒、补液、强心。

(二)治疗方法

【治疗方案 1】

(1)解毒。用 5%亚硝酸钠溶液 40 mL，1 次静脉注射。

(2)组织氢氰酸吸收。用 5%～10%硫代硫酸钠溶液 200～300 mL，1 次静脉注射。

【治疗方案 2】

(1)先静脉注射 1%亚硝酸钠溶液。

(2)用 1%美蓝溶液以 1 mL/kg 体重，静脉注射。

(3)用 0.1%高锰酸钾溶液或 3%过氧化氢溶液洗胃。

【治疗方案 3】

(1)中毒初期，先用 0.5%的高锰酸钾或者 3%的过氧化氢溶液洗胃。

(2)然后口服 10%的硫酸亚铁，剂量为每次 10 mL。

(3)如心脏活动微弱，要用强心剂、维生素 C 和葡萄糖等治疗。

【治疗方案 4】

中医疗法：金银花 150 g，绿豆 300 g，共煎汤灌服。

五、预防

(1)高粱幼苗和玉米幼苗(特别再生幼苗)等富含氰甙类植物饲喂时,限制饲喂量,并要与其他饲料搭配饲用。

(2)用亚麻籽饼作饲料时,必须彻底煮沸,且喂量不宜过多,同时搭配其他饲料。此外,防止误食氰化物农药。

知识拓展

氢氰酸中毒的发病机理及鉴别诊断

一、氢氰酸中毒的发病机理

氰甙本身无毒,如果含有氰苷的植物在猪、鸡等畜禽的胃里在酶和胃内盐酸的作用下,糖苷水解为糖、苯丙醛及氢氰酸。氰离子主要抑制细胞色素氧化酶,还能抑制过氧化物酶、接触酶、脱羟酶、琥珀酸脱氢酶、乳酸脱氢酶的活性。氰离子与氧化型细胞色素氧化酶的三价铁结合,阻碍其被细胞色素还原为还原型细胞色素酶,从而失去传递电子、激活分子氧的作用。抑制组织的生物氧化,阻止组织对氧的吸收,使机体缺氧,因此血液呈鲜红色。中枢神经系统因缺氧而表现为先兴奋,后抑制。

二、鉴别诊断

类症鉴别诊断上,应与亚硝酸盐中毒加以区分。

任务三　黄曲霉中毒的诊治

案例分析:

某一养猪专业户饲养的猪群发病。兽医到现场观察,有几头猪出现精神沉郁,检查体温正常。过几天,养殖户又反应猪群发病率不断上升,其中妊娠母猪发生流产,中猪出现死亡。兽医用青霉素、链霉素、庆大霉素、磺胺五甲嘧啶等药物治疗均不见效。

一、临床诊断

(一)临床检查

1. 问诊

(1)饲料长期堆放在一个小平房里,由于年久失修,漏过两次雨。

(2)猪突然发病,所有的猪都表现精神沉郁,食欲下降。

(3)病猪呼吸困难、呕吐。

2. **视诊**　病猪可视黏膜发绀、全身肌肉震颤、呻吟,体温下降。料库饲料已经发霉。

(二)实验室检查

血清转氨酶、碱性磷酸(酯)酶和苹果酸脱氢酶活性升高;乳酸脱氢酶活性降低,异柠檬酸脱氢酶活性接近正常。血尿素氮、白蛋白,以及总蛋白含量降低。

二、发病原因分析

黄曲霉和寄生曲霉等广泛存在于自然界,如土壤、空气、各种谷物及其副产品等。当多雨季节,温度在 24～30℃,湿度又较适宜时,若收割、脱粒和贮藏谷物各环节处理不当更易被其污染并产生大量毒素,致使牛发生中毒机会也势必增多。

黄曲霉毒素是已发现的最强的化学致癌物质。黄曲霉毒素是由黄曲霉和寄生曲霉等产生的真菌毒素。黄曲霉毒素目前已发现有 20 种之多,其中以 B_1 最强,所以,所称其毒素均指黄曲霉毒素 B_1。黄曲霉毒素 B_2 的致癌有效剂量要比黄曲霉毒素 B_1 大 100 倍以上,黄曲霉毒素致癌的靶器官是肝脏,对其他器官也可致癌,如肾癌、胃癌、直肠癌以及乳腺、卵巢等肿瘤。

三、诊断结论

从病史调查入手,根据临床症状问诊、剖检及实验室诊断等判断该病例为黄曲霉毒素中毒。

黄曲霉毒素中毒主要侵害肝脏,同时还伴有血管通透性破坏和中枢神经损伤等,临床特征为黄疸、出血、水肿和神经症状。病猪呈渐进性食欲障碍,口渴,粪便干硬呈球状,表面附有黏液和血液,可视黏膜苍白或黄染。精神沉郁,后肢无力。有时呈间歇性抽搐,过度兴奋。病牛有的磨牙,腹泻,里急后重和脱肛等,无目的徘徊,个别的有惊恐或转圈运动等神经症状。成年牛多取慢性经过,厌食,消化功能紊乱,间歇性腹泻,腹水多。奶牛产奶减少或停止,或发生流产。

四、治疗

(一)治疗原则

下泻、解毒、补液、强心。

(二)治疗方法

【治疗方案 1】

(1)当发生中毒时,就应立即停止饲喂霉败饲料,改饲碳水化合物多的青饲和高蛋白饲料,并减少或不喂含脂肪过多的饲料。

(2)加强护理,对轻型病牛可较快恢复。

【治疗方案 2】

(1)对重型病牛,除及时投服盐类泻剂排毒外,还要应用一般解毒、保肝和止血药物。

(2)应用 25%～30%葡萄糖注射液,加维生素 C 制剂,或应用 20%葡萄糖酸钙注射液 500～1 000 mL,1 次静脉注射。

(3)心脏衰弱病例,皮下注射或肌肉注射强心剂。

【治疗方案 3】

为了控制继发性感染,酌情应用青、链霉素等抗生素,但切忌用磺胺类药物。

五、预防

本病主要在于预防。预防关键又在于做好饲料的防霉和有毒饲料的去毒两个环节性工作。防霉和去毒又应以防霉为主。饲料防霉的根本措施是破坏霉败的因素,如温度和相对湿度等。在谷物收割和脱粒过程中,勿遭雨淋,并防止在场上发热发霉,做到充分通风,晾晒,使之迅速干燥,便可防止发霉并产毒。为了防止谷类饲料在贮藏过程中霉变,可试用化学熏蒸法、熏蒸剂可应用福尔马林、环氧乙烷、过氧乙酸、二氯乙烷和溴甲烷等多种。若饲料已被黄曲霉等轻度污染,宜用福尔马林熏蒸或用过氧乙酸喷雾法。

知识拓展

黄曲霉毒素中毒的实验室诊断

直观筛选法 取代表性可疑饲料,如玉米、花生等少量,分批盛于盘内,摊开成一薄层,直接放在 365 nm 波长的紫外线灯下观察荧光。如果饲料有黄曲霉毒素 B_1、B_2,则可见玉米、花生等颗粒发出蓝紫色荧光;若含有黄曲霉毒素 G_1、G_2,又可见到黄绿色荧光。当见不到这些荧光时,可将玉米、花生等颗粒饲料磨碎后再做一次观察,仍然看不到荧光,则为阴性样品。应注意的是:在紫外线灯下观察到蓝紫色、黄绿色荧光,一定要与其他杂质所呈现的荧光加以区分,否则易导致样品的假阳性。

饲料中黄曲霉毒素含量的测定,常采用的方法为硅胶薄层层析法或微柱层析测定法。必要时还可做生物学鉴定方法,即选鸭雏做毒性试验。

任务四　玉米赤霉烯酮中毒的诊治

案例分析：

某一养猪户饲养100头母猪，坚持自繁自养，饲料配方未改变过，购买预混料，然后根据营养标准添加玉米、豆粕等，猪群一直以来也较健康，未发生过大疫情，但最近几个月出现异常现象。小母猪提前发情，发情母猪配种后返情率严重提高，4头怀孕母猪流产。

兽医怀疑饲料问题，采饲料样品进行了饲料化验，检查了有无霉菌生长，同时，也进行了霉菌毒素检测。

一、临床诊断

（一）临床检查

1. 问诊

(1)猪场坚持自繁自养，最近未从外界引进仔猪。

(2)饲料根据营养标准在预混料中添加自家储存的玉米、豆粕。

(3)小母猪提前发情，发情母猪配种后返情率严重提高，4头怀孕母猪流产。

(4)经产母猪性周期延长、不发情、假妊娠。

(5)泌乳母猪泌乳量减少或无乳。

2. 视诊

(1)小母猪外阴部红肿，乳房乳头潮红肿胀，早熟性发育，严重者阴道脱垂。

(2)小公猪包皮增大，性欲降低，睾丸萎缩，乳腺增大。公猪和去势公猪也有雌性化现象。

(3)妊娠母猪乳腺水肿、流产、死胎、产子数减少等。

(4)兽医怀疑饲料问题，到饲料库房检查发现饲料有霉变迹象。

（二）实验室检查

1. 病原分离培养　取玉米粒和混合饲料样，0.1%升汞消毒1 min，无菌蒸馏水冲洗，然后将样品分别无菌接种于加有抗菌素的卡贝琼脂培养基平皿各5个，另设3个无菌蒸馏水对照培养基平皿，25～28℃培养72 h。接样培养基都长有白色绒丝状物，取培养物涂片，乳酸酚棉蓝染色镜检。

2. 毒素检测　随机抽取玉米样和混合饲料样，玉米赤霉烯酮毒素提取和气相色谱测定测得玉米样和混合饲料样中玉米赤霉烯酮的含量。挑取病原分离培养物，以pH 8.0的PBS液稀释，用0.3 μm滤膜过滤除菌，将少量过滤液接种到长成单层的PK15细胞上，36 h后，细胞质浓缩、颗粒化，核浓缩、碎裂、液化，细胞呈中毒样病变。

二、发病原因分析

阴雨连绵，饲料库地面潮湿严重，使收获的玉米不能及时晾晒入库，玉米含水过高，达到20%～30%。玉米储存时间较长，又未能很好地保管，出现霉变。用发霉的玉米饲喂生猪，15～20天后出现中毒症状。玉米赤霉烯酮主要作用于生殖器官，使动物发生雌激素样亢进。

三、诊断结论

经实验室检验，确诊本病例为玉米赤霉烯酮中毒。

在慢性中毒时，主要对母畜的毒害较大。它会导致母畜外生殖器肿大，充血，死胎和延期流产的产生，并且伴有木乃伊胎的现象。有的母畜患卵巢囊肿，频发情和假发情的情况增多，育成母畜乳房肿大，自行泌乳，并诱发乳房炎，受胎率下降；公畜包皮积液，食欲不振，掉膘严重和生长不良。在剖检时还能发现淋巴结水肿，胃肠黏膜充血、水肿，肝轻度肿胀，质地较硬，色淡黄。

四、治疗

（一）治疗原则

对于急性中毒的动物，可采取静脉放血和补液强心的方法。对于慢性中毒的动物首先要将霉变的饲料停喂。

（二）治疗方法

【治疗方案1】

(1)硫酸钠300～500 g配成的10%浓度一次内服。

(2)用10%葡萄糖500～1 000 mL，40%乌洛托品60 mL，右旋糖500～1 000 mL，三磷酸酚酥11万IU静脉补液。

(3)维生素K 10 mL一次性肌注。

【治疗方案2】

(1)静脉注射葡萄糖和樟脑磺酸钠。

(2)肌注维生素A、维生素D、维生素E和黄体酮。

【治疗方案3】

(1)对外阴部的治疗可用0.1%高锰酸钾洗涤肿胀阴户。

(2)对于破溃处可用3%碘酒擦拭。

五、预防

(1)保证饲料的质量。一般玉米赤霉烯酮中毒的直接原因是饲料中有霉变的特别是由赤霉污染的玉米、小麦、大豆等。所以，在使用这些原料为主的饲料时就应当注意检测，一旦发现就不应再使用。

(2)注意饲料的储藏。

(3)饲料应妥善保管，保持干燥，防止赤霉菌污染。被赤霉菌污染的饲料(玉米呈现粉红色霉丛)，可用4%～5%的石灰水浸泡48 h，然后用清水洗净浸出的毒物和石灰水，即可与其他饲料混合后喂动物。

子项目二　有毒植物中毒的诊治

◉知识目标：

1. 掌握栎树叶中毒、醉马草等有毒植物中毒疾病的病因和临床特征性表现。

2. 掌握栎树叶中毒、醉马草等有毒植物中毒疾病的常用治疗方法。

◉能力目标：

1. 培养分析病例的能力，能够确定诊断要点、建立合理的治疗方案。

2. 能对栎树叶中毒、醉马草等有毒植物中毒疾病的症状及治疗措施作出合理的解释。

任务一　栎树叶中毒的诊治

案例分析：

某山区一畜主说：其饲养的黄牛，这几天，一直在山上放牧。今天早上开始牛只表现异常，采食减少，无精打采，空嚼磨牙、尿频、尿液清亮、粪球干燥，表面被覆黏液和血液，体温无变化。兽医在问诊过程中了解到了牛只放牧山区环境，山上有很多栎树，便采血液样品和尿液样品进行了实验室检查，结果如下。

一、临床诊断

(一)临床检查

1. **问诊**　牛只放牧山区环境，山上有很多栎树。

2. **视诊**　症状为精神不振、空嚼磨牙、食欲减退、尿频、尿液清亮、粪球干燥，表面被覆黏液和血液，体温无变化。

(二)实验室检查

1. **血液检查** 血液检查结果为谷草、谷丙转氨酶活性升高,鞣酸浓度38～79 μg/mL。

2. **尿液检查** 本病例尿液检查结果为尿pH值6.0,尿蛋白阳性,尿沉渣有肾上皮细胞,鞣酸浓度1.9～2.7 mg/mL。尿液的检查项目有尿液的颜色、沉渣、比重、酸度、尿蛋白等,其结果为淡黄色或淡黄白色,有多量沉渣,尿比重下降,pH波动在5.5～7.0,尿蛋白阳性。

二、发病原因分析

栎树叶及栎实中的有毒成分是一种水溶性没食子鞣酸中的多羟基酚。春季新发的幼芽、嫩枝、嫩叶中鞣酸含量最高,促使中毒的发生是饲料不足,即在养牛时,没有做好充足的饲料准备,或因受自然灾害的影响,致使饲料减收,牛放牧山坡因饥饿或喜吃青而过多的采食后发生中毒。

三、诊断结论

从病史调查入手,根据临床症状、问诊及实验室诊断等判断该病例为栎树叶中毒。

中毒动物发生以便秘或下痢、水肿、胃肠炎和肾脏损害为主要临床特征的中毒综合证,称为栎树叶中毒。临床上以消化机能紊乱、体躯下部局限性水肿、胸腹腔积液,以及少尿或无尿等为特征。

本病的发生有地区性和季节性,集中发生于栎树生长的山地、丘陵地带,特别是春季干旱年景,其他牧草发芽生长较迟,当放牧牛群采食一定量的栎树新芽、幼枝后即可发病,常可造成大批发病死亡。

四、治疗

(一)治疗原则

立即停饲栎树叶,禁止在栎树林放牧,给予通用性解毒药物、润肠缓泻、碱化尿液和利尿,以及强心输液等对症和支持治疗。

(二)治疗方法

【治疗方案1】

10%硫代硫酸钠注射液100～200 mL/头,静脉注射,每日1次,连续2～3次。

【治疗方案2】

静脉注射10%～25%葡萄糖进行解毒。

【治疗方案3】

(1)灌服菜籽油等植物油(禁用盐类泻剂)250～500 mL或蜂蜜250～500 g润肠缓泻。

(2)为减少和阻止胃肠中残留丹宁的继续水解,可投服鸡蛋清10～20个;或用1%～3%的食盐溶液1 000～3 000 mL瓣胃注射。

五、预防

饲料长远安排,准备好充足的饲料供牛食用。在有栎树地区,春天季节尽量不放牧,不让牛吃到栎树幼枝及栎实。1%生石水溶液500 mL,1次灌服,连续服用多日。饲养牛时,在饲料中加入氢氧化钙混合饲喂,添加量为日粮的15%,能起到预防作用,也可以解毒。

知识拓展

栎树叶中毒发病机理及诊断

一、发病机理

高分子栎叶单宁是青杠树叶中的主要有毒物质,属水解类单宁,在胃肠内,可经生物降解产生毒性更大的低分子多酚类化合物,能通过胃肠黏膜吸收进入血液循环并分布于全身器官组织,从而发生毒性作用。由于栎单宁降解产物的刺激作用,经胃肠道吸收时会导致胃肠道的出血性炎症,经肾脏排除时会导致以肾小管变性和坏死为特征的肾病,最后则因肾衰竭而致死。

二、鉴别诊断

应与牛的出血性败血症、恶性水肿、气肿疽等区别。

1. 牛出血性败血症　体温升高至40℃以上,炎性肿胀硬固、灼烧、疼痛,舌咽部高度肿胀,呼吸困难,腹泻,病料检查有革兰氏阴性,呈两极染色的巴氏杆菌。

2. 恶性水肿　散发,体温升高,伤口周围发生炎性水肿,后变为无热,无痛,手压柔软为面团状,有捻发音。水肿液呈淡黄色、红褐色,细菌检查为腐败梭菌。

3. 气肿疽　体温升高至40～41℃,肿胀在肌肉丰满部位发生,厥冷,无痛,压之有捻发音,切开肿胀部,有黑红色液体流出,细菌检查有气肿疽梭菌。

任务二　醉马草中毒的诊治

案例分析:

某一养猪户到兽医站称:自家的怀孕母猪突然发病,口吐白沫、抽搐。兽医随畜主到现场就诊,发现所饲养的50多头猪只中,妊娠母猪4头、经产母猪6头、育肥猪40多头均出现中毒症状。

一、临床诊断

1. **问诊** 怀孕母猪突然发病,口吐白沫、抽搐。

2. **视诊** 猪圈里有猪吃剩的多种野菜,其中有一种毒性很高的醉马草。病猪目光呆滞,食欲下降,精神沉郁,对外界反应冷漠,迟钝,行走时后躯摇摆,步态蹦跳,追赶时极易摔倒,放牧时不能跟群,出现拉稀,以至于脱水,后躯麻痹,卧地不起。

二、发病原因分析

醉马草是禾本科羽茅属多年生草本植物。我国各地均有生长,特别是草原和牧场生长较多。家畜在饥不择食的情况下或在与其他青草混杂后饲喂家畜时,均可发生中毒。

三、诊断结论

本案例属于醉马草中毒。

动物采食醉马草鲜草达体重1%或长期采食,可出现中毒症状,口吐白沫、精神沉郁、食欲减退、头耳下垂、行走摇晃、酒醉状,芒刺刺入皮肤和口腔黏膜可发生红肿、血斑、硬结或小溃疡,刺伤角膜可致失明。动物吃了这种草以后就开始像人醉酒一样疯疯癫癫,多伴发心律不齐和心杂音,然后抽搐死亡。剖检可见胃肠道黏膜轻度出血,腹内充满淡黄色的黏液,心内膜有散在的出血点,肝脏表面出血,肾脏表面有针尖大小的出血点。胆囊充满胆汁,膀胱积尿。肝脏肿大,肺毛细血管扩张充血。

四、治疗

(一)治疗原则

目前尚无特效解毒疗法。应尽早采取酸类药物中和解毒的抢救措施,并进行对症治疗,可有助于提高疗效。

(二)治疗方法

【治疗方案1】

1. 用食醋500 g,灌服,每天1次,连用3天。

2. 静注500~1 000 mL等渗或高渗葡萄糖注射液,以及生理盐水作支持治疗。

【治疗方案2】

稀盐酸15 g,加水适量,内服,每天1次,连服3天。

【治疗方案 3】

25%的盐水 500 g，内服，每天 2 次，连用 3 天。

五、预防

(1)在早春牧草缺乏时，应禁止在有醉马草生长的草场上放牧，以防止误食中毒。

(2)对外地引入的家畜，可将幼嫩的醉马草捣碎与人尿混合，涂抹于家畜的口腔和牙齿上，使其厌恶不再采食醉马草。

(3)对刚会吃草的幼畜或家畜迁移到新草场时，应选择无醉马草的草场上放牧，在放牧前喂些优质牧草，防止因饥饿误食毒草。

任务三　疯草中毒的诊治

案例分析：

一头奶牛食欲近几日逐渐减少，呈时好是坏状态，日产奶量逐渐下降，现在不吃食；乳汁分泌减少，异常，开始乳汁中有絮片、凝块，有时呈水样，后来出现血乳。

一、临床诊断

1. **问诊**　牛以放牧为主，食欲减少，产奶量逐渐下降，乳汁分泌减少、异常，呈水样，后来出现血乳。

2. **视诊**　患牛精神沉郁，步态蹒跚，站立时两后肢交叉，视力减退，役牛不听呼唤。视诊乳房肿大，乳房淋巴结肿大。

3. **临床检查**　体温升高，脉搏增速，触诊乳房轻度发热、质地发硬和疼痛。实验室检查：加利福尼亚乳房炎试验法和苛性钠凝乳试验法检查病牛乳汁均是阳性。

二、发病原因分析

疯草是有世界性危害的一类重要有毒植物，也是中国第一大有毒植物。近年来，疯草迅速漫延生长，在有些地区已经或正在向优势种群演替，造成草地毒草化，出现放牧家畜中毒死亡现象，严重威胁草地畜牧业，已形成了典型的“生态经济病”。在我国约有 100 种，主要分布于西北地区，西南及华北部分省区亦有分布。常生长在高山、荒漠及半荒漠地区。对家畜危害严重的有毒种主要是：小花棘豆、黄花棘豆、甘肃棘豆、冰川棘豆及毛瓣棘豆。

三、诊断结论

本案例属于疯草中毒。

疯草被认为是危害家畜最大的有毒植物，引起牲畜中毒死亡。疯草主要危害的家畜有马、牛、绵羊和山羊，其中以马和山羊最为敏感。母畜采食疯草后可造成不孕、流产、弱胎、畸胎及幼畜成活率低，也可使公畜情欲下降，精子发生障碍而造成不育。

四、治疗

（一）治疗原则

停止采食疯草或脱离疯草漫延的草地后，应改善饲养管理，供以足够的优质或一般牧草。

（二）治疗方法

【治疗方案 1】

1. 10%硫代硫酸钠注射液 100～200 mL，静脉注射。
2. 维生素 B_1，牛 400 mg，羊 100 mg，肌肉注射。

【治疗方案 2】

绵羊中毒用中药复方芪草汤：黄芪、甘草、党参、何首乌、丹参各 30 g，大枣 10 枚。将以上药物加水 500 mL，文火煎煮 0.5 h 后过滤去渣，灌服或自饮服。

五、预防

即在有疯草的草场上放牧 10 天，或在观察到第一头牲畜轻度中毒，立即转移到无疯草的草场放牧 10～12 天或更长一段时间，以利毒素排泄和畜体恢复。在疯草密度较高的草场上，也可实行高强度放牧，迫使牲畜采食疯草 10 天，然后再转移到安全草场放牧 15～20 天。这样放牧可使部分疯草被利用，部分被踩踏，疯草会逐渐减少，也不致引起中毒。

间歇饲喂（畜牧管理）法：适于舍饲或冬季补饲，即饲草加疯草（40%）饲喂，每喂 15 天，疯草停 15 天。经 5 个月试验，无羊只发生中毒和流产。

知识拓展

疯草中毒发病机理与病理变化

一、发病机理

苦马豆素可抑制溶酶体 α- 甘露糖苦酶 Ⅰ 和高尔基氏体 α- 甘露糖苷酶 Ⅱ，由于苦马豆素阳离子同甘露糖阳离子半椅状空间结构的相似性以及对甘露糖苷酶的高度亲和性，从而成为 α- 甘露糖苦酶的强烈抑制剂。又由于甘露糖苷酶作用的耙室中 pH(4.5)低，以及苦马豆素的弱碱性质，使该耙室内苦马豆素浓度增高，足以使 α- 甘露糖苷酶完全受到抑制。结果造成甘露糖贮积，使正常糖蛋白合成发生异常，产生糖蛋白 - 天冬酰胺多聚糖。由于细胞内富含甘露糖的低聚糖大量聚积形成空泡变性，进而造成器官组织损害和功能障碍。虽然细胞空泡是广泛的，但神经系统损害出现最早，特别是小脑浦金野氏细胞最为敏感，因而中毒动物出现以运动失调为主的神经症状。由于生殖系统广泛空泡变性，造成母畜不孕、孕畜流产和公畜不育。苦马豆素可透过胎盘屏障，直接影响胎儿，造成胎儿死亡或发育为畸形。

二、病理变化

疯草中毒的眼观病变无明显特异性。仅见羊尸极度消瘦，血液稀薄，腹腔内有多量清亮液体，有些病例心脏扩张，心肌柔软。病理组织变化为神经及内脏组织细胞泡沫样空泡变性。饲喂疯草的第 4 天血液淋巴细胞就可能看到这种空泡变化，浦金野氏细胞和中枢神经细胞于第 8 天可见到空泡形成。电镜观察，细胞空泡形成是溶酶体单层膜样结构持续扩张的结果。

子项目三　农药及化学物质中毒的诊治

◆知识目标：

1. 掌握有机磷中毒等农药及化学物质中毒的病因和临床特征性表现。
2. 掌握有机磷中毒等农药及化学物质中毒急救方法。

◆能力目标：

1. 培养分析病例的能力，能够确定诊断要点、建立合理的治疗方案。
2. 能对有机磷中毒等农药及化学物质中毒的症状及治疗措施作出合理的解释。

任务一　有机磷中毒的诊治

案例分析：

2008 年 11 月 10 日，某羊场，早晨将羊群赶出放牧。下午 18 时，一部分羊食欲、反刍停止，一部分羊全身发抖，步态不稳，身体失去平衡，卧倒在地，呼吸困难。

第二天，有10只羊死亡，4只卧地呈昏迷状态，12只羊精神倦怠，呼吸促迫。整圈羊共有绵羊136只，前后发病37只，此次死亡羊、发病羊均为膘肥体壮羊。剖检病死羊胃黏膜充血，出血，肿胀，黏膜易脱落，肺充血肿大，气管内有白色泡沫，肝脾肿大，肾脏混浊肿胀，包膜不易剥落。

一、临床诊断

（一）临床检查

1. **视诊** 羊食欲、反刍停止，一部分羊全身发抖，步态不稳，身体失去平衡，卧倒在地，呼吸困难。

2. **剖检**

(1)胃黏膜充血，出血，肿胀，黏膜易脱落。

(2)肺充血肿大，气管内有白色泡沫。

(3)肝脾肿大，肾脏混浊肿胀，包膜不易剥落。

（二）实验室检查

兽医采血样进行了血液胆碱酯酶活性测定，其结果为阳性。

1. **操作** 先称取溴麝香草酚蓝0.14 g，溴化乙酸胆碱0.46 g，将二者溶于20 mL无水酒精中，用0.4 mL氢氧化钠溶液调pH值至6.8。该溶液即由橘红色变为黄绿色。用白色的、致密的定性滤纸浸入上述溶液中，待滤纸完全被浸湿后，取出悬挂阴干（应呈橘黄色），剪成比载玻片稍窄的方形或长方形纸块，贮于棕色瓶中备用。检查时取上述试纸两块，分别置于清洁载玻片的两端，滴加病兽末梢血液1滴于试纸中央，另一端加等量的同种健兽末梢血作对照，做标记以便区别。然后立即加盖一载玻片扎紧，迅速置于37℃恒温箱中20 min。取出以血滴中央的颜色同标准色片比较，判定胆碱酯酶活性百分率。

2. **判定标准** 色调呈红色，酶活性为80%～100%，表示未中毒（正常）；呈紫红色时，酶活性为60%表示轻度中毒；深紫色时，酶活性为40%，判为中等中毒；蓝色时，酶活性为20%，判为重度中毒。

二、发病原因分析

有机磷农药是农业上常用的杀虫剂，也是畜牧业上常用的杀虫和驱虫药。主要有甲拌磷(3911)、内吸磷(1059)、乐果、敌百虫等。这些杀虫剂多具有较高的脂溶性，可经皮肤渗入机体内，通过消化道和呼吸道被较快吸收。羊有机磷中毒常是误食喷洒有机磷农药的牧草或农作物、青菜等；误食被有机磷农药污染的饮水；误食拌过农药的种子；应用有机磷杀虫剂防治羊体外寄生虫，剂量过大或使用方法不当；羊接触有机磷杀虫剂污染的各种工具器皿等，而发生中毒。

三、诊断结论

本病例属于有机磷农药中毒。

有机磷农药中毒是由于有机磷农药通过各种途径进入羊体内，与乙酰胆碱酶结合，抑制该酶的活性，造成羊体内的乙酰胆碱大量蓄积，导致羊副交感神经过度兴奋。中毒动物流涎吐沫，腹痛不安，肠音高，粪便如水，便中带血，高度呼吸困难，张口喘气，肺部听诊有湿啰音，全身肌肉痉挛，角弓反张，运动障碍，站立不稳，倒地后四肢呈游泳状划动，迅速死亡。

四、治疗

（一）治疗原则

切断毒源，阻止或减少毒物的继续吸收。应尽快采用药物救治，全身补液、补维生素C，对症治疗等。

（二）治疗方法

【治疗方案1】

阿托品皮下注射，剂量每只2～4 mg，病情严重者可加大剂量2～3倍，第一次注射后隔2 h再注射一次，直到症状减轻为止。

【治疗方案2】

10%葡萄糖注射液500 mL，碘解磷啶注射液15 mg/kg，静脉滴注；2 h后再静脉推注1次，剂量同上。

（三）注意事项

(1)有机磷中毒后应尽早采用药物治疗。阿托品皮下注射配合胆碱酯酶复能剂（碘解磷啶、氯磷啶或双复磷注射液）的同时，结合其他对症疗法。

(2)对兴奋不安、出汗严重的静脉滴注镇静剂，不可使用氯丙嗪。

(3)在治疗有机磷中毒的过程中，切忌静脉补碱。因为解磷啶在碱性环境中水解成毒性极强的氰化物。

(4)中毒症状缓解之后，不要过早停止阿托品的使用，以免残毒再吸收而引起复发，最低限度维持量不能少于72 h。

五、预防

(1)对有机磷农药一定要严加保管，不准污染饲料和饮水，不让羊接触到喷洒农药的用具。

(2)在喷洒过农药的田地和牧场要设立标志，在7天之内不准进地割草和放牧。

(3)不饲喂喷洒过农药不久的饲草。

(4)给家畜驱除内外寄生虫时，要严峻控制用药剂量及浓度。

(5)作物喷洒农药或灭蚊蝇时，挑选无风或早晚进行，并管理好牛群。

知识拓展

有机磷农药中毒发病机理

毒性作用是与乙酰胆碱酯酶的酯解部位结合成磷酰化胆碱酯酶，后者比较稳定，且无分解乙酰胆碱能力；从而使乙酰胆碱积聚引起胆碱能神经先兴奋后抑制的一系列毒蕈碱样、烟碱样和中枢神经系统症状。当有机磷进入动物体后，以其磷酰基与酶的活性部分紧密结合，形成磷酰化胆碱酯酶而丧失分解乙酰胆碱的能力，以致体内乙酰胆碱大量蓄积，并抑制仅有的乙酰胆碱酯酶活力，使中枢神经系统及胆碱能神经过度兴奋，最后转入抑制和衰竭，表现一系列症状和体征：

1. 某些副交感神经和某些交感神经节后纤维的胆碱能毒蕈碱受体兴奋，则出现平滑肌收缩、腺体分泌增加、瞳孔收缩、呕吐、腹痛、腹泻等毒草碱样症状。

2. 运动神经和肌肉连接点胆碱能烟碱型受体兴奋，则发生肌肉纤维震颤或抽搐(痉挛)；重度中毒或中毒晚期，转为肌力减弱或肌麻痹等烟碱样症状。

3. 中枢神经系统细胞触突间胆碱能受体兴奋，引起功能失调，开始有烦躁、不安等兴奋症状，严重时出现昏迷和呼吸中枢麻痹。

4. 在循环系统方面，即可出现心率减慢、血压下降等毒蕈碱样症状。

任务二　氟乙酰胺中毒的诊治

案例分析：

某养羊专业户宋某饲养的23只小尾寒羊，当日下午放牧归来时突然发病，到晚上8点多已死亡2只。主诉：放牧途中，羊群经过一块麦苗地，吃了青麦苗，其中有几只羊后来才找到，可能偷吃了大量的麦苗。

一、临床诊断

(一)临床检查

1. **视诊**　病羊精神沉郁，不食，空口咀嚼，口吐白沫，烦躁不安。口唇周围和肩、肘、臂部的肌肉颤抖，呼吸迫促，心跳加快，四肢痉挛抽搐，可视黏膜发绀，胀肚，角弓反张，口鼻出血，体温偏低。

2. **剖检** 脑膜严重点状出血。对死亡的羊只进行剖检，结果死羊眼结膜、鼻腔黏膜发绀，口腔内有多量泡沫状液体；肝、脾、肾肿大，质地脆软，有小出血点；心肌变性充血，心内外膜有散在的出血点；肺充、出血，间质水肿；瘤胃、真胃黏膜出血，小肠有卡他性炎症；脑膜严重点状出血。

（二）实验室检查

氟乙酰胺测定方法有两种。

1. **方法一**

（1）样品处理。无色液体可直接测定。有颜液体，可加少量活性炭或中性氧化铝振摇脱色，过滤后测定。固体样品研碎后取 2～5 g 加 3 倍于样品重的蒸馏水或纯净水，半流体样品取 2～5 g 加等量于样品重的蒸馏水或纯净水，振摇提取，过滤，将滤液煮沸浓缩至 1 mL 左右测定。中毒残留物或胃内容物样品处理时，可适当加大取样量。

（2）样品测定。取待检液 1 mL 左右于试管中，加氢氧化钠溶液 10 滴，加盐酸羟胺溶液 5 滴，置沸水中水浴 5 min（使其充分水解成氟乙酸钠释放出氨）。取出放冷，加盐酸溶液 9～10 滴（调 pH 值 3～5）后，加三氯化铁溶液 3～10 滴（使其与氟乙酸反应），阳性结果为粉红或紫红色，尤其在滴加后的液面上更为明显（检出限可达 50 μg/mL）。测定时做空白对照试验，阴性结果为浅黄或黄色，有些空白对照为黄棕色絮状沉淀，静置后上层液变成无色或仅呈浅黄色。

（3）注意事项。

①加盐酸溶液 9 滴后要用 pH 试纸测试溶液 pH 值，若 pH 值太高（碱度过高），加入三氯化铁溶液时可产生红棕色沉淀，影响结果判定，造成假阳性结果；若 pH 值太低（酸度过高），加入三氯化铁溶液后氟乙酰胺显色不敏锐或不显色，易造成假阴性结果。pH 值可用氢氧化钠溶液和盐酸溶液反向调整。

②空白对照试验，是取与检样相同（不含氟乙酰胺）的物质与检样同时操作，以便于观察对比。对于呕吐物、胃内容物等样品，应加阳性对照试验。

③本方法不适于血液和组织器官样品的测定。

④氟乙酰胺的检测目前无国家标准分析方法，对重要案件的处理要慎重，应采用气相或液相色谱做进一步对照确定。对于中毒案件，还可根据中毒者的中毒症状作参考。

⑤三氯化铁溶液放置时间长时会有少量沉淀产生，摇匀后使用。组合试剂的有效期为 1 年，阳性对照试验无反应时不可再用。

2. **方法二（奈氏试剂法）**

（1）奈氏试剂的配制。将 10 g 碘化汞和 7 g 碘化钾溶于 10 mL 水中，另将

24.4 g 氢氧化钾溶于内有 70 mL 水的 100 mL 容量瓶中，并冷却至室温。将上述碘化汞和碘化钾溶液慢慢注入容量瓶中，边加边摇动。加水至刻度，摇匀，放置 2 天后使用。试剂应保存在棕色玻璃瓶中，置暗处。

(2)检测方法。将水溶性样品溶液 1 mL 于小试管中，加入 1 mL 奈氏试剂，如含有氟乙酰胺，会出现黄红—澄棕色沉淀，同时做空白对照试验，20 min 即可报告结果。检出限为 50 μg/ mL。注意：氨对本方法有干扰。试剂必须避光保存。

氟乙酰胺测定，结果为阳性。

二、发病原因分析

氟乙酰胺被广泛应用于杀虫，也作为鼠药应用。动物因误食喷过农药的鲜草和其他植物茎叶、瓜果，而引起中毒；或在晚稻抽穗期长期施用过氟乙酰胺的饲草、饲料，使残毒蓄积，喂后发生中毒；或因误食氟乙酰胺农药，误饮被污染的水而引起中毒。

三、诊断结论

根据调查及实验室检验，确认本病例属于氟乙酰胺中毒。

四、治疗

(一)治疗原则

对发生中毒的牛，应立即进行洗胃处理。

(二)治疗方法

【治疗方案 1】

内服硫酸镁或硫酸钠 350～500 g，同时内服活性炭 60～100 g，加水 5 000 mL，以吸附毒物，促使快速排出；也可给病牛服牛奶、鸡蛋清、绿豆水等，尤其是鸡蛋清，能保护胃肠黏膜、吸附毒素、阻止毒素的吸收，效果较好。

【治疗方案 2】

用解氟灵(50%乙酰胺水溶液)。

轻度中毒，每日按 0.1 g/kg 体重量，肌肉注射，首次注射药量为全日药量的 1/2，另一半每隔 2 h 注射 1/4；第 2 天开始，将全日量分为 4 份，每 4 h 肌肉注射一次。用药 2～3 天后，每日减药 1/3，连用 5～6 天。必要时也可连续用药。

五、预防

(1)严禁饲喂用氟乙酰胺喷洒过的植物茎叶、瓜果以及污染的饲草、饲料。

(2)凡喷洒过氟乙酰胺的农作物，从喷药到收割期必须经过 2 个月以上的残毒排出时间，才能作为饲料用，否则易发生中毒。

(3)要建立严格的保管制度，被污染的用具应妥善保管，防止牛误舐而中毒。

(4)对有中毒可疑的牛，应加强饲养管理，同时内服绿豆汤解毒。

知识拓展

氟乙酰胺中毒发病机理与临床症状

一、发病机理

氟乙酰胺在机体脱胺成氟乙酸，氟乙酸经活化与草酰乙酸结合，生成氟柠檬酸。氟柠檬酸拮抗柠檬酸，阻断柠檬酸代谢，抑制乌头酸酶，中断三羧酸循环，导致体内柠檬酸蓄积和ATP生成不足。其毒性作用对脑和心脏危害最重，引起中毒犬猫出现神经症状和猫心搏加快，脉搏微弱。

二、临床症状

1. 急性中毒

无明显的前兆，精神沉郁，饮水少，食欲减退或废绝，反色停止，肘肌群震颤，结膜潮红，肠音初期高朗，后期减弱，最后消失。心跳增速，驱赶不愿行走，后躯摇摆，病程持续2～3天，最急性的9～18 h突然倒地，抽搐，惊厥或角弓反张，有的数分钟内呼吸抑制，心跳停止而死亡。有的虽然很快恢复，但可重复发作，恢复后静卧不动，全身颤抖，食欲废绝，反刍停止，体温正常或降低，突然抽搐，口吐白沫而死亡。

2. 慢性中毒

病畜精神沉郁，食欲减退，不合群，反刍停止，流涎，不愿行走，喜静，独自靠墙站立，强迫运动，几步后卧地。瞳孔散大或缩小，肘肌震颤，有时轻微腹痛。个别患畜排恶臭稀粪，牛粪含有黏液或呈串珠样。

任务三　尿素中毒的诊治

案例分析：

2005年6月26日下午刘某因出外做事时没有关好库房门，其羊圈内的羊跑出来后进入库房，吃入大量的尿素，该牧户共饲养羊83只，发病38只，死亡38只。发病羊1 h左右出现中毒症状，表现为精神沉郁，呆滞，来回走动，不安，呻吟，反刍停止，腹胀，肌肉发抖，走路来回摇摆，不停地出现强直性痉挛，呼吸困难，脉搏增数，大量出汗，口吐白沫。2 h后病羊倒地，四肢出现游泳样运动，大部分羊3 h左右开始死亡。

一、临床诊断

(一)临床检查

精神沉郁,呆滞,来回走动,不安,呻吟,反刍停止,腹胀,肌肉发抖,走路来回摇摆,不停地出现强直性痉挛,呼吸困难,脉搏增数,大量出汗,口吐白沫。

(二)实验室检查

测定血氨氮值。

二、发病原因分析

尿素是反刍动物日粮中应用最多的非蛋白氮。作为蛋白质代用料,尿素只能作为氮源,以补充日粮中蛋白质的不足,但不能在足够的蛋白质饲料的基础上起作用,它只能代替日粮中部分蛋白质,不能取代日粮中的蛋白质。尿素本身并不具有毒性,但用量过多可引起氨中毒。瘤胃氨浓度可在动物采食尿素60～90 min达到高峰。随着瘤胃细菌的利用、瘤胃上皮的吸收及外流,氨浓度逐渐下降。一般在饲喂后4～5 h才恢复到最初的氨浓度。当饲料中尿素水平过高时,会在瘤胃内形成大量的游离氨,导致瘤胃液的pH值升高,反刍动物吸收的氨的量就会超过肝脏降解氨的量,氨就会参与动物体的循环,大脑组织对氨很敏感,当血氨水平高于正常量时,会导致神经症状的发生。据报道,饲料中粗蛋白含量在9%～12%时,添加尿素效果最好。尿素添加量过多时,分解成氨的速度过快,瘤胃微生物来不及利用,被畜体吸收进入血液而中毒。幼畜瘤胃机能发育不完善、瘤胃菌群未建立,饲喂尿素极易中毒,应在幼畜断奶后,至少吃2个月的草,再添加尿素才不易中毒。

三、诊断结论

本病例为尿素中毒。

中毒动物的鼻孔内流出红褐色液体,眼球下陷,眼结膜发绀,阴道黏膜发绀,有白色胶样物,皮下淤血。腹腔内有强烈的腐败气味,瘤胃饱满,浆膜呈暗褐色,切开后有刺鼻的氨味,黏膜脱落,最底部出血,胃内容物呈现红白相间,肠黏膜脱落出血,尤其是小肠前段的出血和溃疡严重。肝脏肿大,含血量多,质地变脆,胆囊扩张,充满胆汁,肾脏肿大,有大量的尿酸盐沉积,肺脏淤血,支气管内有粉红色泡沫状分泌物,心外膜有鲜红色弥漫性出血点,心室扩大,血凝块分层明显,隔膜有轻度充血和少量淤血。

四、治疗

(一)治疗原则

发现中毒后,为制止尿素分解为氨,避免机体吸收氨而发生碱中毒,应立即灌服酸类药物立即灌服食醋或醋酸等弱酸溶液。

(二)治疗方法

【治疗方案1】

(1)灌服液体石蜡油,牛1 500 mL,羊300 mL促使胃肠内容物排除。

(2)静脉注射10%硫代硫酸钠。

【治疗方案2】

(1)硫酸镁、硫酸钠,牛300 g,羊50 g,加水适量稀释后灌服。

(2)静脉注射高渗葡萄糖、维生素C促进代谢。

(3)呼吸困难时用尼可刹脒。

五、预防

(1)日粮中粗蛋白含量在9%~12%时,添加尿素效果好,但是当日粮中粗蛋白充足时,添加尿素易发生中毒。

(2)幼年反刍动物因瘤胃机能发育不完善,添加尿素会导致中毒。

(3)饲料中要有充足、易消化的碳水化合物供给瘤胃微生物繁殖,促进尿素氮合成菌体蛋白。

(4)添加尿素应有7~15天的适应期,然后再添加到正常量,牛日添加量130 g左右,羊日添加量10 g左右。

(5)做好尿素保管工作,防止偷食;拌入饲料中要均匀,饲喂后不要立即饮水;制作尿素青贮时,先将尿素溶于水中,再均匀喷洒。

子项目四　药物中毒的诊治

◈**知识目标:**

1. 掌握各种常见药物中毒的病因和临床特征性表现。
2. 掌握各种常见药物中毒有效治疗方法。

◈**能力目标:**

1. 培养分析病例的能力,能够确定诊断要点、建立合理的治疗方案。
2. 能对各种常见药物中毒治疗措施作出合理的解释。

任务一　磺胺类药物中毒的诊治

案例分析：

某养殖户共饲养艾维茵肉鸡 7 000 只，肉鸡 21 日龄时，养殖户按推荐剂量在饲料中拌入复方敌菌净喂鸡。用药后 8 h，鸡开始发生零星死亡，到用药后 16 h 时共死亡 50 多只。

一、临床诊断

1. 问诊

(1)病鸡精神沉郁，扎堆；羽毛蓬乱，蹲伏不能站立；采食减少但不明显，饮水量明显增加；腹泻，无呼吸道症状，未出现痉挛或麻痹等神经症状。

(2)养殖户是按推荐剂量用复方敌菌净的，但在拌料前未将药片碾碎，而是直接将药片投入饲料搅拌机搅拌。

2. 剖检　病死鸡可见皮肤、肌肉、内脏器官出血性病变；胸部肌肉也有少量的弥漫性出血，大腿内侧斑状出血，心肌有少量出血；肠道黏膜有弥漫性出血斑点；腺胃和肌胃黏膜有少量出血；肾脏明显肿大，输尿管增粗，并充满白色的尿酸盐；肝肿大，呈紫红色，胆囊充盈，内充满胆汁。

3. 细菌培养　无菌取病死鸡肝、脾，接种普通培养基和麦康凯培养基，37℃生物培养箱 24 h 培养，培养基上未见细菌生长。

二、发病原因分析

磺胺类药物是用化学方法合成的一类药物，具有抗菌谱广，疗效确切，价格便宜等优点，常用于鸡球虫病，禽霍乱，鸡白痢等病的防治，如复方敌菌净，磺胺胍等。磺胺类药物的治疗量接近中毒量，且鸡较敏感，因此，用药剂量过大，或连续使用超过 7 天，即可造成中毒。

磺胺药物的治疗剂量与中毒量接近，用药时间过长，就会造成中毒。据报道，给鸡饲喂含 0.5%SM2 或 SM1 的饲料 8 天，可引起鸡脾出血性梗死和肿胀，饲喂至第 11 天即开始死亡。复方敌菌净在饲料中添加至 0.036%，第 6 天即引起死亡。维生素 K 缺乏可促发本病。复方新诺明混饲用量超过 3 倍以上，即可造成雏鸡严重的肾肿。

三、诊断结论

本病例为磺胺类药物中毒。

中毒鸡表现为厌食或拒食，冠苍白，贫血、出血，羽毛松乱，渴欲增加，病鸡精神沉郁，扎堆，有的病鸡头面部呈局部性肿胀，皮肤呈蓝紫色，便秘、下痢交替发生，粪便呈酱色。产蛋鸡产蛋下降，蛋壳粗糙、变软、薄，色泽变淡。

四、治疗

（一）治疗原则

发生磺胺类药物中毒，应立即停药，多饮水，可用碳酸氢钠等溶液服用，促进肝脏排泄，并进行对症疗法。

（二）治疗方法

【治疗方案】

(1)应立即停药，饮5%葡萄糖水或0.5%～1%碳酸氢钠水，并在每千克饲料中添加维生素K 0.5 mg或在日粮中提高1倍维生素含量。

(2)中毒严重的鸡并可肌注维生素B_{12} 1～2 μg或叶酸50～100 μg。

五、预防

(1)对1月龄以下的雏鸡和产蛋鸡不要使用磺胺药。

(2)严格掌握各种磺胺药的治疗剂量，连续用药不能超过5天。

(3)选用含有增效剂的磺胺类药物。

(4)应用磺胺类药时最好同时应碳酸氢钠。

知识拓展

磺胺类药物中毒的发病机理

发病机理

本类药物对机体有一定毒性，在剂量超出安全范围时，毒性尤为明显。动物摄入本药经肾脏排泄，可在肾脏析出结晶（尿液呈酸性时析出更为严重），破坏肾脏功能，导致肾脏肿大、苍白和尿毒症。其次本药物在血液中可与血浆蛋白结合形成变应原，导致变态反应，致使血细胞、组织细胞裂解。另外，长期投喂磺胺药物会抑制肠道内正常菌群产生维生素B、维生素K的作用，使动物出现消化机能紊乱，肝脏解毒功能下降，从而导致发生一系列的症状与病理变化。

任务二　土霉素中毒的诊治

案例分析：

某镇村民夏某饲养的 1 头 2.5 岁奶牛，膘情中等，已配种 2 个月余，体重约 400 kg。2 天前，户主发觉该奶牛精神倦呆，喜卧地，不吃或吃很少量草料，喝水比平时增多；拉稀，粪便呈稀糊状。第 3 天，户主给牛喂服 18 片土霉素片，每片含量为 0.25 g，次日，病情加重，发现粪便内有较多黑色血凝块和黏液，食欲废绝，喝少量水。

一、临床诊断

精神沉郁，呆滞，来回走动，不安，呻吟，反刍停止，腹胀，肌肉发抖，走路来回摇摆，不停地出现强直性痉挛，呼吸困难，脉搏增数，大量出汗，口吐白沫。

二、发病原因分析

土霉素属广谱抗菌药，是禽类最常用的药物，如超量服用或长期服用会引起中毒。

三、诊断结论

土霉素系广谱抗生素四环素类药，易溶于水，对预防细菌性传染病，治疗轻微呼吸道及肠道疾病有良好疗效。又因其价廉而被广泛用于养禽生产中，但如果其剂量过大，投药时间过长也易导致禽只中毒，造成死亡。

四、治疗

（一）治疗原则

发现牛中毒后，为制止尿素分解为氨，避免机体吸收氨而发生碱中毒，应立即灌服酸类药物立即灌服食醋或醋酸等弱酸溶液。

（二）治疗方法

【治疗方案】

鸡一旦发生土霉素慢性中毒，应立即给病鸡饮用绿豆水或干草水。同时，应给每只中毒病鸡内服维生素 B_1 或维生素 C 10～20 mg，有明显的治疗效果。

五、预防

1. 在应用土霉素时应严格按照剂量使用，并不宜长期应用。一般 1 个疗程不能超过 5 天，间隔 1 个月后方能再次投药。

2. 如需内服时应与饲料混合，以免刺激胃和发生二重感染。

3. 如必须服用时应配合维生素 B，不能与碱性药物同时服用，以免形成复合物失效。

知识拓展

土霉素中毒的毒理与鉴别诊断

一、毒理

土霉素进入机体后，吸收快，排泄慢（达 12 h 以上），因此，不论一次大剂量或连续超剂量用药均能引起中毒。能使肠道菌群失调，引起霉菌与其他细菌继发感染，使机体发生二重感染，即清除或抑制敏感细菌，但不敏感的或具有耐药性的细菌则能大量繁殖而侵入，从而产生危害。还能使肝发生脂肪变性，对肝酶系统产生不利影响，并改变机体中的凝血因子，导致凝血障碍，对消化道黏膜刺激性较强，在酸性环境中对局部刺激性最强。

二、鉴别诊断

1. 食盐中毒　相似处：呼吸、心跳增速，口吐白沫，肌肉痉挛，黏膜潮红，兴奋不安，瞳孔散大等。不同处：因吃食盐含量多的食物而发病。体温高（痉挛时升至 41℃），口渴喜饮，尿少或无尿，兴奋时奔跑，继则好卧昏迷，有时癫痫发作，口腔黏膜肿胀，皮肤发绀。

2. 猪传染性脑脊髓炎（捷申病）　相似处：全身肌肉痉挛、震颤，四肢僵硬等。不同处：有传染性，体温高（40～41℃），前肢前移，后肢后移，常发生剧烈的阵发痉挛，声响也能激起大声尖叫，强烈时角弓反张。将病料脑内接种易感猪，能出现特征性症状和中枢神经典型病变。

3. 苦楝中毒　相似处：突然发病，口吐白沫，全身痉挛，呼吸困难，站立不稳，后期反射消失，瞳孔散大等。不同处：因吃苦楝子或因驱虫吃川楝素而发病，体涸偏低，耳、鼻、四肢发凉，发抖，卧时四肢做游泳动作。腹痛呻吟，病程短，几十分钟即死亡。

4. 破伤风　相似处：全身肌肉震颤，四肢站立如木马，腹式呼吸，口吐泡沫等。不同处：由创伤或分娩而感染发病，为传染病。牙关紧闭，两耳直立，四肢强直痉挛；不能行走，阳光、声响均能激发痉挛。取病猪全血 0.5 mL 肌注于小鼠臀部，一般经 18 h 后即出现症状。

练 习 题

1. 如果一个中毒病没有特效解毒药,应采取哪些措施治疗?
2. 中毒病的常见原因有什么?
3. 瘤胃酸中毒的治疗措施有哪些?
4. 猪食盐中毒的病因与症状有哪些?
5. 试述有机磷农药中毒的发病症状及解救措施。
6. 鸡药物中毒的共同原因有哪些?怎样预防?
7. 试述中毒病的综合治疗措施。

项目任务单

<table>
<tr><td colspan="8">项目八　中毒性疾病的诊治</td></tr>
<tr><td rowspan="2">任务二</td><td colspan="2" rowspan="2">有机磷农药中毒的诊治</td><td>子任务一</td><td>有机磷农药中毒的诊断</td><td rowspan="2">学时</td><td rowspan="2">2</td></tr>
<tr><td>子任务二</td><td>有机磷农药中毒的治疗方案设计与实施</td></tr>
<tr><td>实训场地</td><td></td><td>指导教师</td><td></td><td>实训班级</td><td></td><td>时间</td><td></td></tr>
<tr><td>组别</td><td></td><td>组长</td><td></td><td>组员</td><td colspan="3"></td></tr>
<tr><td>学习目标</td><td colspan="7">学生掌握有机磷农药中毒的发病原因和临床表现，合理设计治疗方案，提高治疗能力。而且，在实际操作过程中发现问题、解决问题</td></tr>
<tr><td>相关知识准备</td><td colspan="7">1. 有机磷农药中毒的发病原因
2. 有机磷农药中毒的临床表现和诊断方法
3. 有机磷农药中毒的治疗方法和预防措施</td></tr>
<tr><td>相关技能准备</td><td colspan="7">1. 能准确说出有机磷农药中毒的发病原因和临床表现
2. 能准确详细描述有机磷农药中毒临床检查方法和治疗方法</td></tr>
<tr><td>实施</td><td colspan="7">观察动物病例 →分析发病原因和诊断要点 → 实施临床检查 → 确诊疾病 → 设计治疗方案并实施→ 设计预防措施 → 组内组间交流</td></tr>
<tr><td rowspan="4">操作要求</td><td>观察病例</td><td colspan="6">通过动物病例，正确判断疾病</td></tr>
<tr><td>用品准备</td><td colspan="6">根据临床检查方法正确选择临床检查用品</td></tr>
<tr><td>现场操作</td><td colspan="6">1. 以组为单位，组长组织，组员分别操作
2. 每人能分析发病原因和临床表现，并对临床检查方法和治疗方法进行准确描述
3. 要求每组准确判断疾病，正确操作临床检查和治疗过程，并以文字材料写出该任务的操作过程</td></tr>
<tr><td>问题分析</td><td colspan="6">以组为单位，讨论在准备与操作过程中出现的各种问题，提出合理的解决办法，鼓励学生课余查阅其他相关中毒原理资料</td></tr>
<tr><td>注意事项</td><td colspan="7">组长负责，统筹安排，组员协作</td></tr>
</table>

<table>
<tr><td>操作方案设计与实施</td><td>小组任务：

发病原因和临床表现分析：

临床检查用品和方法：

治疗方案设计与实施：

预防措施设计：</td></tr>
<tr><td>操作过程中发现的问题</td><td></td></tr>
</table>

分析总结						
考核体系	考核项目	考核细则	优秀	良好	合格	不合格
	素质考核（20分）	出勤情况（5分）	满勤（5分）	迟到（3分）	早退（3分）	旷课（0分）
		预习报告（10分）	内容详尽、实用，包括了试验所需的应知应会的知识点（10分）	内容详尽，实用。包括了试验所需的应知应会的主要知识点（8分）	内容较简单，能包括试验所需的部分知识点（6分）	内容简单，试验所需的应知应会的知识点包括在内（6分以下）
		提问情况（5分）	回答问题完全正确，专业术语使用正确（5分）	回答问题较正确，部分专业术语使用不当（4分）	在老师或同学的提示下，回答问题基本正确，专业术语使用不当（3分）	回答问题错误，在老师或同学的提示下依然无法答出问题（3分以下）
	技能考核（50分）	正确说明病例发病原因（10分）	根据任务正确说明病例发病原因（10分）	根据任务基本正确说明病例发病原因（8分）	在教师的提示下，基本正确说明病例发病原因（6分）	在老师或同学的提示下依然无法完成任务（6分以下）
		正确分析病例的诊断要点（15分）	根据任务正确分析病例的诊断要点（15分）	根据任务基本正确分析病例的诊断要点（12分）	在教师的提示下，基本正确分析病例的诊断要点（9分）	在老师或同学的帮助后，仍无法完成任务（9分以下）
		治疗方案设计与实施完全合理实用（25分）	根据案例所设计的治疗方案和实际操作完全合理实用（25分）	根据案例所设计的治疗方案和实际操作基本合理实用（20分）	在教师的提示下根据案例所设计的治疗方案和实际操作合理实用（15分）	在老师或同学的帮助后，仍无法完成任务（10分以下）

<table>
<tr><td rowspan="2">考核体系</td><td rowspan="2">综合能力考核(30分)</td><td>理论支撑知识考核(15分)</td><td colspan="4">有机磷农药中毒</td></tr>
<tr><td>应用能力考核(15分)</td><td colspan="4">试述有机磷农药中毒的发病症状</td></tr>
<tr><td rowspan="4">评价体系</td><td colspan="2">评价环节</td><td colspan="4">评价方法</td></tr>
<tr><td colspan="2">组内互评(30分)
互评一:
互评二:
互评三:</td><td>组织协调能力强,能够及时完成所分担的任务,与组员沟通顺畅(30分)</td><td>与组员沟通协调较好,能及时完成所分担的任务(24分)</td><td>能与组员沟通协调,未能及时完成所分担的任务(18分)</td><td>不能与组员沟通协作,不去完成所交给的工作任务(18分以下)</td></tr>
<tr><td colspan="2">组间互评(30分)
互评一:
互评二:
互评三:</td><td>该组整体沟通协调合作能力强,能优秀完成工作任务,经验总结好(30分)</td><td>该组能进行沟通协调合作,能完成工作任务,经验总结较好(24分)</td><td>该组能进行沟通协调合作,基本完成工作任务,经验总结一般(18分)</td><td>该组缺乏沟通协调合作能力,未能完成工作任务。经验总结较差(18分以下)</td></tr>
<tr><td colspan="2">教师对小组整体评价(40分)</td><td colspan="4"></td></tr>
<tr><td rowspan="11">每个组员综合成绩</td><td colspan="2">学号</td><td colspan="2">姓名</td><td colspan="2">成绩</td></tr>
<tr><td colspan="2"></td><td colspan="2"></td><td colspan="2"></td></tr>
<tr><td colspan="2"></td><td colspan="2"></td><td colspan="2"></td></tr>
<tr><td colspan="2"></td><td colspan="2"></td><td colspan="2"></td></tr>
<tr><td colspan="2"></td><td colspan="2"></td><td colspan="2"></td></tr>
<tr><td colspan="2"></td><td colspan="2"></td><td colspan="2"></td></tr>
<tr><td colspan="2"></td><td colspan="2"></td><td colspan="2"></td></tr>
<tr><td colspan="2"></td><td colspan="2"></td><td colspan="2"></td></tr>
<tr><td colspan="2"></td><td colspan="2"></td><td colspan="2"></td></tr>
<tr><td colspan="2"></td><td colspan="2"></td><td colspan="2"></td></tr>
<tr><td colspan="2"></td><td colspan="2"></td><td colspan="2"></td></tr>
</table>

项目九　营养代谢障碍疾病的诊治

子项目一　糖、蛋白质代谢障碍疾病的诊治

◆**知识目标：**

1. 掌握奶牛酮病、家禽痛风发生的病因和临床特征性表现。
2. 掌握酮病、家禽痛风的常用治疗方法。

◆**能力目标：**

1. 培养分析病例的能力，能够确定诊断要点、建立合理的治疗方案。
2. 能对酮病、家禽痛风的症状及治疗措施进行合理的解释。

任务一　奶牛酮病的诊治

案例分析：

某奶牛场，近一段时间牛群中出现少数患病奶牛，精神沉郁，食欲降低，个别的狂躁不安，产奶量降低，但奶的外观无明显变化，加热后烂苹果味，影响了奶的销售。

一、临床诊断

（一）临床检查

1. **问诊**　消化不良，食欲减退，不愿吃料，精神沉郁。呼出气、尿液、乳汁有烂苹果味。

2. **视诊**　患牛精神差，反应迟钝。

（二）实验室检查

尿中的酮体是三种不同成分的总称，即丙酮、乙酰乙酸和β-羟丁酸，它们是体内脂肪代谢的中间产物。但在饥饿、各种原因引起的糖代谢发生障碍，体脂分解增加，因产生酮体速度大于组织利用速度，可出现酮血症，继而发生酮尿。

采用郎氏法

1. *原理* 丙酮或乙酰乙酸与亚硝基铁氰化钠作用后，再与氨液接触可产生紫红色化合物。冰醋酸可抑制肌酐产生类似的反应。

2. *方法* 取被检尿液约 2 mL 于小试管内，加入亚硝基铁氰化钠结晶数小粒，振荡使其溶解，再加入冰醋酸 0.2 mL，混匀后，将试管倾斜，沿管壁缓慢加入浓氨水 0.5～1 mL，在两液交界处呈现紫红色环即为阳性。

二、发病原因分析

1. *奶牛高产* 在正常生理情况下，母牛分娩后的 4～6 周出现泌乳高峰，但其食欲恢复和采食量的高峰在产犊后 8～10 周。因此，在产犊后 10 周内乳牛的食欲较差，能量和葡萄糖的来源本来就不能满足泌乳消耗的需要，如果母牛泌乳量过高，将势必加剧这种不平衡。通过研究发现，奶牛每天适合的产奶量为 22 kg；如果每天产奶 34 kg，则血液中全部的葡萄糖都将被乳腺所摄取，这就造成了乳牛血糖过低而引发酮病，所以高产乳牛酮病的发病率较高。

2. *日粮营养不平衡和供应不足* 饲料供应过少、品质低劣，饲料单一、日粮不平衡；或精料（高蛋白质、高脂肪和低碳水化合物饲料）过多、粗饲料不足等，均会使机体的生糖物质缺乏，可引起能量负平衡，产生大量酮体而发病。

3. *产前过度肥胖* 干奶期供应能量水平过高，母牛产前过度肥胖，分娩后严重影响采食量的恢复，同样会使机体的生糖物质缺乏，引起能量负平衡，产生大量酮体而发病。

4. *脂肪肝引起酮体代谢障碍* 脂肪肝的发生多在临床型酮病的发生之前，并认为奶牛先有脂肪肝，后才患有酮病。由于脂肪肝引起肝脏代谢紊乱、糖原合成障碍而加剧了血中酮体含量的升高。

5. *其他* 此外，产乳热、真胃变位、肾炎、蹄病等疾病均可引起继发性酮病的发生；饲料中钴、碘、磷等矿物质缺乏和各种应激因素及其他内分泌紊乱也可促进酮病的发生。

三、诊断结论

本病例属于奶牛酮病。

本病症状分为三个类型，即消化型、神经型和生产瘫痪型。

1. *消化型* 病牛呈现顽固性消化障碍，不吃精料。个别严重者见到精料就跑，仅吃少量干草和青草。有的病牛饮食、饮水均废绝，发生异嗜现象，反刍减少；瘤胃蠕动减弱或消失；体温一般无变化；产奶量急剧下降；牛体很快消瘦。

2. *神经型* 通常亦伴有消化型症状，初期兴奋，听觉过敏，眼肿，很快出现狂躁不安，时时转动舌头，步态不稳，后肢轻瘫，不能站立，呈现昏迷状态。

3. **生产瘫痪型**　病牛许多症状与生产瘫痪类似，但其特点是病牛产奶量高、消瘦、体重减少、食欲不振，一般称生产瘫痪酮病。

四、治疗

（一）治疗原则

补糖抗酮，促进糖原异生，提高血糖含量，减少体脂动员，提高饲料中丙酸的利用。

（二）治疗方法

【治疗方案1】

静脉注射50%葡萄糖溶液500 mL，10%葡萄糖溶液2 500 mL，10%维生素C 50 mL，每日2次，连用2～3天，同时用甘油225 g加水投服，1次/日，连续5天。经过治疗病牛一周后彻底痊愈。

【治疗方案2】

采取激素疗法。糖皮质类激素如醋酸可的松、氢化可的松、强的松龙、氟美松等促肾上腺皮质激素也有良好效果。

五、预防

酮病作为奶牛泌乳期常见的一种代谢疾病，也是一种管理性疾病，其发生比较复杂，在生产中应采取综合预防措施才能收到良好的效果。

（1）加强对病牛的护理，坚持合理的饲养制度，随时调整日粮组合。减喂油饼类等富含脂肪类饲料，如豆饼等。

（2）增加优质青草或干草喂量。精粗料比例以3∶7为宜，最大限度不超过6∶4。不喂发霉、变质的干草和品质不良的青贮料。

（3）防止干乳期牛过度肥胖。尤其干乳期多发胎次的牛酌情减少些精料，产前要调整好消化机能，精料中蛋白不宜过高，一般不超过16%。

（4）产后要逐渐增加饲料量，在产后随产奶量的增加达到20 kg以上时，可口服补给葡萄糖，或添加丙酸钠或甘油等。

知识拓展

奶牛酮病的发病机制

泌乳开始后，葡萄糖成为合成乳糖和乳蛋白的主要原料。据试验计算，每产生1 L乳糖含量为4.8%的牛奶，需消耗50 g葡萄糖；每产生1 L乳蛋白含量为4%的牛奶，需消耗30 g葡萄糖。了解泌乳早期奶牛特殊的代谢平衡机制，有助于理解酮病的发病机制。为满足泌乳需要，奶牛从两个来源获得营养：

食物和体储。在最初的两个泌乳月内，日产奶 45 kg 的奶牛，每天需消耗2 kg 体脂和 350 g 体蛋白。牛和其他反刍动物从日粮中直接吸收的葡萄糖很少，能量和葡萄糖主要来自瘤胃微生物酵解纤维素生成的挥发性脂肪酸——乙酸、丙酸和丁酸，其中丙酸生糖，乙酸、丁酸和体脂动员产生的游离性脂肪酸均为生酮先质。乙酸可在各种组织中氧化供能，或在乳腺中合成乳脂。葡萄糖的先质主要有丙酸、生糖氨基酸、甘油和乳酸，异生作用在肝脏和肾皮质中完成。日粮中的丙酸进入三羧酸循环，通过糖异生作用转化为葡萄糖。奶牛大约 50%的葡萄糖靠丙酸异生提供。

瘤胃中产生的丙酸不足时，葡萄糖合成不足，出现低血糖症。低血糖导致体脂动员，产生游离性脂肪酸和甘油。肾上腺素、胰高血糖素、促肾上腺皮质激素、糖皮质激素、甲状腺素等激素均可调节体脂动员。缺乏葡萄糖时，骨骼肌和心肌可利用脂肪酸供能。在草酰乙酸（糖异生的最终产物，葡萄糖先质）缺乏时，脂肪酸氧化的最终产物乙酰-CoA 无法进入三羧酸循环，从而限制了肝脏氧化游离性脂肪酸的能力。大量的乙酰-CoA 转变到乙酰乙酸、β-羟丁酸(βHB)和少量丙酮。除肝脏外，其他组织均可利用酮体，但如果酮体的产生量超过利用量，就会出现积聚而引起酮病。

任务二 家禽痛风的诊治

案例分析：

某肉鸡场饲养的肉鸡，40 日龄，近期食欲减退，精神委顿，饮水增加，羽毛松乱，鸡冠苍白，呆立，排石灰水样粪便。剖检肾脏肿大、色苍白，表面有白色花纹（花斑肾），其内充满石灰样沉淀物。

一、临床诊断

（一）临床检查

病鸡精神不振，食欲下降，生长缓慢或停止，拉稀、粪便水样，内含大量尿酸盐，产蛋鸡产蛋量下降。关节型痛风，关节肿大，行走缓慢，站立困难。

（二）病理诊断

病鸡肾脏肿大、苍白，肾小管、输尿管充满大量白色尿酸盐。与此同时，心包膜、气囊壁、肺脏表面、肝脏表面、肠系膜、腹膜、皮下、关节腔均有大量的白色尿酸盐沉着。

二、发病原因分析

1. **饲料因素**　饲喂高蛋白质饲料，特别是饲喂了含过量核蛋白和嘌呤碱的蛋白质饲料，产生过量的尿酸，超出了肾脏的排泄限度而引起发病。饲料中，含高钙离子，或维生素 A 缺乏，或饲料霉变后，产生了霉菌毒素，均可引起肾脏损伤，而影响尿酸的排泄，造成尿酸在血中过多，而发生本病。

2. **传染性疾病因素**　鸡肾型传染性支气管炎、鸡白痢、传染性法氏囊炎、球虫病、盲肠性肝炎等疾病，均可引起肾脏功能障碍，导致尿酸排泄困难而引起本病发生。

3. **药物**　因长期、大剂量的使用对肾脏功能有损伤的药物，如磺胺类药物、氨基糖苷类药物等，也是导致本病发生的重要因素。

4. **饲养管理因素**　饲养密度过大，阴冷潮湿，缺少光照、运动，饮水不足，通风不良，空气中有毒有害气体过多，如氨气、一氧化碳、二氧化碳等，均可诱发本病。

三、诊断结论

本病例属于家禽痛风病。

根据尿酸盐沉积的部位不同，可将痛风病分为内脏型痛风和关节型痛风。在临床上，以内脏型痛风多见，少数为关节型痛风，偶尔见两型混合发生。

内脏型痛风：发病初期无明显症状，随着病情发展，表现为精神沉郁，食欲下降，消瘦贫血，生长停止，羽毛松乱；粪便稀薄、水样，内含大量白色的尿酸盐，污染泄殖腔周围的羽毛；有时表现为啄羽、啄肛症状；最后衰竭死亡。母禽产蛋下降或完全停止。

关节型痛风：主要症状在脚趾和腿部关节肿胀，病禽表现为运动缓慢、跛行，站立困难，借助两翅膀行走，肢体不能平衡。

四、治疗

（一）治疗原则

调整日粮蛋白含量，供给充足饮水，清热利湿，利尿通淋。

（二）治疗方法

发生本病后，应立即消除病因，减少动物性蛋白质饲料，多喂青绿饲料可控制本病继续发生。同时采取下列方案进行治疗，可以收到明显效果。

【治疗方案 1】

双氢氯噻嗪（双氢克尿噻），0.01～0.02 g/只，1～2 次/天，并适当供给 0.1 氯化钾水溶液饮水，以防低血钾症的发生。

【治疗方案 2】

煎制中草药，车前草、金钱草，按各 0.5 g/kg 体重剂量，煎水候温供鸡只饮服，

2次/天，连用3天，有明显效果。

【治疗方案3】

肾肿痛风散，组方有海金沙、金钱草、泽泻、木通、猪苓、滑石、茯苓、川芎、白术、大黄等，每千克体重0.5～1.0 g，1日分2次混料饲喂。

五、预防

1. **饲料方面** 合理搭配饲料中的蛋白质，特别是动物性蛋白质不能过高；保证饲料中充足的维生素A；饲料中不能添加过高浓度的钙；坚决不用霉变饲料；平时在饲养过程中，多喂青绿饲料。

2. **疾病方面** 坚决做好鸡肾型传染性支气管炎、鸡白痢、传染性法氏囊炎、球虫病、盲肠性肝炎等疾病的防疫工作，杜绝这些疾病的发生而引起对肾脏的损伤。

3. **用药方面** 对肾脏有很强毒性的药物，如磺胺类药物、链霉素、庆大霉素等，一定要谨慎使用。对于这些药物，坚决不能长期、反复、大剂量使用。

4. **管理方面** 降低饲养密度，增加饮水，加强通风，减少有毒有害气体，增加光照和运动，增强体质。

知识拓展

鉴别诊断

一、家禽痛风

减食、消瘦、贫血、关节肿胀、跛行等症状相似。不同处是由于饲料中蛋白质过多而引起尿酸盐增多引起发病，病禽排白色半黏液状稀粪，含有多量尿酸盐，关节出现豌豆大结节，破溃后流出黄色干酪样物。剖检可见内脏表面及胸腹膜有石灰样白色尿酸盐结晶薄膜，关节也有白色结晶。

二、禽脑脊髓炎

不同处为：病原是禽脑脊髓炎病毒。受害禽多为幼鸡、幼火鸡和野鸡。症状为头、颈和腿部震颤，常以跗关节着地，轻瘫渐至麻痹，眼晶体混浊失明。用荧光抗体试验阳性鸡的组织中可见黄绿色荧光。

三、传染性滑膜炎

病原为滑膜炎支原体。受害禽有鸡和火鸡。症状是跛行，病鸡蹲于地上。病禽的关节和腱鞘肿胀，趾、足关节常见黏稠的滑液渗出物。

四、维生素E-Se缺乏症

相似的症状是跗关节肿大，跛行。走路不便。不同处是维生素E-Se缺乏导致发病。一般15～30日龄发病，头向下或向后痉挛，两腿发生痉挛性急收急松。火鸡在6周龄肿大消失，严重时6～14周龄关节再肿大，剖检可见肌肉有灰条纹，尿中尿酸增多，肌肉肌酸减少。

五、钙磷缺乏和比例失调

关节肿大、少数关节不能运动、跛行、产蛋率下降等症状相似。不同处是钙磷缺乏和比例失调导致发病。幼禽喙与爪较易弯曲，肋骨末端有串珠状小结节。成年鸡产薄壳蛋、软壳蛋，后期胸骨呈“S”状弯曲，肋骨失去硬度变形。剖检可见骨骼肿胀、疏松易折，骨髓腔变大，关节面软骨有肿胀缺损。

子项目二　常量元素缺乏症的诊治

◆知识目标：

1. 掌握佝偻病和产蛋疲劳综合征发生的病因和临床特征性表现。
2. 掌握佝偻病和产蛋疲劳综合征治疗方法。

◆能力目标：

1. 培养分析病例的能力，能够确定诊断要点、建立合理的治疗方案。
2. 能对佝偻病和产蛋疲劳综合征的症状及治疗措施做出合理的解释。

任务一　佝偻病的诊治

案例分析：

一只1.5月龄小藏獒病例，病犬表现精神萎靡，站立时腿脚发抖，需要在托扶的情况下才能勉强站起，站起来时前肢呈“O”型。

一、临床诊断

（一）临床检查

1. **问诊**　一只1.5月龄小藏獒病例。

2. **视诊**　精神萎靡，食欲减退，被毛粗乱，无光泽，身体虚弱无力，有时发生异嗜现象。骨骼、关节变形（常发生在膝、腕、跗及系关节）；负重长骨骨端肿胀，呈现四肢弯曲，患病动物关节疼痛、变形、跛行，有的呈双关节，病犬站立时，四肢频频交换负重。动物四肢变形呈典型的“X”型或“O”型腿。患病动物体温、脉搏、呼吸一般无太大变化，但明显发育迟缓。

（二）实验室诊断

传统方法主要包括血钙、血磷、骨碱性磷酸酶（BALP）、羟脯氨酸（HYP）等血清学检查。幼龄动物佝偻病在其早期测定骨碱性磷酸酶指标具有重要的诊断意义。

（三）特殊诊断

X射线检查，长骨片显示骨骺端钙化带消失，呈“杯口状”或“毛刷状”改变，骨骺软骨带增宽，骨质稀疏，骨皮质变薄。有骨干弯曲畸形，并发骨折的病例，X线征象更为明显。

二、发病原因分析

1. **维生素D缺乏** 维生素D的缺乏和不足是引起佝偻病的主要原因。幼龄动物大多在户外饲养，体内维生素D主要从母乳中获得，依靠自己的皮肤制造的维生素D是很少的。断乳后如果饲料中维生素D供给不足，导致钙，磷吸收障碍，亦会发生佝偻病。

2. **钙、磷不足或比例失调** 钙、磷不足或两者都缺乏，或二者比例严重失调，都可造成佝偻病。一般情况下，只要有足够量的维生素D，上述钙、磷含量和比例稍有偏差时，不会造成佝偻病。只有同时伴有维生素D缺乏，或维生素D处于临界生理需要时，上述钙、磷营养稍有偏差，幼畜生长较快时，则可发生佝偻病。

3. **断奶过早或患胃肠疾病** 虽然能摄食到足够的钙、磷和维生素D，但不能被机体吸收和利用。长期腹泻，尤其是患肝、肾疾病时，致使维生素D在肝、肾内羟化转变作用丧失，造成具有生理活性的$1,25-(OH)_2-D_3$的缺乏而致病。

4. **其他因素** 饲料中蛋白质缺乏或过剩，微量元素铁、铜、碘、锰的不足以及内分泌（甲状腺素，胸腺）机能障碍，都能影响钙，磷代谢和维生素D的吸收和利用，亦可促进佝偻病的发生。

三、诊断结论

本病例属于佝偻病。佝偻病俗称缺钙，在幼龄期较为常见，是由于维生素D缺乏引起体内钙、磷代谢紊乱，而使骨骼钙化不良的一种疾病。

1. **先天性佝偻病** 幼畜出生后即出现不同程度的衰弱，经数天后仍不能自行站立。扶助站立时，胸骨变形，腰背拱起，四肢弯曲不能伸直，但多向一侧扭转，躺卧时亦呈不自然姿势。

2. **后天性佝偻病** 早期表现食欲减退，消化不良，随之可出现异嗜癖，经常卧地，不愿起立，发育停滞，消瘦。下颌骨增厚，出牙期延迟，齿形不规则，齿质钙化不足，坑洼不平，有沟，有色素沉着，常排列不齐，齿面易磨损，不平整。严重时口腔不能闭合，舌突出，流涎，吃食困难。

3. *骨骼变形*　表现头面部，躯干和四肢骨骼变形。面骨肿胀，突起，站立时弓背，腕关节屈曲，呈内弧形，后肢跗关节内收，呈“八”字形。关节增大，仔猪关节轻度肿大，有的成为僵猪，严重者甚至瘫痪在地。幼禽 10～25 日龄可出现喙变形，易弯曲，俗称橡皮喙。胫、跗骨易弯曲，胸骨脊（龙骨）弯曲成“S”形。肋骨与肋软骨间及肋骨头与胸椎间有球形扩大，排列成串珠状。腿软弱无力，常以关节着地，关节增大，严重者瘫痪。

四、治疗

（一）治疗原则

补充维生素 D，结合补钙。

（二）治疗方法

【治疗方案 1】

增加户外活动，多晒太阳。食物中添加鱼肝油 5～10 mL/天。亦可肌肉注射维生素 D_3 10 万～20 万 IU。适当补充贝壳粉、石粉、蛋壳粉及钙片。

【治疗方案 2】

维甘托尔 E（1 mL 中含维生素 A 30 万 IU、维生素 D 10 万 IU、维生素 E 50 mg）1～3 滴，添加于饲料中，或幼犬 0.5～1 mL，肌肉注射。要防止维生素 D 的给予过量。维生素 D 的过量能引起钙的吸收不良，体重下降，消化障碍，各器官萎缩，循环障碍等。

五、预防

改善日粮组成，供给充足的钙、磷，比例要适当。维生素 D 在骨化过程中起着非常重要的作用，应特别注意补充。

知识拓展

骨软病的诊治

骨软病是成年牛比较多发的骨质性脱钙，未钙化的骨基质过剩而骨质疏松的一种慢性疾病。

一、病因

主要是由于草料内磷不足或缺乏所致。

二、症状

病牛出现慢性消化障碍症状和异嗜，舔墙吃土，啃嚼石块，或舔食铁器、垫草等异物。四肢强拘，运步不灵活，出现不明原因的一肢或多肢跛行，或交替出现跛行。弓背站立，经常卧地，不愿起立。骨骼肿胀、变形、疼痛。尾椎骨移位、变软，肋骨与肋软骨结合部肿胀，易折断。

三、防治

1. 预防措施　主要在于调整草料内磷钙含量和磷钙比例，经常补喂骨粉。加强管理，适当运动，多晒太阳。

2. 治疗　主要是应用磷制剂，通常可用骨粉 250 g，内服，每日 1 次，5～7 天为一疗程；磷酸二氢钠 80～120 g，每日 1 次，连用 3～5 天；20％磷酸二氢钠液 300～500 mL，静脉注射，每日 1 次，连用 3～5 天。

任务二　产蛋疲劳综合征的诊治

案例分析：

一养殖户饲养的 1 950 只海兰褐蛋鸡，170 日龄，接连几天发现白天鸡群表面健康，产蛋上升快，但在早晨喂鸡时有死鸡出现，死亡鸡往往泄殖腔突出，肥胖鸡较多。临床症状为病死鸡外观较大，肌肉丰满，泄殖腔突出，越高产的鸡，死亡率越高。蛋壳强度无变化。

一、临床诊断

(一)临床检查

1. **问诊**　1 950 只海兰褐蛋鸡，170 日龄，接连几天发现白天鸡群表面健康，产蛋上升快，但在早晨喂鸡时有死鸡出现，死亡鸡往往泄殖腔突出，肥胖鸡较多。

2. **视诊**　病死鸡外观较大，肌肉丰满，泄殖腔突出，越高产的鸡，死亡率越高。蛋壳强度无变化，蛋破损率不高。大群采食量轻微下降，饮水增加，个别鸡张口呼吸，肉垂乱颤，但无明显的喘鸣叫。粪便有点稀，有少量的拉黄白色稀粪。羽毛蓬松，用手触摸鸡体发烫，鸡冠和鸡爪发热；多在产蛋前出现站立困难，两腿发软，关节不灵活，常以飞节和尾部支撑身体。将这样的鸡放在户外阳光照射 1～3 天，可恢复正常。

(二)病理诊断

死亡的鸡体膘较好。病鸡剖检主要表现为肉髯、冠和泄殖腔充血，肌肉苍白。肝脏肿大、淤血，有出血斑，肺淤血。卵泡充血，输卵管充血、水肿，往往有硬壳存在。腺胃壁变薄或穿孔，腺胃乳头流出褐色液体。肠道出血，肠黏膜脱落，内容物呈灰白色或黑褐色。个别病鸡腿骨变软、易折。心脏、右心房显著扩大，并有大量心包积液。

二、发病原因分析

1. **钙消耗过多**　高产蛋鸡的钙代谢率相当高，年产250～300枚蛋需要600～700 g的钙，其中60%由消化道吸收，40%来自骨髓。一个产蛋周期所消耗的碳酸钙相当于蛋鸡体重的2倍，这本身就可引起生理性骨质疏松。

2. **日粮钙磷缺乏或比例失调**　产蛋期日粮钙磷的正常比例为5∶1，如过高过低均可造成钙的摄入不足。低钙和维生素D缺乏日粮可引起产蛋严重下降，而低磷仅产生轻度下降。

3. **日粮维生素D缺乏**　可导致钙的吸收和骨骼中的沉着障碍。

4. **缺乏运动**　高密度笼中饲养，缺乏足够的运动空间，可导致严重的骨质疏松。

5. **消化道疾病**　肠道疾病导致维生素A、维生素D和钙、磷的吸收障碍，易发生本病。

三、诊断结论

本病例属于产蛋疲劳综合征。

发病鸡往往突然死亡，死亡前看不出发病症状。从表面观看鸡群健康状况良好，产蛋较好并且白天挑不出病鸡。但第二天早晨可见到蛋鸡死于笼内，越高产的蛋鸡死亡率越高，病死鸡泄殖腔突出，个别鸡只出现侧卧，瘫痪。产蛋量、蛋壳质量和蛋的品质通常并不降低。

四、治疗

加强通风，供应充足清洁饮水，同时加入电解多维。

【治疗方案1】

饲料中添加葡萄糖酸钙、维生素C和维生素E，饲料中添加维生素C 300～500 g/t，维生素E 200～300 g/t，连用7天。

【治疗方案2】

晚间11时至凌晨1时开灯1～2次，让鸡喝水，减少血液黏度，减轻心脏负担，降低死亡率。

【治疗方案3】

用阿莫西林50 g兑水500 kg和乳酸环丙沙星50 g兑水1 000 kg混合饮用，1次/天，连用4天，预防肠炎和输卵管炎。

知识拓展

禽脂肪肝综合征的诊治

禽脂肪肝综合征常发于产蛋母鸡，尤其是笼养蛋鸡群，多数情况是鸡体况良好，突然死亡。死亡鸡以腹腔及皮下大量脂肪蓄积，肝被膜下有血凝块为特征。公鸡极少发生。

一、病因

饲料中能量高、蛋白低，鸡运动量小，多余的能量转化为脂肪，沉积于肝脏、皮下、腹腔。饲料中缺乏脂肪转移因子，如胆碱、生物素、维生素 B_{12} 等，使脂肪代谢障碍，引起脂肪大量沉积。另外，应激因素，也是本病发生的诱因。

二、症状

本病主要发生于重型鸡及肥胖鸡。病鸡生前肥胖，产蛋率波动较大，在下腹部可以摸到厚实的脂肪组织。往往突然暴发，病鸡喜卧，鸡冠肉髯褪色乃至苍白。严重的嗜睡、瘫痪，体温 41.5～42.8℃，但鸡冠、肉髯及脚变冷，可在数小时内死亡。

病死鸡的皮下、腹腔及肠系膜均有多量的脂肪沉积。肝肿大，边缘钝圆，呈油灰色，质脆易碎，用力切时，在刀表面有脂肪滴附着。肝表面有出血点，在肝被膜下或腹腔内往往有大的血凝块。组织学检查为重度脂肪变性。有的鸡心肌变性呈黄白色，有时肾略变黄，脾、心、肠道有程度不同的小出血点，根据病因、发病特点、临床症状和血液化验指标，以及病理变化特征即可确诊，其特征性病变为肥胖母鸡腹腔内或肝被膜下有凝血块。本病应注意与鸡脂肪肝和肾综合征的鉴别诊断。

三、脂肪肝综合征的防治

目前对这种病还没有有效的治疗方法，主要采取以预防为主的方法。

(1)防止产前母鸡积蓄过量的体脂，日粮中应保持能量与蛋白质的平衡，尽可能不用碎粒料或颗粒料喂蛋鸡。

(2)保证日粮中有足够水平的蛋氨酸和胆碱等嗜脂因子的营养素。禁止饲喂霉败饲料。

(3)对易发生脂肝病的鸡群，可在日粮中加入一定量的小麦麸和酒糟，因为小麦麸与和酒糟中含有可以避免笼养蛋鸡脂肪代谢障碍的必需因子。

(4)在日粮中添加维生素 E 和亚硒酸钠、酵母粉也可减少发病。

(5)当发生脂肝病后，可采用以下方法减缓病情。每吨饲料中添加硫酸铜 63 g、胆碱 55 g，维生素 B_{12} 3.3 mg、维生素 E 5 500 IU、*DL*-蛋氨酸 500 g。

任务三　低镁血症的诊治

案例分析:

某奶牛场于10月上、中旬,先后有16头奶牛出现以突发性全身肌群痉挛颤抖、后肢僵硬瘫痪为特征的疾病。该病在牛群中断断续续零散突发,病牛膘情大多良好,11头为产前发生,5头为产后1～2周内发生,按常规补钙、磷、钾等治疗无效。

一、临床诊断

(一)临床检查

1. **问诊**　患畜在春夏季节转牧于草质肥嫩的牧地,禾本科谷类青绿作物田间放牧,转牧时天气恶劣等。

2. **视诊**　患畜突然发病、兴奋不安,运动不协调、感觉过敏、抽搐等临床症状。

(二)实验室诊断

通过测定血清镁、钙和钾浓度,健康牛血清镁浓度为0.70～1.23 mmol/L;亚临床低血镁症时,牛血清镁浓度为0.41～0.82 mmol/L;出现临床低血镁症时,牛血清镁浓度低于0.33 mmol/L、羊低于0.16 mmol/L;出现明显临床症状时,牛血清镁浓度低于0.21 mmol/L,可作出诊断。

二、发病原因分析

1. **牧草中镁含量低**　牧草或日粮中镁含量低可造成镁的摄入量不足,幼嫩青草和生长繁茂的牧草比成熟牧草中镁含量低,当牧草或日粮中镁含量低于0.2%(干物质)时,在饲喂一段时间后,可引起本病的发生。

2. **镁吸收减少**　饲料中镁的吸收率高低直接影响着血镁浓度的高低。在牧草中,贮存牧草中的镁吸收率比草地牧草高,而幼嫩多汁牧草中的镁吸收率非常低。

3. **镁拮抗因子存在**　钾可竞争性地抑制肠道对镁的吸收,并促进体内镁和钙的排泄。牧草中钾、磷、氮、硫酸盐,柠檬酸盐以及脂类含量高,可影响镁的吸收。

4. **天气因素**　早春和秋季,降雨、寒冷、大风可使发病增加。

三、诊断结论

本病例属于低镁血症。

根据病程将低镁血症分为最急性型、急性型、亚急性型和慢性型等类型。

1. **最急性型**　病畜突然扬头吼叫,然后倒地,呈现强直性痉挛,2～3 h内死亡(猝死)。

2. **急性型**　惊恐不安,离群独处,停止采食。盲目乱走或狂奔。背、颈,四肢肌肉震颤，身躯摇摆，牙关紧闭，磨牙，头颈尽量向一侧的后方伸张，随后后肢、尾呈强直性痉挛，耳竖立，进一步发展为全身性痉挛。不久倒地死亡。

3. **亚急性型** 易恐惧，头高举，面部、眼、耳纤维性震颤，四肢频繁运动或僵硬，颤抖，抽搐或惊厥，有时变得凶猛或安静躺卧。躺卧似生产瘫痪的姿势，头部置于腹壁上。

4. **慢性型** 病初无异常，食欲、泌乳量减少，肌肉微弱震颤，可自行恢复，也可转入急性或亚急性。

四、治疗

(一)治疗原则

改善饲养管理，调整日粮钙、磷比例。

(二)治疗方法

【治疗方案 1】

通常在调整原日粮的基础上，增加饲喂钙量，如添加乳酸钙、碳酸钙、石粉。

【治疗方案 2】

临床上对于病马采用钙剂治疗，静脉注射 10%水杨酸钠溶液和 5%氯化钙溶液或 10%葡萄糖酸钙 100～200 mL，1 次/天，连用 7～10 天。当发现尿液由原来的透明茶黄色转变成混浊的黄白色，表明药物治疗奏效。

五、预防

低镁牧地，应尽可能少施钾肥和氮肥，多施镁肥，也可用 2%硫酸镁喷洒牧草，以增加牧草中镁的含量；低镁饲草应限制动物采食；补饲含镁制剂(碳酸镁)。

知识拓展

低钾血症的诊治

一、临床症状

患牛膘情良好，毛色光亮，体温 39.5℃，心跳 100 次/min，节律不齐，呼吸 80 次/min，气喘，肺部听诊有湿性啰音；瘤胃内容物少，每 2 min 蠕动一次，每次持续 2 s 左右，蠕动音弱；可视黏膜正常，病牛卧地不起，强迫站立时，前肢可以跪起，但后肢不能站立。

二、鉴别诊断

1. 生产瘫痪　多于产后 2 天内发病，补钙后很快恢复正常。

2. 瘤胃酸中毒　除瘫痪不能站立外，还有腹泻、脱水、重者休克等症状。另外，瘤胃内容物呈酸臭味，pH 值降低。补充碳酸氢钠及对症治疗后很快恢复。

3. 产后低镁血症　除瘫痪外，尚有神经症状，肌肉震颤，四肢抽搐，反射亢进，心动过速，应用镁制剂后很快康复。

4. 热射病　分娩环境湿度过大或夏季产后母牛发病较多。病牛严重脱水，神经症状，体温升高，一般43℃左右。

三、治疗

生理盐水，10%氯化钾注射液，每瓶生理盐水兑氯化钾注射液，缓慢静脉滴注。

子项目三　微量元素缺乏症的诊治

◆知识目标：

1. 掌握硒、锰元素及异食癖缺乏症的病因和临床特征性表现。

2. 掌握硒、锰元素及异食癖缺乏症的防治措施。

◆能力目标：

1. 培养分析病例的能力，能够确定诊断要点、建立合理的治疗方案。

2. 能对硒、锰元素及异食癖缺乏症的症状及治疗措施作出合理的解释。

任务一　硒缺乏症的诊治

案例分析：

某奶牛场，于2009年1月开始出现个别犊牛生长发育明显迟缓，开始时犊牛僵拘，身体衰弱，随后麻痹，无力吃奶，有异嗜癖，后期伴有顽固性腹泻，被毛粗乱、无光泽，黏膜苍白。投以左旋咪唑治疗，但未见效果。后经过采血化验发现有巴贝斯虫，注射相应药物后仍未见好转。此后死亡1头犊牛，犊牛死前背腰僵硬，后躯摇摆，呼吸加快，脉搏数达到130次/min，后期心搏动减弱并出现心律失常。

一、临床诊断

(一)临床检查

1. **问诊**　奶牛场出现个别犊牛生长发育明显迟缓。

2. **视诊** 犊牛生长发育迟缓，身体衰弱，运动障碍，有异嗜癖，有顽固性腹泻，被毛粗乱、无光泽，黏膜苍白。犊牛死前背腰僵硬，后躯摇摆，呼吸急促，后期心搏动减弱并出现心律失常。

（二）剖检诊断

病牛的臀部、股部及肩胛部肌肉肿胀，呈灰白色，有些部分已发生凝固性坏死，胸肌质地坚硬。心脏上有淡黄色的弥漫性斑块，与正常心肌无明显界限，心内膜下的心肌有病变，心包积液，胸腔中有大量积液，腹腔积水。

（三）实验室诊断

肝脏和肾脏硒含量是动物硒营养状况的敏感指标，与血硒含量和谷胱甘肽过氧化物酶活性一起作为诊断硒缺乏的依据。

二、发病原因分析

1. **日粮硒缺乏** 本病发生的主要原因是土壤硒缺乏，使得饲料、牧草中硒含量不足引起。硒在地壳中含量很低，且在土壤中分布也不均匀，主要以元素硒及硒的化合物的形式存在。一般碱性土壤中硒较高且易被植物吸收，而酸性土壤硒容易与铁形成难溶性复合物，不易被植物吸收，故生长在酸性土壤上的植物硒含量缺乏。

2. **继发因素** 饲料中维生素 E 缺乏，会使硒的消耗加大。生长过快或应激情况下，动物对硒的需求量增大，最易引起硒缺乏症。

三、诊断结论

本病例属于硒-维生素 E 缺乏症。

禽类缺硒反应较家畜更为敏感，其临床症状表现为精神抑郁、食量减退、羽毛蓬乱、翅膀下垂，头、颈、胸部成片脱毛，胸腹下皮肤呈蓝绿色，粪便多为绿色。全身软弱无力，站立不稳，共济失调。发病急、死亡快、死亡时间较集中，大部分为突然发病。

猪缺硒尤以仔猪严重，多见于 3 周龄左右仔猪，生长快、体况发育良好的猪更易发病。常无早期症状而突然抽搐，叫声嘶哑后死亡。病程长者，体温不高，精神沉郁，皮肤、黏膜苍白；步态强拘，站立困难，前腿跪下或犬坐姿势；心跳、呼吸加快，尿液呈红棕色。

羔羊缺硒表现生长缓慢，死亡率高；成年羊缺硒产毛量低，繁殖机能降低，流产；种公羊缺硒后肢僵直，影响采精配种。

奶牛、犊牛缺硒表现生长发育不良，营养性肌肉萎缩，步样僵直，行走困难，出现全身麻痹症状。

四、治疗

（一）治疗原则

及早应用硒制剂进行治疗。

(二)治疗方法

肌肉注射亚硒酸钠、维生素E注射液,饲料中添加硒制剂或维生素。

【治疗方案1】

0.1%亚硒酸钠注射液,马、牛30~50 mg,驹、犊5~8 mg,仔猪、羔羊1~2 mg。一次肌肉或皮下注射,10~20天重复一次。

【治疗方案2】

亚硒酸钠维生素E注射液,马、牛30~50 mL,驹、犊5~8 mL,仔猪、羔羊1~2 mL。一次肌肉注射。

【治疗方案3】

维生素E注射液,驹、犊300~500 mg,仔猪、羔羊100 mg。肌肉注射。

五、预防

1. **加强饲养管理** 在饲料储存过程中,应充分考虑有可能破坏维生素E的各种因素,尤其在阴雨天气时,应特别注意饲料的保存,防止酸败或霉变。饲喂富含硒和维生素E的饲料。

2. **早期防治** 仔猪生后第2天注射亚硒酸钠维生素E 1.5~2.0 mL,以后每周饮水一次,中、大猪10~15天饮用一次即可。肉仔鸡可按1.0~1.5 mg/kg预防量拌入饲料中饲喂,均可达到预期目的。妊娠母畜可注射0.1%的亚硒酸钠注射液,牛、马10~20 mL,猪、羊4~8 mL。

3. **饲料中添加硒** 一般日粮中硒含量在0.1 mg/kg即可满足动物对硒营养的需求,也可使用微量元素添加剂进行补充。

知识拓展

硒缺乏症的发病机理

多数学者认为硒和维生素E具有抗氧化作用,可使组织免受体内过氧化物的损害而对细胞正常功能起保护作用。硒是谷胱甘肽过氧化酶的重要成分,4个亚基组成,每个亚基结合1个硒原子。由于机体在代谢过程中产生一些能使细胞和亚细胞(线粒体、溶酶体等)脂质膜受到破坏的过氧化物,可引起细胞的变性、坏死。而谷胱甘肽过氧化物酶则能破坏过氧化物并还原为无毒的羟基(—OH)化合物,从而防止细胞的氧化、肌红蛋白、血红蛋白的氧化,保持运氧能力。维生素E的抗氧化作用是通过抑制多价不饱和脂肪酸产生的离子对细胞膜的脂质过氧化来实现的。

硒参与辅酶A和辅酶Q的合成,同时也是一种与电子传递有关的细胞色素的成分，它们在机体代谢的三羧酸循环和电子传递中起着重要的作用。硒在体内还可促进蛋白质的合成。硒与维生素E在抗氧化方面有协调作用，硒可增强维生素E的抗氧化作用。当硒协同维生素E作用，可保持动物正常生育。但是，硒与维生素E缺乏时，机体的细胞膜受过氧化物的毒性损伤而破坏，细胞的完整性丧失，结果导致肌细胞（骨骼肌、心肌）、肝细胞、胰腺和毛细血管细胞以及神经细胞等发生变性、坏死。因而在临诊上可见到家禽的肌营养不良、肌胃变性、胰腺萎缩、渗出性素质、脑软化等症状和病理变化。

任务二 锰元素缺乏症的诊治

案例分析：

某养鸡场购入艾维因肉鸡苗，进入育雏室时发现部分雏鸡站立不稳，伸颈闭目，饮水、喂食时呈痛苦性急叫，随后，病情逐渐加剧，有些雏鸡不能站立采食、饮水，个别雏鸡脱水，衰竭死亡。7～10日龄时，有半数以上雏鸡发病，并可见胫、跗关节明显肿胀变形，有些病雏关节麻痹，运动失调。

一、临床诊断

（一）临床检查

病禽一般食欲不佳，精神沉郁，特征性症状为骨骼病变，表现为胫骨变短变粗，跗关节明显肿胀，腿骨弯曲变形，最后导致滑腱症。病禽不能站立，用胸脯着地，用手触压患病部位时能屈伸，但有压痛感，表现为躲避并尖叫。

（二）剖检诊断

病死雏嗉囊及胃肠道空虚、黏膜苍白，黏液性液体较多（胃肠道明显），个别死雏心室扩张，其他脏器和器官未见明显病变。

（三）实验室诊断

根据土壤、日粮和体内锰含量分析，同时对分析钙、磷、铁等元素的含量，有助于本病的诊断。病畜补充锰后的反应是确诊锰缺乏症的良好指标。

二、发病原因分析

1. **日粮锰缺乏** 饲料中锰含量较低。家禽的日粮仍以谷物籽实玉米为主，而玉米中锰含量很低，日粮中玉米过多而不添加锰是引起鸡只锰缺乏的原因之一。

2. **饲料钙、磷、铁以及植酸盐含量过多** 饲料中钙、磷、铁以及植酸盐含量过多，可影响机体对锰的吸收、利用。高磷酸钙的日粮会加重锰的缺乏，这是由于钙离子减少了锰的溶解作用，妨碍了锰在体内的贮存。

3. **饲料中胆碱、烟酸和生物素缺乏**　日粮中胆碱、烟酸、生物素及多种维生素不足，致使鸡对锰的需要量增加，尤其胆碱缺乏。

4. **患胃肠道疾病**　家禽患球虫病等胃肠道疾病时，也妨碍对锰的吸收利用。

5. **对锰的需要量增加**　动物生长过快，妊娠、泌乳等，机体对锰需要量大，饲料中锰含量相对不足。

三、诊断结论

本病例属于锰缺乏症。

动物缺锰的共同症状为生长受阻，骨骼畸形，繁殖机能障碍，新生动物运动失调等特征。

1. **骨骼畸形**　禽主要特征为骨短粗症和滑腱症。病禽膝关节异常肿大，胫骨变短增粗，胫骨的远端部和跗骨的近端部向外弯转；最后腓肠腱脱出原来正常的位置，形成异常定位，因此病鸡的腿部变弯或扭曲。甚至膝关节变扁平，无法支持体重，病鸡不能站立，强迫运动时胫跖关节着地。

病鸡往往因为不能行走摄食而饥饿死亡。产蛋母鸡缺锰时，可导致产蛋减少，蛋壳易破，所产鸡蛋的孵化率显著降低，鸡胚大多在快要出壳时死亡。缺锰母鸡产的蛋即使能孵出雏鸡，这种雏鸡常表现为神经机能障碍，运动失调，骨骼短粗。

2. **繁殖机能障碍**　母牛、山羊发情期延长，不易受胎，早期发生原因不明的隐性流产、死胎和不育。公畜缺锰时，精子畸形，不能适期配种，跛行，呈犬坐姿势。

3. **新生动物运动失调**　缺锰地区犊牛发生麻痹者较多，主要表现为哞叫、肌肉震颤，关节麻痹，运动明显障碍。

四、治疗

（一）治疗原则

补锰是治疗本病的主要方法。

（二）治疗方法

【治疗方案1】

硫酸锰，牛 2 g，羊 0.5 g。内服。用于锰缺乏地区的牛、羊。

【治疗方案2】

硫酸锰 242 g。添加于 1 t 饲料中。可满足各种动物的需要。

【治疗方案3】

1 g 高锰酸钾溶解于 2 kg 水中，每天 2 次饮水，连用 2 天，停药 2 天后再使用 2 天。同时在每千克饲料中加入氯化胆碱 1～2 g，维生素 B_6 20～40 mg，连用 5 天。

五、预防

根据家禽的各个生长阶段的特点，合理搭配使用各种矿物质和其他营养物质。育雏期及育成期饲料中钙、磷的补充应恰当，在饲料中钙、磷成分较多时，应相应加大锰的使用量，每千克饲料添加60～100 mg的锰。

知识拓展

猪锌缺乏症

猪的锌缺乏症也称角化不全症，是由于日粮中锌绝对或相对缺乏而引起的一种营养代谢病，以食欲不振、生长迟缓、脱毛、皮肤痂皮增生、皲裂为特征。本病在养猪业中危害甚大。

一、病因

1. 原发性缺锌　主要原因是饲料中缺锌，我国约30%的地区属缺锌区，土壤、水中缺锌，造成植物饲料中锌的含量不足，或者是有效态锌含量少于正常。

2. 继发性缺锌　是因为饲料存在干扰锌吸收利用的因素，已发现如钙、碘、铜、铁、锰、钼等，均可干扰饲料锌的吸收和利用。高钙日粮，尤其是钙，通过吸收竞争而干扰锌的利用，诱发缺锌症。饲料中植酸、氨基酸、纤维素、糖的复合物、维生素D过多，不饱和脂肪酸缺乏，以及猪患有慢性消耗性疾病时，均可影响锌的吸收而造成锌的缺乏。

二、临床症状

患病不严重时体温和食欲均正常，重症时病猪出现食欲不振，有不同程度的厌食。因采食量下降，导致生长缓慢，饲料利用率降低，生长发育迟缓。轻度缺锌表现为皮肤干燥而粗糙，缺乏弹性，角化不全，被毛粗乱而焦黄，随后被毛脱落。严重缺锌时耳朵、颈部、前后肢下部、尾部和肷部有明显的结痂和皲裂，多为对称性，患猪最后因长时间进行性消瘦而死亡。母猪出现繁殖机能障碍，分娩时间延长，死胎率增加，出生仔猪体重降低，骨骼发育异常。

实验室检查包括血清、组织、被毛、奶中的锌水平降低，血清碱性磷酸酶水平降低。

三、诊断

根据生长缓慢、皮肤角化不全、繁殖机能障碍、骨骼发育异常和日粮中低锌或高钙的病史而做出诊断。确诊可补锌做治疗性试验，测定饲料、血清和组织锌含量。

四、防治措施

1. 治疗　使用0.02%的硫酸锌或碳酸锌进行治疗，并减少钙的摄入以利于锌的吸收。皮肤皲裂严重时可局部涂抹氧化锌软膏，皮肤破溃化脓时可涂抹1%龙胆紫溶液。

2. 预防　在饲料中加入0.1%碳酸锌有预防本病的作用。当仔猪发病时，可在母猪的日粮中添加0.5～1 g硫酸锌。适当限制钙的含量以利于锌的吸收。

任务三　异食癖的诊治

案例分析：

一金毛犬在一阵干呕后，吐出3个小石头；经过兽医站诊疗，医生从它腹部取出5个鸡蛋大的石头。该犬只要一看到石头，它就兴奋地冲过来，想要再次吞食。除了石头，还吃过网球、篮球、塑料片，甚至辣椒面。

一、临床诊断

根据临床有采食异物的现象可诊断患有异食癖。

二、发病原因分析

本病是由于营养代谢机能紊乱，味觉异常和饲养管理不当等多种因素引起的。病因复杂多样，有的尚未弄清，不同地区不同动物病因又有所不同。一般认为有以下原因。

1. 某些矿物质缺乏　如锰、钠、铁、铜、钴、钙、锌、硫等矿物质摄入不足，特别是钠盐缺乏，容易发生本病。

2. 日粮中蛋白质或某种特殊氨基酸缺乏　动物长期单一饲喂品质低劣的低蛋白饲料，特别是产后的母畜因消化机能尚未完全恢复，更易发生。动物缺乏某些氨基酸，如蛋氨酸、胱氨酸、半胱氨酸等也可引起本病。

3. 某些维生素的缺乏　维生素A、维生素B、维生素D等缺乏，易导致异食癖。

4. 环境不良　畜舍饲养密度大，湿度过大，温度过高，空气中二氧化碳、氨气量过大，又不通风；光照过强或光线不当等，引起畜禽神经机能异常而出现异食癖。

5. 继发于内外寄生虫，或消化机能障碍

三、诊断结论

本病例属于异食癖。患病动物发病初期一般多表现为消化机能紊乱，如食欲不振，消化不良，便秘或腹泻等症状。后期逐渐出现异食症状，舔食、啃咬砖块、石头、泥土等，有的出现舔食粪便、尿液或污水。产后母畜吞食胎衣。

1. **牛、羊、鹿、兔表现食毛癖** 动物互相舔食被毛，或食地上脱落的被毛。被毛粗乱无光、脱毛，食欲减退，消化不良，贫血，消瘦。当毛球阻塞幽门或肠道时，食欲废绝，胃肠鼓气，磨牙，气喘，腹痛和排粪停止。

2. **猪患异食癖** 表现为咬尾、咬耳、咬肋、吸吮肚脐，特别是喜食鸡粪、食尿、拱地、啃木棍，或有闹圈、跳栏等现象。相互咬斗是异食癖中较为恶性的情况，表现为猪对外部刺激敏感，举止不安，食欲减弱，目光凶狠。起初只有几只互相咬斗，逐步由多头参与，主要是咬尾，少数也有咬耳。

3. **家禽啄癖** 表现为啄毛癖、啄肛癖、啄蛋癖、啄趾癖等。发生啄毛癖时，鸡互相啄食羽毛，导致背部、颈部羽毛脱落，一旦形成外伤，其他鸡都来啄食受伤的鸡，往往导致伤鸡死亡。发生啄肛癖时，鸡互相啄食肛门，引起出血，严重者肠管脱出，很快死亡。

四、治疗

（一）治疗原则

补充所缺营养物质，改善饲养环境，适当调整饲养密度，改善通风条件。

（二）治疗措施

保持环境的安静，控制光照，并减少或杜绝外来人员的参观和人为地干扰。积极治疗消化道疾病、代谢紊乱性疾病。对有自咬癖种畜治疗后仍旧不能改善者，则要坚决淘汰，不能再留作种用。

【治疗方案 1】

多种维生素预混剂。混饲。

【治疗方案 2】

微量元素预混剂。混饲。

【治疗方案 3】

维生素-微量元素复合预混剂。混饲。

五、预防

1. **加强管理** 饲养密度不宜过大，原则是以不拥挤、不影响生长和能正常采食和饮水为宜；适时断喙和修啄是预防和制止鸡恶癖发生的较好的方法，从而避免异食癖形成；如发现有咬尾恶癖的猪、有啄癖的鸡、鸭和被啄伤的病禽，要及时尽快地挑出，隔离饲养与治疗。消除各种不良因素或应激原的刺激，如通风、温度、光照、受刺伤等。

2. **合理配置日粮**　尽可能科学合理地配制日粮，纠正日粮中营养，特别是微量元素的不足。

知识拓展

自咬症

自咬症是食肉毛皮动物发生的以定期兴奋、啃咬自己身体某一部位为特征的一种慢性疾病。

主要症状：

病畜兴奋不安，旋转运动，头偏向一侧，尖叫；边旋转边啃咬自身尾部或后躯，造成皮肤损伤，流血不止。采食速度加快，食后继续兴奋10多分钟方才停止，如此反复发作。损伤的皮肤常引起感染而化脓，严重的因败血症而死亡。

自咬的部位因个体而异，没有固定位置，但每个自咬动物自咬的位置不变，总是一个地方，多数以咬尾巴和后肢为常见。有的咬尾端，有的咬尾根，也有的咬臀部或腹部侧面，个别病畜将全身毛咬断。发病时间多在喂食前后或意外音响刺激时。

练　习　题

1. 试述营养代谢病的发病特点。
2. 试述禽硒缺乏时的临床表现。
3. 试述禽维生素A缺乏时的临床表现。
4. 家禽痛风的发病症状有哪些？
5. 营养代谢病的临床综合征有哪些？
6. 试述禽类维生素B_1缺乏时的临床表现。
7. 犬佝偻病时的临床表现及治疗方法有哪些？
8. 奶牛酮病的病因与预防措施及治疗方法有哪些？
9. 禽类锌缺乏时的临床表现有哪些？
10. 动物异食症的原因有哪些？

项目任务单

<table>
<tr><td colspan="8">项目九　营养代谢障碍疾病的诊治</td></tr>
<tr><td rowspan="2">任务二</td><td rowspan="2" colspan="3">牛酮病的诊治</td><td>子任务一</td><td>牛酮病的诊断</td><td rowspan="2">学时</td><td rowspan="2">4</td></tr>
<tr><td>子任务二</td><td>牛酮病的治疗方案设计与实施</td></tr>
<tr><td>实训场地</td><td></td><td>指导教师</td><td></td><td>实训班级</td><td></td><td>时间</td><td></td></tr>
<tr><td>组别</td><td></td><td>组长</td><td></td><td>组员</td><td></td><td></td><td></td></tr>
<tr><td>学习目标</td><td colspan="7">学生掌握牛酮病的发病原因和临床表现，合理设计治疗方案，提高治疗能力。而且，在实际操作过程中发现问题、解决问题</td></tr>
<tr><td>相关知识准备</td><td colspan="7">1. 牛酮病的发病原因
2. 牛酮病的临床表现和诊断方法
3. 牛酮病的治疗方法和预防措施</td></tr>
<tr><td>相关技能准备</td><td colspan="7">1. 能准确说出牛酮病的发病原因和临床表现
2. 能准确详细描述牛酮病临床检查方法和治疗方法</td></tr>
<tr><td>实施</td><td colspan="7">观察动物病例 →分析发病原因和诊断要点 → 实施临床检查 → 确诊疾病 → 设计治疗方案并实施→ 设计预防措施 → 组内组间交流</td></tr>
<tr><td rowspan="4">操作要求</td><td colspan="2">观察病例</td><td colspan="5">通过动物病例，正确判断疾病</td></tr>
<tr><td colspan="2">用品准备</td><td colspan="5">根据临床检查方法正确选择临床检查用品</td></tr>
<tr><td colspan="2">现场操作</td><td colspan="5">1. 以组为单位，组长组织，组员分别操作
2. 每人能分析发病原因和临床表现，并对临床检查方法和治疗方法进行准确描述
3. 要求每组准确判断疾病，正确操作临床检查和治疗过程，并以文字材料写出该任务的操作过程</td></tr>
<tr><td colspan="2">问题分析</td><td colspan="5">以组为单位，讨论在准备与操作过程中出现的各种问题，提出合理的解决办法，鼓励学生课余查阅其他相关治疗方法资料</td></tr>
<tr><td>注意事项</td><td colspan="7">组长负责，统筹安排，组员协作</td></tr>
</table>

操作方案设计与实施	小组任务： 发病原因和临床表现分析： 临床检查用品和方法： 治疗方案设计与实施： 预防措施设计：
操作过程中发现的问题	

分析总结						
考核体系	考核项目	考核细则	优秀	良好	合格	不合格
	素质考核（20分）	出勤情况（5分）	满勤（5分）	迟到（3分）	早退（3分）	旷课（0分）
		预习报告（10分）	内容详尽、实用，包括了试验所需的应知应会的知识点（10分）	内容详尽，实用。包括试验所需的应知应会的主要知识点（8分）	内容较简单，能包括试验所需的部分知识点（6分）	内容简单，试验所需的应知应会的知识点包括在内（6分以下）
		提问情况（5分）	回答问题完全正确，专业术语使用正确（5分）	回答问题较正确，部分专业术语使用不当（4分）	在老师或同学的提示下，回答问题基本正确，专业术语使用不当（3分）	回答问题错误，在老师或同学的提示下依然无法答出问题（3分以下）
	技能考核（50分）	正确说明病例发病原因（10分）	根据任务正确说明病例发病原因（10分）	根据任务基本正确说明病例发病原因（8分）	在教师的提示下，基本正确说明病例发病原因（6分）	在老师或同学的提示下依然无法完成任务（6分以下）
		正确分析病例的诊断要点（15分）	根据任务正确分析病例的诊断要点（15分）	根据任务基本正确分析病例的诊断要点（12分）	在教师的提示下，基本正确分析病例的诊断要点（9分）	在老师或同学的帮助后，仍无法完成任务（9分以下）
		治疗方案设计与实施完全合理实用（25分）	根据案例所设计的治疗方案和实际操作完全合理实用（25分）	根据案例所设计的治疗方案和实际操作基本合理实用（20分）	在教师的提示下根据案例所设计的治疗方案和实际操作合理实用（15分）	在老师或同学的帮助后，仍无法完成任务（10分以下）

<table>
<tr><td rowspan="2">考核体系</td><td rowspan="2">综合能力考核(30分)</td><td>理论支撑知识考核(15分)</td><td colspan="4">酮血症</td></tr>
<tr><td>应用能力考核(15分)</td><td colspan="4">奶牛酮病的病因与治疗</td></tr>
<tr><td rowspan="4">评价体系</td><td colspan="2">评价环节</td><td colspan="4">评价方法</td></tr>
<tr><td colspan="2">组内互评(30分)
互评一：
互评二：
互评三：</td><td>组织协调能力强，能够及时完成所分担的任务，与组员沟通顺畅(30分)</td><td>与组员沟通协调较好，能及时完成所分担的任务(24分)</td><td>能与组员沟通协调，未能及时完成所分担的任务(18分)</td><td>不能与组员沟通协作，不去完成所交给的工作任务(18分以下)</td></tr>
<tr><td colspan="2">组间互评(30分)
互评一：
互评二：
互评三：</td><td>该组整体沟通协调合作能力强，能优秀完成工作任务，经验总结好(30分)</td><td>该组能进行沟通协调合作，能完成工作任务，经验总结较好(24分)</td><td>该组能进行沟通协调合作，基本完成工作任务，经验总结一般(18分)</td><td>该组缺乏沟通协调合作能力，未能完成工作任务。经验总结较差(18分以下)</td></tr>
<tr><td colspan="2">教师对小组整体评价(40分)</td><td colspan="4"></td></tr>
<tr><td rowspan="12">每个组员综合成绩</td><td>学号</td><td>姓名</td><td>成绩</td><td colspan="3">备　注</td></tr>
<tr><td></td><td></td><td></td><td colspan="3"></td></tr>
<tr><td></td><td></td><td></td><td colspan="3"></td></tr>
<tr><td></td><td></td><td></td><td colspan="3"></td></tr>
<tr><td></td><td></td><td></td><td colspan="3"></td></tr>
<tr><td></td><td></td><td></td><td colspan="3"></td></tr>
<tr><td></td><td></td><td></td><td colspan="3"></td></tr>
<tr><td></td><td></td><td></td><td colspan="3"></td></tr>
<tr><td></td><td></td><td></td><td colspan="3"></td></tr>
<tr><td></td><td></td><td></td><td colspan="3"></td></tr>
<tr><td></td><td></td><td></td><td colspan="3"></td></tr>
<tr><td></td><td></td><td></td><td colspan="3"></td></tr>
</table>

项目十　新生仔畜疾病的诊治

◆知识目标：

1. 了解新生仔畜常发疾病的类型及预防措施。

2. 熟悉新生仔畜疾病的发生原因和临床特征性表现。

3. 掌握新生仔畜疾病的诊断方法和治疗措施。

◆能力目标：

1. 培养分析病例的能力，能够根据临床检查准确诊断新生仔畜的疾病。

2. 能对新生仔畜疾病进行合理的治疗。

子项目一　窒息的诊治

案例分析：

某猪场刚分娩的一头仔猪，出现呼吸微弱，结膜发绀，舌脱垂于口外，口鼻内充满黏液，心跳及脉搏快而无力，四肢活动能力很弱。

一、临床诊断

仔畜呼吸微弱或停滞，活动能力微弱或休克。

二、发病原因分析

新生仔畜窒息主要是产道干燥，狭窄，胎儿过大，胎位及胎势不正等，使胎儿不能及时排出而停滞于产道；骨盆前置，脐带自身缠绕，使胎盘血液循环受阻；产畜高热，贫血及大出血等，使胎儿胎盘过早脱离母体；尿膜、羊膜未及时破裂，造成胎儿严重缺氧，刺激胎儿过早发生呼吸反射，致使羊水被胎儿吸入呼吸道等。

三、诊断结论

本病例属于新生仔畜窒息。

根据新生仔畜发生窒息的程度不同，分为青色窒息和苍白窒息两种。

青色窒息是轻症型，新生仔畜缺氧程度较轻，但血液中二氧化碳浓度较高，仔畜肌肉松弛，可视黏膜发绀，呼吸不均匀，有时张口呼吸，呈喘气状。口腔和鼻孔内充满黏液，舌脱于口角外。心跳加快，脉搏细弱，肺部有湿性啰音，喉及气管部更明显。

苍白窒息是重症型，仔畜缺氧程度严重，全身松软，卧地不动，反射消失，呼吸停止，心脏有微弱而缓慢的跳动，呈假死状态。

四、治疗

（一）治疗原则

清理呼吸道，吸氧为主，防寒保暖。

（二）治疗措施

【治疗方案 1】

尽快用纱布将口腔、鼻腔及呼吸道中的黏液清除干净，将仔畜后肢提起抖动并轻拍胸部，促进黏液及羊水排出。也可以用橡皮球装上细的胃导管吸出呼吸道中的黏液。

【治疗方案 2】

人工呼吸时有节律地按压胸腹部，使胸腔交替地扩张和缩小，使仔畜回复呼吸动作。

【治疗方案 3】

用浸有氨水的棉花或纱布刺激仔畜的鼻腔，可引起呼吸反射。

【治疗方案 4】

用肾上腺素皮下注射。大家畜（牛犊、马驹、驴驹、骡驹）每次 3 mL；小家畜（仔猪、仔羊）每次 0.5 mL。也可用苯甲酸钠咖啡因、樟脑水等强心的药物和兴奋呼吸中枢的药物。待窒息缓和后可静脉注射 5％碳酸氢钠溶液和 10％葡萄糖溶液，以纠正酸中毒。

五、预防

加强怀孕后期的饲养管理。建立产房值班制度，保证在母畜分娩时，及时正确地接产和护理好仔畜。发生难产时，要及时进行合理的助产，严防窒息的发生，注意保护新生仔畜。

知识拓展

孱 弱

新生仔畜孱弱是指仔畜生理功能不全，出生后如未及时处理可能在数小时或几天之内死亡；或者是生下后衰弱无力、生活能力低下而长久躺卧不起等先天性发育的状况。孱弱多发生于驹、犊，易见于早春。母猪冬季产仔时也常发生。

一、症状

仔畜出生后卧地不起，软弱无力，心跳快而弱，呼吸浅表而不规则，有的闭眼，对外界刺激反应迟钝，耳、鼻、唇及四肢末梢发凉，吮乳反射很弱。

二、治疗

（一）治疗原则

保温、人工哺乳、补给维生素和钙盐，以及采用强心、补液等对症疗法。

（二）治疗方法

【治疗方案1】

把仔畜放在温暖的屋子里，室温应保持在25～30℃，必要时用覆盖物盖好。

【治疗方案2】

新生犊牛可静脉注射10%葡萄糖500 mL、3%双氧水30～40 mL；5%葡萄糖500 mL、10%葡萄糖酸钙40～100 mL、10 mL维生素C。

【治疗方案3】

定时实行人工哺乳，最好喂给母畜初乳。仔畜如不能站立，应勤翻动，防止发生褥疮。

子项目二　脐炎的诊治

案例分析：

某猪场一头仔猪在出生数天后，精神沉郁，不愿吃奶，不喜欢走动，背部拱起，体温稍高。检查脐部，发现脐带基部红肿，脐带肿胀，挤压脐带排出少量脓液。

一、临床诊断

脐孔周围肿胀，触摸疼痛，肿大的脐管触摸呈硬索状，捏挤可流出血水、脓汁或带有臭味的液体。

二、发病原因分析

接产断脐时消毒不严格，或断脐处理不当；断脐后对仔畜护理不当，任其吮吸脐带，导致病原微生物侵入而引起脐炎症；环境卫生差，脐带断端被粪尿或污水污染。

三、诊断结论

本病例属于新生仔畜脐炎。

仔畜表现精神沉郁，食欲减退，背部拱起，不愿走动。有时体温升高，呼吸和脉搏加快。在发病初期，脐孔周围发热、充血、肿胀、疼痛。脐带残段脱落后形成瘘管，可挤出少量黏稠的脓汁，脐孔处皮下可摸到有小指粗的硬索状物。有时脐部被化脓菌感染，可形成脓肿。

当病情进一步恶化，微生物沿脐血管向上蔓延时，可引起肝脓肿、膀胱炎、腹膜炎及败血症，动物表现体温升高、呼吸加快、心跳增加等症状。

四、治疗

（一）治疗原则

抗菌消炎，加强护理，保持脐部干净。

（二）治疗措施

【治疗方案 1】

对脐部进行局部处理，用 75%酒精或 2%碘酊进行清洗，然后涂抹 5%碘酊，2 次/天。还可在脐孔周围皮下用青霉素普鲁卡因溶液进行环状封闭。脐部形成脓肿，应该手术切开排脓，用 0.1%高锰酸钾冲洗，然后涂抹碘制剂等。

【治疗方案 2】

抗菌、补液、解毒及对症治疗是脐炎全身治疗的基本原则。可全身注射抗生素，也可静脉注射葡萄糖生理盐水，及用解热镇痛药物进行治疗。

五、预防

搞好畜舍清洁卫生；母畜分娩后，断脐带方法要正确，对仔猪脐带要严格消毒；加强仔畜的护理工作，防止互相吮吸脐带而感染。若发现脐带、脐孔处潮湿，应及早处理。

知识拓展

脐出血

脐出血是指新生仔畜脐带断端或脐孔出血不止。见于羔羊和犊牛，偶见于仔猪和驹。

一、病因

由于断脐后脐动脉收缩力降低，封闭不全。出生后脐带未经结扎而过早地锐性断离，亦可发生。

二、临床症状

幼驹、犊牛、羔羊脐带血液呈大滴状缓缓流出，仔猪呈血液不断涌出。出血过多而长时间不止，可引起死亡。

三、治疗

通常可在局部消毒后结扎脐带断端止血。如断端过短而无法结扎，可缝合脐孔。有时犊牛和羔羊脐动脉断端缩入脐孔内，血液流入腹膜外的疏松组织内，可自行凝固和痊愈。

子项目三　新生仔畜低血糖症的诊治

案例分析：

某种猪场，有 3 窝新生仔猪于出生后不久便相继出现了不哺乳、反应迟钝、大部分仔猪呈侧卧姿势，四肢伸展，头向后仰，遇到刺激，四肢呈游泳状划动，体温下降至 36℃以下，最后昏迷，瞳孔散大，于 3～4 h 内死亡。兽医曾用抗菌素、磺胺类药物及复合维生素 B、强心剂等进行治疗均未奏效，死亡 36 头，致死率达 27.27％。

一、临床诊断

（一）临床检查

仔畜都是在出生后 1 周龄以内发病，且生后吮乳不足，体温降低，全身虚弱无力，用葡萄糖治疗疗效显著。

（二）剖检诊断

剖检变化一般不显著，有的仔猪胃内有数量不等的凝乳块。部分病例颈下、胸腹下等部位皮下有不同程度的水肿，切开后流出透明无色的水肿液。血液凝固不良。肝脏变化突出，多数呈土黄色或橘黄色，边缘锐利，质地较脆弱，如同豆腐样，胆囊膨大，充满淡黄色胆汁。肾脏颜色较淡，表面散在针尖大出血点。

（三）实验室诊断

对患畜进行血糖检查，如患猪血糖降低到 502 mg/100 mL 以下，即可确诊。

二、发病原因分析

（一）仔畜吃奶量不足

1. *母猪泌乳量不足* 母畜在妊娠期间，尤其妊娠后期饲养管理不当，饲料营养单一，日粮中蛋白质不足或缺乏，多种营养素配合不全，或者母畜发生乳房炎、子宫内膜炎等，引起母畜乳汁量少或无乳，导致仔畜不能充分吃到母乳。

2. *仔畜吮乳不足* 新出生的仔畜不能吮乳，或母畜不让吃乳，或乳头少而使仔猪吃不到乳，从而使仔畜长时间处于饥饿状态；仔畜患有大肠杆菌病、链球菌病、传染性胃肠炎、新生仔畜溶血病以及仔猪先天性震颤综合征等疾病，导致仔畜吮乳不足，引起糖吸收障碍。

（二）诱因

保温措施缺乏，气候异常而寒冷，圈舍温度降低，是本病发生的重要诱因。

三、诊断结论

本病例属于新生仔畜低血糖病。

仔猪多数是在生后 1～2 天开始发病。病初精神沉郁、吮乳减少或停止，四肢无力，步态不稳，体躯摇晃，运动失调，颈下、胸腹下及后肢等处有明显水肿，很快卧地不起。病猪尖声嚎叫，痉挛抽搐，肌肉震颤，头和前肢作不随意运动，后肢常取奔跑姿势。

严重的表现为强制性痉挛，头向后仰或扭向一侧，四肢僵硬，角弓反张，四肢作游泳样运动。针刺皮肤反应迟钝或消失，皮肤苍白，被毛蓬乱，缺乏光泽，皮温降低，体温多在 36℃以下。最后处于昏迷状态，瞳孔扩大，迅速死亡。整个病程极为短暂，快的 2～3 h 内，慢的不超过 24 h，即转归死亡。

四、治疗

（一）治疗原则

补充糖源，防寒保暖。

（二）治疗措施

【治疗方案 1】

10%葡萄糖注射液 10～20 mL，维生素 C 0.1 mL，混合后腹腔注射，每隔 4～6 h 1 次。连用 2～3 天。

【治疗方案 2】

25％葡萄糖注射液 10～20 mL，口服；或喂白糖水。

五、预防

加强妊娠母畜的饲养管理，提高饲料的营养水平，合理的调整母畜的饮食，尤其重视饲料中的蛋白质含量达到标准，以保证母畜产后有着充足的优质乳汁。产圈内应保持温暖，防止仔畜受冻。

知识拓展

新生仔猪先天性肌阵挛

仔猪生后不久出现全身或局部肌群阵发性挛缩，病因不明，俗称“小猪抖抖病”但有的学者认为是由于仔猪中枢神经系统在胎儿期遭受病毒感染所致的一种颤抖疾病，把它称为新生仔猪传染性先天性震颤。发病率低，呈散发性，世界各地都有发生。严重的震颤影响仔猪吃奶，以致饿死。剖检可见主要器官有血管炎和脑脊髓髓鞘形成不全。病情不严重的随日龄增长而症状减轻，直至消失和痊愈。对患病仔猪采用人工哺乳，加强护理，可减少死亡。尚无良好的预防方法。

练　习　题

1. 新生仔畜窒息的症状是什么？如何进行抢救治疗？
2. 引起脐炎的原因有哪些？怎样治疗脐炎？
3. 新生仔畜低血糖的病因有哪些？临床症状有什么？如何治疗和预防？

参考文献

[1] 李毓义.动物普通病学.长春:吉林科学技术出版社,1994.
[2] 李国江.动物普通病.北京:中国农业出版社,2001.
[3] 中国农业大学.家畜外科手术学.3版.北京:中国农业出版社,1997.
[4] 王洪斌.农畜外科学.4版.北京:中国农业出版社,2002.
[5] 石冬梅,李玉冰.动物普通病学.北京:中国农业出版社,2008.
[6] 王化强.家畜外科手术图解.北京:中国农业出版社,1984.
[7] 解放军农牧大学.兽医外科学.长春:解放军农牧大学出版社,1999.
[8] 山东农学院.家畜外科手术学.济南:山东科学技术出版社,1982.
[9]【美】威廉·C·雷布汉,奶牛疾病学.赵德明,沈建忠,主译.北京:中国农业大学出版社,1999.
[10] 何德肆.动物临床诊疗与内科病.重庆:重庆大学出版社,2007.
[11] 郭定宗.兽医内科学.北京:高等教育出版社,2005.
[12] 李国江.动物普通病.2版.北京:中国农业出版社,2008.
[13] 沈永恕.兽医临床诊疗技术.北京:中国农业出版社,2006.
[14] 董军,金艺鹏.宠物疾病诊疗与处方手册.北京:化学工业出版社,2007.
[15] 曾元根,徐公义.兽医临床诊疗技术.北京:化学工业出版社,2009.
[16] 戴建君.禽病诊疗与处方手册.北京:化学工业出版社,2009.
[17] 胡元亮.牛病诊疗与处方手册.北京:化学工业出版社,2007.
[18] 芮荣.猪病诊疗与处方手册.北京:化学工业出版社,2008.
[19] 杜护华,杨宗泽.动物内科疾病.北京:中国农业科学技术出版社,2008.
[20] 史书军,徐占云.兽医外科与产科学.北京:中国农业科学技术出版社,2008.
[21] 林德贵.动物医院临床技术.北京:中国农业出版社,2004.
[22] 江朝光.实用实验动物外科技术.北京:人民军医出版社,2006.
[23] 李志民,于岚峰.宠物内科疾病学.哈尔滨:东北林业大学出版社,2007.
[24] 张建平,宠物饲养与疾防治.上海:上海科学技术出版社,2003.
[25] 肖定汉.奶牛饲养与疾病防治.北京:中国农业大学出版社,2001.
[26] 王建华.家畜内科学.北京:中国农业出版社,2003.